高等学校教材

电子技术实践教程

樊英杰　许海根　主编

西北工业大学出版社

【**内容简介**】 本教材从理论与实践相结合的角度，系统地介绍了电子技术实践教学的基本知识和电子产品的装配过程，主要内容包括：安全用电、焊接技术、常用电子元器件、表面安装技术（SMT）、印刷板的设计与制作、电子电路的设计和电子实习产品等，是一本实用性很强的教材。

本教材通俗、实用，可作为各类理工科学生电子技术实践课的教材，亦可作为电子科技创新、课程实践、毕业设计、电子竞赛的实用指导书，同时也可作为职业教育、技术培训及相关专业技术人员和电子爱好者的参考用书。

图书在版编目（CIP）数据

电子技术实践教程/樊英杰，许海根主编．—西安：西北工业大学出版社，2006.8（2013.1 重印）

ISBN 978-7-5612-2108-2

Ⅰ.电…　Ⅱ.①樊…　②许…　Ⅲ.电子技术—实验—教材　Ⅳ.TN-33

中国版本图书馆 CIP 数据核字（2006）第 085393 号

出版发行：西北工业大学出版社
通信地址：西安市友谊西路 127 号　　**邮编**：710072
电　　话：（029）88493844　88491757
网　　址：www.nwpup.com
印 刷 者：陕西宝石兰印务有限责任公司
开　　本：787 mm×1 092 mm　1/16
印　　张：13.5
字　　数：318 千字
版　　次：2006 年 8 月第 1 版　　2013 年 1 月第 6 次印刷
定　　价：22.00 元

前　言

本教材是在原“电子技术实习讲义”的基础上，依据新的教学计划、教学要求以及课程的最新定位和特点，由在教学一线并具有相当教学实践能力的老师经过多次修改而编写的。教材内容立足于培养学生的实践动手能力及创新能力，立足于提高学生的综合素质。

电子技术实践以培养现代化产业需要的，主动适应社会需求的高级电子工程技术应用型人才为目的，既着眼于电子技术基本技能的训练，又培养学生对新技术、新器材的应用能力；既能指导学生实践，又能开阔学生的视野且大大激发学生的兴趣。

本教材的主要特点如下：

(1)实用性。以突出实践能力的培养为基础，以工程实践内容为重点，有几种电子产品可供选用，以加深对理论知识的理解和对操作技能的运用，使学生得到实践工程训练，从而锻炼和提高学生的动手能力和实际操作的创新技能。

(2)先进性。注重新器件、新工艺、新技术的介绍和应用，让学生了解到本专业、本领域内的最新动态。

(3)注重能力培养。电子技术实践教学是培养学生电子技能最直接的环节。本教材通过焊接技术、常用元器件的识别和测试、印刷板的设计与制作、表面安装技术(SMT)、电子产品的调试与检测、电子电路的设计等内容，从各种途径提高学生的实践能力。

本教材由樊英杰、许海根主编。在编写过程中得到了西北工业大学明德学院教学部、实践教学中心各级领导及王斌、崔海峰、王海谦、郭向东、王维斌等老师的关心和大力支持。西北工业大学电子信息学院范世贵教授推荐并认真审阅了书稿，提出了不少修改意见。在编写和修订过程中，西北工业大学明德学院实践教学中心的仲瑞鹏、刘开峰等老师给予了指导和帮助，在此一并表示真诚谢意。

还要特别感谢西北工业大学理学院宋士贤教授、电子信息学院张会生教授对本教材的关怀和推荐，以及西北工业大学明德学院教材建设组和西北工业大学出版社对本教材的热心扶持、细心呵护和所发挥的孵化作用。

由于作者水平有限和经验不足，编写时间仓促，书中错误和不妥之处在所难免，恳请读者批评指正。

编　者

2006年6月

目 录

实践守则

电子技术实践是一门实践性很强的基础课程，是工程训练的重要环节之一。学生通过实践教学，可以掌握一定的电子技术的基本知识，培养一定的实践动手能力和创新能力，养成严谨、细致、实干和实事求是的科学作风，为祖国的繁荣昌盛贡献自己的一份光和热。

参加实践的学生应尊敬教师、虚心学习；严格遵守实践教学中心安全操作规程和有关的规章制度；严格遵守劳动纪律，爱护国家和集体财产；加强团队协作精神，树立正确的劳动观念和严谨的科学作风；认真、积极、高效、全面地完成实践教学内容。

为了贯彻上述指导思想，特制定以下规章制度：

(1) 听从教师指导，严格遵守安全操作规程。不准违章操作，未经允许任何人不得私自启动任何用电设备。

(2) 在实践教学中不得擅自离岗，不得干与实践训练无关的事情。

(3) 非操作训练时不得接插拔电烙铁，且离开工作岗位时所有用电设备必须切断电源，并拔下所有电源插头。

(4) 实验室内不准大声喧哗，不准乱跑乱动，更不能将零食带入实验室。

(5) 爱护国家财产，保护好所用工具，若有丢失或损坏时按学院规定酌情赔偿。

(6) 上课期间不得迟到、旷课。特殊情况时须持辅导员签字的请假条，否则以旷课论处。凡旷课三次者，本次实践课考试不予通过，必须重修。

(7) 为了严格遵守考勤制度，学生必须按照学生名单的序号对号入座。

实践成绩

学习总分	100
(1) 考勤、纪律、学风	10
(2) 焊接考试	20
(3) 手工设计	10
(4) 实训产品	50
(5) 实训报告	10

第一章　安全用电

在马斯洛的“需要层次理论”中提出了人类的三大需要，其中安全是人类生存的基本需求之一，也是人类从事各种活动的基本保障，而安全用电则是现代人类无可回避的安身立业的基本常识。社会的各个角落时时刻刻都会出现用电的场所，电是现代物质文明的基础，是推动社会发展的动力源泉，同时又是危害人类的肇事者之一，如果使用不当，就会给人身安全带来威胁。

通常人们在长期的生活实践中不断积累安全用电的经验，并总结出了一些安全用电方面的规则。遵守安全操作规则是每个人的责任，它涉及家庭、学校、工厂、场矿企业等许多方面。每个人必须知道产生用电事故的原因，否则，在工作期间，就会随随便便，漫不经心，从而导致触电事故，造成生命危险和财产损失，因此对处在信息时代的人们来说，了解安全用电常识至关重要。

本章将从人身安全、设备安全、安全用电等三个方面论述安全用电常识。

1.1　人身安全

人是世间万物之宝，安全保护首先要保护人身安全。众所周知，人体是可以导电的，而电流通过人体会对人身造成伤害，这就是触电现象。当人体触及带电体时，就可能产生触电。触电事先并无预兆，一旦发生，顷刻之间就会产生严重后果，而且往往难以自救。

从触电对人体的伤害程度来看，触电主要有电伤和电击两种。

1.1.1　电伤

电伤是由于发生触电而导致的人体外表创伤，通常有灼伤、电烙伤和皮肤金属化三种，对人体的皮肤造成伤害，常常会在人体的肌肤上留下伤痕或伤疤。

电伤对人体造成的危害一般是非致命的，而真正危及人体安全的是电击。

1.1.2　电击

电击是指电流通过人体内部，破坏人体的心脏、肺和神经系统等的正常工作，造成肌肉痉挛（抽筋）、神经紊乱、呼吸停止、心脏纤颤等，甚至会危及生命安全。决定电击强度的是流经人体的电流，而并非电压。当然，要产生电流必须有电压存在，但决定电击效果的是阻碍电流的电路，即流经人体的通路（“人体电阻”）。

1.1.3 触电造成人体伤害的因素

1. 电流的大小

人体内是存在生物电流的,一定限度的电流不会对人体造成损伤,一些医疗仪器就是利用电流刺激达到治疗目的的。电流对人体的作用如表 1-1 所示。

表 1-1 电流对人体的作用

电流/mA	对人体的作用
<0.7	无感觉
1	有轻微感觉
1～3	有刺激感,一般电疗仪器取此电流
3～10	感到痛苦,但可自行摆脱
10～30	引起肌肉痉挛,短时间无危险,长时间有危险
30～50	强烈痉挛,时间超过 60 s 即有生命危险
50～250	产生心脏纤颤,丧失知觉,严重危害生命
>250	短时间内(1 s 以上)造成心脏骤停,体内造成电灼伤

2. 电流的种类

电流的种类不同,对人体造成的危害及损伤的程度也不同。直流电一般会引起电伤,而交流电则同时引发电伤与电击,特别是 40～100 Hz 的交流电对人体最危险。不幸的是,人们日常生活中使用的工频市电(我国为 50 Hz)正是在这个危险的频段。当交流电频率达到 20 000 Hz 时对人体危害极小,用于理疗的一些仪器正是采用这个频段。

3. 电流作用时间(电击强度)

电流对人体的伤害同作用时间密切相关,可以用电流与时间的乘积(即“电击强度”)来表示电流对人体的危害。对触电保护器而言,其中的一个主要指标就是要求额定断开时间与电流的乘积应小于 30 mA·s。实际产品可达到小于 3 mA·s,故可有效防止触电事故。

4. 人体电阻

人体电阻是一个不确定的值,随着人体皮肤的干燥程度和人的年龄而变化。当人体皮肤干燥时可呈现 100 kΩ 以上的人体电阻,而一旦潮湿,此电阻可降到 1 kΩ 以下,并且人体电阻随着人的年龄的增加而变大。人体电阻随着电压的升高,电阻值变小,呈非线性值。表 1-2 给出了人体电阻随电压变化的情况。

表 1-2 人体电阻随电压变化的情况

电压/V	1.5	12	31	62	125	220	380	1 000
电阻/kΩ	>100	16.5	11	6.24	3.5	2.2	1.47	0.64
电流/mA	忽略	0.8	2.8	10	35	100	268	1 560

1.1.4　触电形式

通常人体触电事故的形式一般有直接触电和间接触电两种。将人体直接接触电器设备的带电部分所引起的触电，称为直接触电。直接触电又可分为单相触电和两相触电。

1. 单相触电

在中性点接地的电网中，当人体接触到带电设备或线路中的某一相导体时，一相电流通过人体经大地回到中性点，这种触电形式称为单相触电，如图 1－1 所示。作用于人体身上的电压为相电压(220 V)，这是一种危险的触电形式。

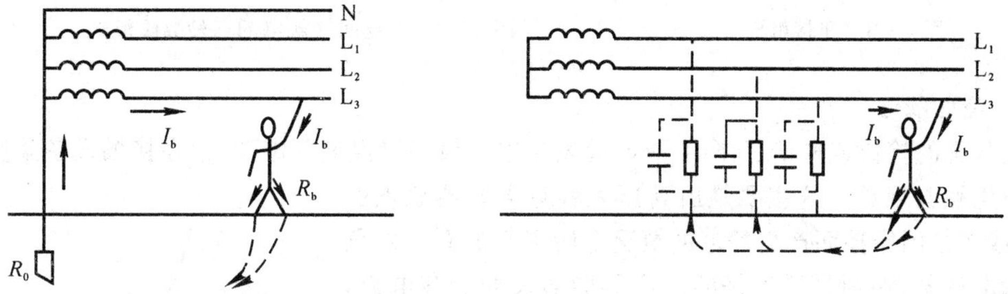

图 1－1　单相触电

2. 两相触电

当人体同时接触带电设备或线路中的两相导体时，电流从一相导体通过人体流入另一相导体，构成一个闭合回路，这种触电形式称为两相触电，如图 1－2 所示，这是一种最危险的触电形式。发生两相触电时，作用于人体的电压为线电压(380V)，并且大都是在带电工作时发生的，而且一般的保护措施都不起作用，危害极大，因此，应杜绝此类事故的发生。

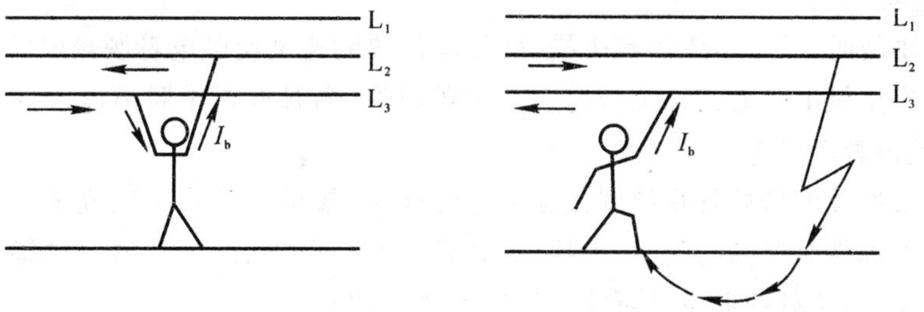

图 1－2　两相触电

3. 间接触电

平时人体接触正常的家用电子设备时，不会发生触电事故，只有当设备发生故障或漏电时，才可能引起触电，这种触电形式称为间接触电，如图 1－3 所示。通常引起间接触电的故障有外壳短路、导线短路、接地短路三种，如图 1－4 所示。

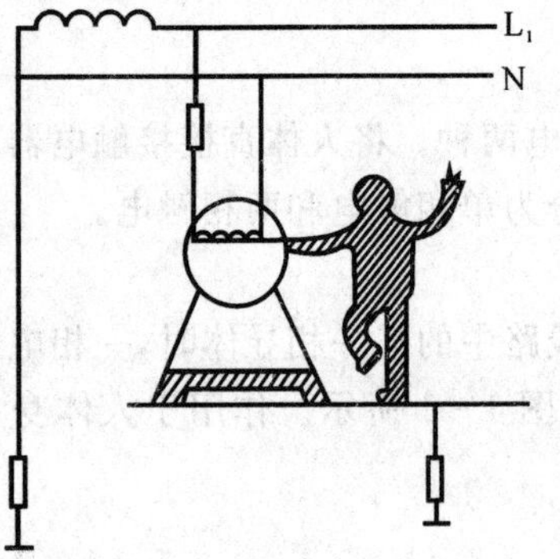

图 1－3 间接触电

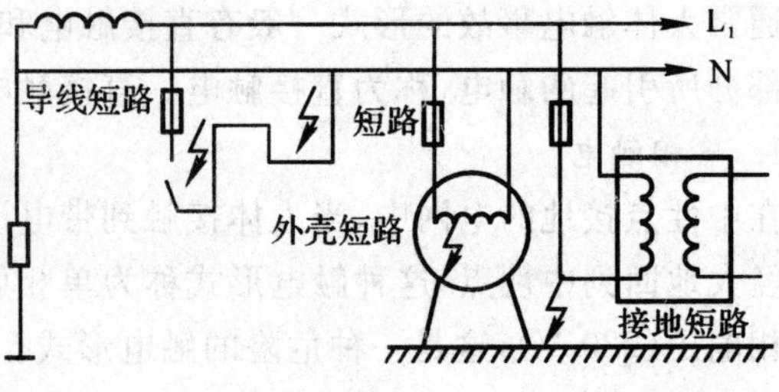

图 1－4 引起间接触电的三种故障形式

4. 静电触电

在日常的检修或科研工作中，有时会发生电器设备已经断开电源，但在接触设备某些部分时会发生触电现象。这主要是由高压大容量电容器放电引起的，或者是因摩擦而产生静电的情况下所引起的有一定危险的触电现象，特别是质量好的电容器能够长期储存电荷，容易被忽视，因此在检修这类设备时，应事先放电后再检修。

5. 跨步电压

在故障设备附近，例如电线断落在地，在接地周围存在电场，当人们走进这一区域时，将因跨步电压存在而使人体触电，如图 1－5 所示。此时应该采取单足跳跃远离电线断落处，脱离危险区，并立即向有关部门报告。

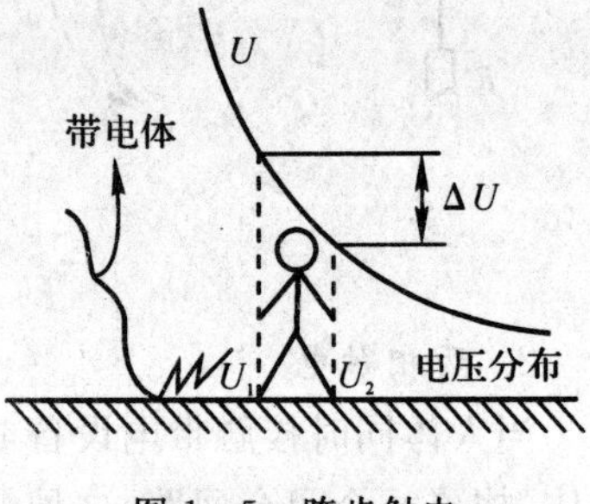

图 1－5 跨步触电

1.1.5 触电急救与电气消防

1. 触电急救

发生触电事故时，千万不要惊慌失措，必须用最快的速度使触电者脱离电源危险，并立即通知有关部门发生触电事故的详细情况。一定要记住，当触电者未脱离电源前其本身就是带电体，同样会使抢救者触电。

脱离电源最有效的措施就是拉闸或拔掉电源插头，如果一时找不到或来不及找电闸或插头，可用绝缘物（如带绝缘柄的工具、木棒、塑料管等）移开或切断电源线。**关键是：一要快，二要不使自己触电**，一两秒的迟缓都可能会造成无法挽救的后果。

脱离电源后，如果病人呼吸、心跳尚在，应尽快送医院抢救；若心跳停止应立即采取人工心脏按压，维持血液循环；若呼吸停止应立即做口对口的人工呼吸；如心跳、呼吸全停，则应同时采取上述两个办法，并向医院告急求救。

2. 电气消防

通常情况下，高温是产生火灾与爆炸的直接原因。在发电、变电或用电等场所，产生高温的原因很多，如电气设备和线路超载运行而发生短路事故、雷电通过、电火花、电弧、散热不良、通风堵塞等都可造成高温，有时触头接触不良、导线连接处松动等都可使电阻增加，造成该处高温，因此，防火防爆的关键是防止高温，并应首先做到以预防为先。表 1－3 是有关电器火灾的基本分析。

电气火灾灭火时应使用沙土、二氧化碳或四氯化碳等不导电的灭火介质，切忌使用泡沫或水进行灭火。同时注意保持人体与带电部分的安全距离，不可将身体和灭火工具触及带电设备及线路。有些电器设备充有大量的变压器油，在充油设备发生火灾时，应注意防止油喷和爆炸，并且应立即将变压器油引入储油坑，以防着火的油流入电缆沟顺沟蔓延。

表 1－3　电器火灾的基本分析

原因	分析	预防
线路过载	由于输电线的绝缘材料大部分是可燃材料，过载则温度升高，引起绝缘材料燃烧	1. 应使输电线路容量与负载相匹配 2. 不准使用或更换超标熔断器 3. 线路应安装过载自动保护装置
线路或电器火花、电弧	由于电线断裂或绝缘损坏时会引起放电现象，且可点燃本身绝缘材料及附近易燃材料、气体等	1. 严格按标准接线，及时检修电器设备 2. 加装自动保护装置
电器老化	电器超期限服役时，因绝缘材料老化，散热装置老化而引起温度升高	停止使用超过安全期的产品或设备
电热器具	电热器具使用不当，可能会点燃附近可燃材料	正确使用，并有专人监视
静电	在易燃易爆场所，静电火花引起火灾	严格遵守易燃易爆场所安全规章制度

1.2　设备使用安全

在我们工作、学习、生活等场所有许多用电设备，正确地了解这些设备的安全常识是非常重要的。而电器设备（包括家用电器、工业电器设备、仪器仪表等）所使用的交流电源有三相 380 V 和单相 220 V，电器设备都有可能存在因绝缘损坏而漏电的问题，因此，在通电前应注意。并不是所有的用电器都是接入 220 V，50 Hz 的交流电源。我国的用电压标准是交流 220 V，50 Hz，但是世界上不同的国家是不一样的，如有交流 110 V，115 V，120 V，225 V，240 V等。电源频率有 50/60 Hz 两种，因此，要注意设备的正确使用电压，确定后才能接入，如有些实验室、工厂企业等需要用到交流 380 V 电压，而有些特殊的地方需要交流 36 V 电压等。因此，为了确保人身安全和电器设备不易损坏，使用前应对电器进行检查，及时发现异常情况并立即处理。

1. 电器设备接电前要进行“三检”

(1) 检查设备铭牌：按国家标准，设备都应在醒目处标有该设备要求的电源电压、频率、额定功率等铭牌或标志。

(2) 检查环境电源:电压、容量是否与设备相吻合。

(3) 检查设备本身:电源线是否完好,外壳是否带电。一般可用万用表对用电设备做简单检测,如图 1-6 所示。

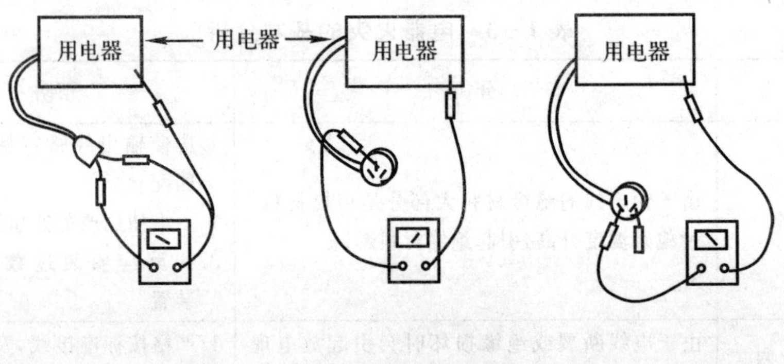

图 1-6 用万用表检查用电设备

特别注意:在使用各种用电器、仪器、仪表时都应该养成按照规程操作的习惯。

2. 用电设备常见的异常情况

(1) 触摸设备外壳或手持部位有麻电感觉。

(2) 开机或使用中熔断丝烧断。

(3) 出现异常声音,如噪声加大、有内部放电声、电机转动声音异常等。

(4) 异味,最常见为塑料味、绝缘漆挥发出的气味,甚至烧焦的气味。

(5) 机内打火,出现烟雾。

(6) 仪表指示范围突变,数值突变,有些指示仪表超出正常范围等。

3. 设备使用异常的处理

(1) 凡遇到上述异常情况之一,应尽快断开电源,拔下电源插头,对设备进行检修。

(2) 对烧断熔断器的情况,绝不允许换上大容量熔断器或用别的金属代替继续工作,一定要查清原因,再换上同型号熔断器。

(3) 及时记录异常现象及部位,避免检修时手忙脚乱。

(4) 对有麻电感觉但未造成触电的现象不可忽视。这种情况往往是绝缘层受损但未完全损坏,相当于电路中串联一个大电阻,暂时未造成严重后果,但随着时间的推移,绝缘层逐渐完全破坏,电阻急剧减小,危险增大,因此必须及时检修。

1.3 安全用电

实践证明,采取安全用电技术可以有效预防电器事故的发生。已有的技术措施不断完善,新的技术不断涌现,我们需要了解并正确运用这些技术,不断提高安全用电的水平。

尽管电装技术通常称为“弱电”,但实际工作中免不了要接触“强电”。一般通常用到的电动工具(如电烙铁、电钻、电热风机等)、仪器设备、仪表和制作装置大部分需要接入市电才能工作，因此用电安全是电装工作的首要条件。

1. 安全用电观念

安全用电的根本保证是将安全用电的观念贯穿在工作的全过程。任何制度、任何措施都是由人来贯彻执行的，忽视安全是最危险的隐患，因此，我们一定要记住：

(1) 只要用电或有电的地方都存在危险。

(2) 侥幸心理是造成事故的催化剂。

(3) 投向安全的每一分精力和物质将永远保值。

2. 养成安全操作习惯

习惯是一种下意识的、不经思索的行为方式，安全操作习惯可以经过培养逐步形成，并使操作者终身受益，因此，在平时的工作中要养成以下操作习惯：

(1) 人体触及任何电气装置和设备时首先应断开电源。断开电源一般指真正脱离电源系统(如拉闸、断开电源开关和拔下电源插头等)，而不仅是断开设备电源开关。

(2) 测试、装接电力线路应采用单手操作。

(3) 触及电路的任何金属部分之前都应进行安全测试。

(4) 触及电气设备时应尽可能使用手背，切记不能用手去握。

3. 安全用电注意事项

事先采取安全措施才能有效安全生产。为了做到安全用电，必须注意以下几点：

(1) 一般小功率的电气设备，应该尽量采用国家规定的36V以下安全电压。

(2) 操作带电设备时，严禁用手接触带电部位判断是否有电。

(3) 各种电器设备、仪器仪表、电气装置、电动工具等，都应有保护接地线。

(4) 电器设备线路必须由专业人员安装，非专业人员不得私自安装电气设备或乱拉电线电缆。

(5) 在非安全电压下作业时，应尽可能用单手操作，并应站在绝缘胶垫上。

(6) 发现电气设备打火、冒烟或发出不正常气味时，应迅速切断电源，并请专业人员立即进行检修。

(7) 高温电气设备的电源线不能用塑料胶线。

(8) 开关上的保险丝应符合规定的容量，不得用铜、铝、铅等代替保险丝。

1.4 安全防护

1. 焊接生产线上的安全防护

电烙铁是电子焊接的必备工具，使用时应用两相三孔插座，并将电烙铁接零保护端子可靠接入保护零线。对各种电子(器)设备的操作，如电器维修、电子实验、电子产品研制、电子工艺实习及各种电子制作等，都应严格遵守安全制度和操作规程，并注意以下几点：

(1) 不要惊吓正在操作的人员，不要在实验室、车间内嬉戏。

(2) 烙铁头在没有确信脱离电源时，不能用手摸。

(3) 烙铁头上多余的焊锡尽可能不要乱甩，特别是往身后甩时危险更大。

(4) 焊接过程中暂不使用电烙铁时，应将其置于专用支架上，避免烫坏导线或其他物件。电烙铁的放置地点应远离易燃品。

(5) 拆焊有弹性的元器件时，不要离焊点太近，并使可能弹出焊锡的方向向外。

(6) 插拔电烙铁等电器的电源插头时，其中一手按插线板，一手拿插头，切记不要抓电源线。

(7) 用螺丝刀拧紧与带电体相连的螺钉时，手不可触及螺丝刀的金属部分。

(8) 用剪线钳剪断短小导线(如印刷板元件焊好后，去掉过长的引线)时，要让线头飞出方向朝着工作台或空地，不可朝向人或设备。

(9) 电路中发热电子元器件，如变压器、功率器件、电阻、散热片等，特别是电路发生故障时，有些发热件的温度可达几百摄氏度，如果在通电状态下触及这些元器件，不仅可能造成烫伤，还可能有触电危险。

(10) 工作场所讲究文明生产、文明工作，各种工具、仪器设备摆放要合理、整齐，不要乱摆、乱放，以免发生事故。且应遵循“整理、整顿、清扫、清洁和素养”的品质管理5S原则。

2. 调试生产线上的安全防护

调试与检测过程中，要接触各种电路和仪器设备，特别是各种电源及高压电路、高压大容量电容器等，为了保护检测人员的安全，防止测试设备和检测线路的损坏，除严格遵守一般安全规程外，还必须注意调试和检测工作中制定的安全措施。在使用这些仪器前，要看懂该测试仪器的使用说明书，并注意以下几点：

(1) 测试仪器要定期进行检查，仪器外壳及可接触部分不应带电。凡使用金属外壳的仪器，必须使用三孔插座，并保证外壳良好接地。电源线一般不超过2 m，并具有双重绝缘。

(2) 测试仪器通电前，应检查测试仪器工作电压与市交流电压是否相符。检查仪器面板各开关、旋钮、插孔等是否移动或滑位。遇到开关、旋钮转动困难时，不可用力扳转，以免造成损坏。

(3) 测试仪器通电时，应注意观察仪器的工作情况，检查有无不正常现象，如果发现仪器保险丝烧断，应换同规格保险丝后再通电，若第二次再烧断则必须停机检查，不得更换大容量保险丝。

(4) 带有风扇的仪器如通电后风扇不转或有故障，应停机检查。

(5) 功耗较大的仪器(＞500 W)断电后，应冷却一段时间再通电(一般为3～10 min，功耗越大时间越长)，避免烧断保险丝或仪器零件。

(6) 测试仪器使用完毕，应先切断测试仪器的电源开关，然后拔掉电源线。禁止只拔掉电源线而不切断测试仪器开关的简单做法。

3. 家用电器的安全防护

为了确保家用电器及日常照明的使用安全，可设置用电设备的分线漏电保护器。漏电保护器有电压型和电流型两种，其工作原理基本相同，可把它看做一种具有检测电功能的灵敏继电器，当检测到漏电情况时，控制开关动作切断电源。

典型的电流型漏电保护开关工作原理如图1-7所示。当电器正常工作时，检测线圈内流进与流出的电流大小相等，方向相反，检测输出为零，线圈不感应信号，开关闭合，电路正常工作。当电器发生漏电时，漏电流不通过零线，线圈内检测到的电流之和不为零，当检测到不平衡电流达到一定数值时，通过放大器输出信号将开关切断。漏电保护器的主要作用是防止人身触电，在某些条件下，也能起到防止电气火灾的作用。

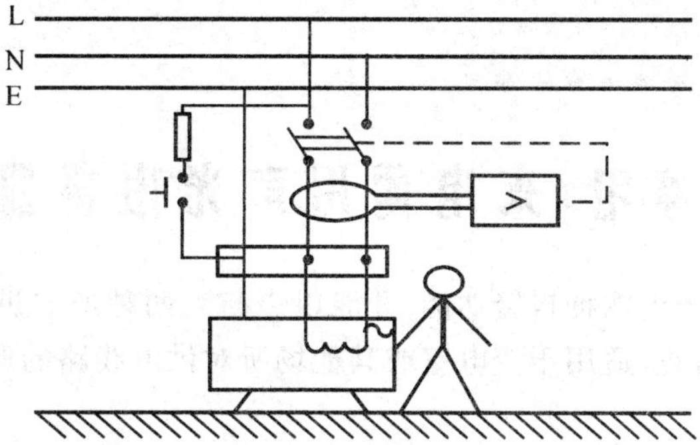

图 1-7　电流型漏电保护器

电子制作园地(一)

停电、来电两用声光报警器

本装置兼有停电和来电两种报警功能，并能以声与光两种形式进行报警，具有结构简单，工作可靠，易于制作等特点，适用于变电室或其他场所对供电线路的监视，以便及时采取措施。

1. 工作原理

220 V 的市电经变压、整流和滤波之后加在继电器上，于是触点 1－3 接通，绿色发光二极管 LED_1 发光，此时开关 SA 处在 1 端，使得由晶体管 VT_1，VT_2 等组成的多谐振荡器不工作。一旦供电线路停电，继电器 J 释放，其触点 1－3 断开，触点 1－2 接通，VT_1，VT_2 等组成的多谐振荡器获电振荡，推动扬声器 Y 发出“嘟嘟……”响声，同时红色发光二极管 LED_2 发光，就向人们报告停电了。

这时将开关 SA 扳向 2 端，即可成为来电报警器。当供电线路来电时，继电器 J 重新吸合，由 VT_1，VT_2 等组成的多谐振荡器重新工作，又推动扬声器发出声响，同时红绿两只发光二极管都发光，于是向人们报告来电了。

2. 元件选择

变压器采用仪器信号灯上的小型变压器，开关选用 KND 微型船形开关或 KNX 小型钮子开关，继电器选用 JRC 或 JZC 超小型继电器，其他元件如图 1－8 所示，无特殊要求。

3. 制作与调试

本装置制作简单，整个装置焊装在一块印制电路板上，然后装在用市售带插头的整流电源改制的小盒内，直接插在插座上。本装置无须调试即可工作。

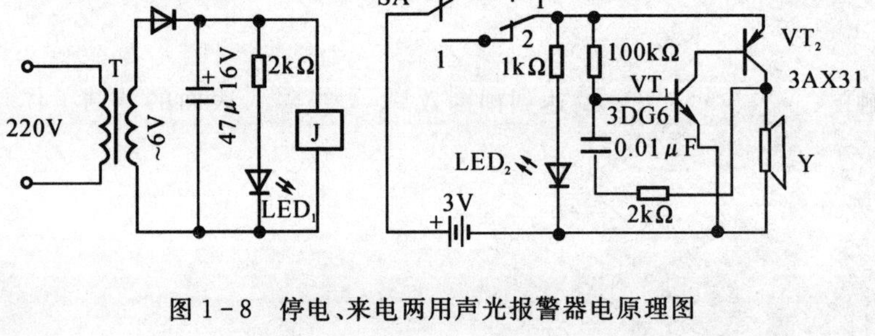

图 1－8 停电、来电两用声光报警器电原理图

第二章　焊接技术

在电子产品的设计生产过程中，焊接显得十分重要，焊接质量决定着产品的质量。如果没有相应的工艺质量保证，任何一个设计精良的电子产品，都难以达到保证设计的指标。随便打开一个电子产品，焊点少则几十个，多则几万个，其中任何一个焊点出现问题，都可能影响到整机工作。要从成千上万的焊点中找出有问题的焊点，是难上加难的一件事情，因此，重视每一个焊点的质量，将成为提高产品质量和可靠性的重要环节。

现代科技的飞速发展，电子产业的高速增长，驱使着焊接技术、方法和设备的不断推陈出新。在现代化的生产过程中早已摆脱手工焊接的传统方式，浸焊、波峰焊、再流焊、倒装焊……日新月异，令人目不暇接。但是如同交通工具尽管有了火车、飞机乃至火箭等，人们的两条腿步行永远不可能被取代一样，手工焊接仍有广泛的应用，它不仅是小批量生产研制和维修必不可少的连接方法，也是机械化、自动化生产获得成功的基础。

了解焊接机理，熟悉焊接工具、材料和基本原则，掌握最起码的操作技艺是跨进电子科技大厦的第一步，也是确保焊接质量的前提。

2.1　焊接基础知识

2.1.1　焊接机理

1. 润湿阶段（第一阶段）

润湿阶段是指加热后呈熔融状的焊料，沿着被焊金属的表面充分铺开，与被焊金属的表面原子充分接触的过程。为使该阶段达到预期效果，被焊金属表面的清洁工作是不可缺少的重要环节。

2. 扩散阶段（第二阶段）

在第一阶段的润湿过程中，还会伴有扩散现象，即在一定的温度下，焊料与被焊金属中的原子相互渗透的过程。扩散的结果是在两者的界面层上形成合金（又称界面层）。

3. 焊点形成阶段（第三阶段）

焊接后，焊料开始冷却。冷却时，界面层（合金层）首先以适当的合金状态开始凝固，形成金属结晶，然后结晶向未凝固的焊料方向生长，最后形成焊点。

通过以上焊接机理，可给**焊接下一定义：通过加热、加压或其他方法，使两种或两种以上的金属原子依靠原子间的内聚力及扩散作用牢固地结合在一起，最后形成一种合金的过程称为焊接。**

2.1.2 焊接的种类

焊接是使金属连接的一种方法，也是在电子产品生产过程中人们必须掌握的一种基本操作技能。从焊接形式来看，现代焊接技术主要有熔焊、钎焊和接触焊三类。

1. 熔焊

熔焊是一种加热被焊件(母材)而使其相互熔化产生合金的焊接技术，即直接熔化母材的焊接技术。常见的熔焊有：电弧焊、激光焊、等离子焊及气焊等。

2. 钎焊

钎焊是一种在已加热的被焊件之间，熔入低于被焊件熔点的焊料，使被焊件与焊料熔为一体的焊接技术，即在焊接过程中，母材不熔化，而焊料熔化的焊接技术。常见的钎焊有软钎焊(熔点＜450℃)和硬钎焊(熔点＞450℃)两种。在电子产品的生产中大量采用的是软钎焊，即锡焊技术。

3. 接触焊

接触焊是一种不用焊料和焊剂的焊接，即可获得可靠连接的焊接技术。常见的接触焊有压力焊、绕接、穿刺等。

2.1.3 锡焊及其特点

1. 锡焊

在无线电产品的装配中，凡是用到锡铅焊料进行焊接的过程统称为锡焊，属于一种软钎焊。

2. 锡焊应具备的基本条件

(1) 焊件必须具有良好的可焊性。

(2) 焊件表面必须保持清洁。

(3) 正确选择合适的焊料。

(4) 正确选择合适的助焊剂。

(5) 保证合适的焊接温度和时间。

3. 锡焊特点

(1) 焊料熔点低于被焊件。

(2) 焊接时将焊料与焊件共同加热到焊接温度，焊料熔化而焊件不熔化。

(3) 焊接时使用的工具比较简单(如电烙铁、改锥等)。

(4) 焊接成本比较低，易于实现自动化生产。

(5) 焊接过程可逆，易于实现拆焊等。

2.2 锡焊材料与工具

焊接材料和焊接工具是实施锡焊作业必不可少的条件。合适、高效的工具是焊接质量的保证，合格的焊接材料是锡焊的前提。以下主要介绍这方面的知识。

2.2.1　焊接材料

1. 焊料

焊料是一种熔点低于被焊金属的易熔金属，且在熔化的过程中能在被焊金属表面形成合金而将被焊金属连接在一起的物质，按照其组成成分可分为锡铅焊料、银焊料及铜焊料。在一般的电子产品装配中主要使用锡铅焊料，所以又称为焊锡，**它具有熔点低、易于流动、表面张力小、机械强度高、抗腐蚀性能良好等特点**，因此成为常用的焊料，如表 2－1 所示。对焊接有特殊要求的一些场合，会使用掺有某些金属的焊锡，如，在锡铅合金中掺入少量的银，可使焊锡的熔点降低，强度增大；掺入少量铜，可使焊锡变成高温焊锡。

焊锡按照形状可分为焊锡丝、焊锡块、焊锡条、焊锡膏等。

手工焊接常用的是焊锡丝，是将焊锡制成管状，内部充加助焊剂(即“松香”)。其焊锡丝直径有 0.5 mm，0.8 mm，1.0 mm，1.2 mm，1.5 mm，2.0 mm，2.5 mm，3.0 mm，4.0 mm，5.0 mm等。

表 2－1　电子产品中常用的焊锡种类

序号	焊锡中各金属成分比例				焊锡熔点/℃
	锡(Sn)	铅(Pb)	镉(Cb)	铋(Bi)	
1	61.3%	37.9%		0.8%	183
2	35%	42%		23%	150
3	50%	32%	18%		145
4	23%	40%		37%	125
5	20%	40%		40%	110

2. 焊剂

焊剂又称为助焊剂，是一种用于清除金属表面氧化膜的专用材料，是焊接时添加在焊点上的化合物，是进行锡铅焊接的辅助材料。焊剂性能的优劣，直接影响到锡焊的质量及效果。

(1) 助焊剂的特点。

1) 焊剂的熔点低于焊料的熔点。

2) 焊剂的表面张力、黏度和密度应小于焊料。

3) 残余焊剂易于清除。

4) 不会腐蚀被焊金属。

5) 不会产生对人体有害的气体及刺激性味道。

6) 具有清除被焊金属和焊料表面的功能。

(2) 助焊剂的作用。

1) 除去金属表面的氧化膜。

2) 防止金属及焊点表面被氧化。

3) 减小液态焊锡表面的张力，增加焊锡的流动性。

4）易于传递热量。

5）增加焊点的光滑度。

（3）焊剂的分类。

常用的焊剂大致可以分为有机焊剂、无机焊剂和树脂焊剂等。其中以松香为主要成分的树脂焊剂在电子产品生产中占有重要地位，成为专用性的助焊剂。

1）有机焊剂：有机焊剂具有较好的助焊作用，但有一定的腐蚀性，残余的焊剂不容易清除，且挥发物对人体有害，一般在电子产品的焊接中不单独使用，而是作为活化剂与松香一起使用，如硬脂酸、氨基酸、盐酸苯胺、尿素 $CO(NH_4)_2$、乙二胺等。

2）无机焊剂：无机焊剂具有很好的助焊作用，活性很强，常温下就能除去金属表面的氧化膜，但具有强烈的腐蚀性，很容易损伤金属及焊点，电子产品焊接中通常是不使用该焊剂的，如正磷酸 H_3PO_4、盐酸、氟酸、盐-氯化物 NH_4Cl，$ZnCl_2$ 等。

3）树脂焊剂：这种焊剂通常以松香为主。**它具有良好的助焊作用，且无腐蚀，绝缘性能好，稳定性高，耐湿性好，焊接后容易清洗**，因此在电子产品的装配焊接中常以松香焊剂为主。在平时的使用中，常将松香以 3∶1 的比例溶于无水酒精中，并添加适量的活化剂，制成松香水助焊剂，如松香、活化松香、氧化松香。

注意：①对使用过有机焊剂和无机焊剂的印刷板必须进行清洗，否则焊剂会腐蚀印刷板和焊点。

②松香类助焊剂反复使用后会发黑（碳化），这时的松香是不会起到助焊作用的。

3. 阻焊剂

焊接中，特别是在浸焊及波峰焊中，为了提高焊接质量，需要耐高温的阻焊涂料，使焊料只在需要的焊点上进行流动，而把不需要焊接的部分保护起来，起到一种阻焊作用，这种阻焊材料叫做阻焊剂。

（1）阻焊剂的优点。

1）防止桥接、短路及虚焊等情况的发生，减少印刷板的返修率，提高焊点的质量。

2）因印刷板面部分被阻焊剂覆盖，焊接时受到的热冲击小，降低了印刷板的温度，使板面不易起泡、分层，同时也起到了保护元器件和集成电路的作用。

3）除了焊盘外，其他部位均不上锡，这样可以节约大量的焊料。

4）使用带有色彩的阻焊剂，可以使印刷板的板面显得整洁美观。

（2）阻焊剂的分类。

阻焊剂按成膜方法分为热固性和光固性两大类，即所用的成膜材料是加热固化或光照固化。目前热固化阻焊剂被逐步淘汰，光固化阻焊剂被大量使用。

热固化阻焊剂具有价格便宜、黏结强度高的优点，但也具有加热温度高，时间长，印刷板容易变形，能源消耗大，不能实现连续化生产等缺点。

光固化阻焊剂在高压汞灯下照射 2～3 min 即可固化，因而可节约大量的能源，提高生产效率，便于自动化生产。

2.2.2 焊接工具

常言道“工欲善其事，必先利其器”。要将形形色色的电子元器件焊装成符合设计要求的电子产品，必须熟悉并且正确使用焊接工具，这样才能提高效率，保证质量。

1. 电烙铁

电烙铁是实施手工焊接的主要工具。选择合适的烙铁，并合理地使用它，是保证焊接质量的基础。由于用途、结构的不同，有各式各样的烙铁，按照加热方式分为直热式、感应式、气体燃烧式等；按照烙铁的功率分为 20 W，25 W，30 W 等；按功能分为单用式、两用式、调温式等。

在电子产品的装配中常用的电烙铁一般为直热式。直热式又可分为内热式、外热式、恒温式三大类。加热体亦可称为烙铁芯，是由镍铬电热丝绕制而成的。加热体位于烙铁头内部的称为内热式，位于烙铁头外面的称为外热式，恒温式电烙铁则通过内部的温度传感器及温度调节开关进行控制，实现恒温焊接。其工作原理相似，在接通电源后，加热体升温，烙铁头受热温度升高，达到工作温度后，就可熔化焊锡进行焊接。内热式比外热式电烙铁热得快，从开始加热到达到焊接温度一般只需 3 min 左右，热效率高，可达到 85%～95%或以上，而且具有体积小，重量轻，耗电量小，使用方便、灵巧等优点，适用于小型电子元器件和印刷板的手工焊接。在电子产品的生产过程中，多采用 20W 的内热式电烙铁。直热式电烙铁结构组成如图 2－1 所示。

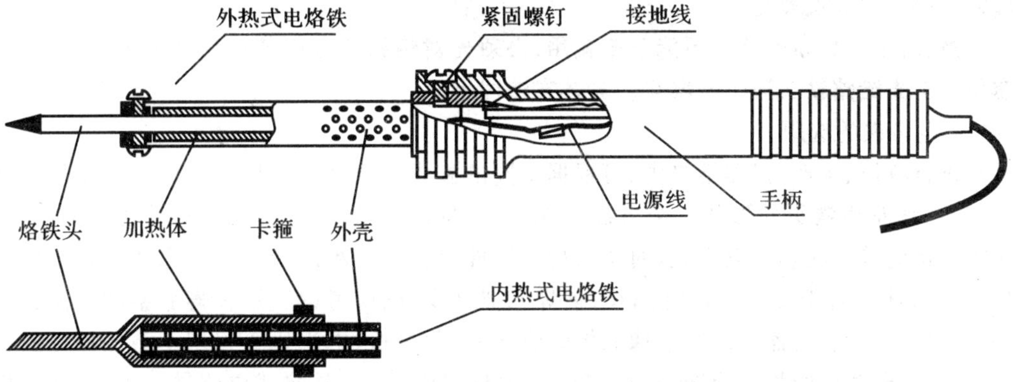

图 2－1　直热式电烙铁结构图

(1) 烙铁头的选择与修整。

1) 烙铁头的选择。为了保证可靠方便地焊接，必须合理选用烙铁头的形状与尺寸，图 2－2所示为几种常用烙铁头的外形。

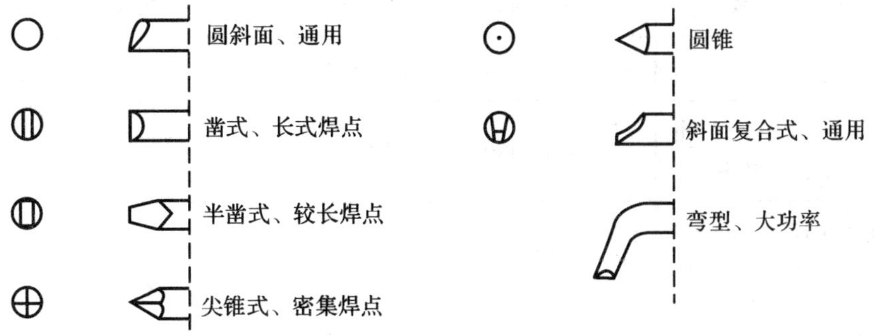

图 2－2　各种常用烙铁头形状

选择烙铁头的依据是：应当使其尖端的接触面积小于焊接处（焊盘）的面积。烙铁头接触面积过大，会使过量的热量传导给焊接部件，损坏元器件及印刷板。一般来说，烙铁头越长、越尖，温度越低，需要焊接的时间越长；反之，烙铁头越短、越粗，温度越高，需要焊接的时间越短，因此，每个操作者可根据自己的习惯选用合适的烙铁头。

2）烙铁头的修整。烙铁头一般用紫铜制成且质体相对比较软，表面有镀层，如果不是特殊需要，一般不需要修锉打磨，因为镀层的作用就是保护烙铁头不被氧化生锈。但目前市场上的烙铁头大多数只是在紫铜的表面镀一层锌合金。镀锌层虽然有一定的保护作用，但经过一段时间的使用后，由于高温和助焊剂的作用，烙铁头被氧化，使表面凹凸不平，这时就需要修整。

修整的方法一般是先将烙铁头拿下来，根据焊接对象的形状及焊点的密度，确定烙铁头的形状和粗细。再将取下的烙铁头夹到台钳上，这时先用粗锉刀修整，然后用细锉刀修平，最后用细砂纸打磨光滑。特别注意，修整后的烙铁头要马上镀锡，否则烙铁头会被氧化，而不“吃锡”。因此，应采用的方法是：**将烙铁头装好后，在松香水中浸一下，然后接通电源，待烙铁加热后，在木板上放些松香和焊锡，用烙铁头沾上焊锡后，在湿布上反复摩擦，即：加热—加松香—加焊锡，反复3～5次即可。**

注意：对于一把新的烙铁不能拿来就用，必须先对烙铁头进行处理后才能正常使用，就是说在使用前先给烙铁头镀上一层锡。具体方法同上。

（2）电烙铁的选用。

在进行科研、生产、仪器维修中，可根据不同的施焊对象选择不同的电烙铁。主要从烙铁的种类、功率及烙铁头的形状三个方面考虑，当有特殊要求时，选择具有特殊功能的电烙铁。一般的焊接应首选内热式电烙铁，对于大型元器件及直径较粗的导线应考虑选用功率较大的外热式电烙铁。对于要求工作时间长，被焊元器件少，则应考虑选用长寿命型的恒温式电烙铁，如焊接表面封装元器件。对于像晶体管收音机、收录机、电视机等采用小型元器件的普通印刷板和IC电路板的焊接应选用20～25 W内热式或30 W外热式电烙铁。表2-2给出了选择电烙铁的依据（仅供参考）。

表2-2　选择电烙铁的依据

焊接对象及工作性质	烙铁头温度/℃（室温、220V）	选用烙铁
一般印刷板、安装导线	300～400	20 W内热式、30 W外热式、恒温式
集成电路	350～400	20 W内热式、恒温式
焊片、电位器、2～8 W电阻、大电解电容、大功率管	350～450	35～50 W内热式、恒温式、50～75 W外热式
8 W以上大电阻、ϕ2 mm以上导线	400～550	100 W内热式、150～200 W外热式
汇流排、金属板等	500～630	300 W外热式
维修、调试一般电子产品		20 W内热式、感应式、恒温式

（3）电烙铁常见故障与维护。

注意：对一把新的烙铁或者已经被用过的电烙铁，为了保证安全，在使用前一定要检测电烙铁的两个特性，即导热性和绝缘性。检测方法为：用数字万用表的两个表笔分别接触电烙铁电源引线的一个电极和烙铁芯的外壳，如果表头显示为无穷大，则绝缘性良好；反之，绝缘性较差。而检测导热性时可用数字万用表两个表笔接触电烙铁电源引线的两个电极，测量其电阻，然后依据 $P=\frac{U^2}{R}$ 计算 R 的大小来判断性能好坏。

电烙铁在使用过程中常见的故障有：电烙铁通电后不导热、烙铁带电、烙铁头不吃锡等。现以 20W 内热式的电烙铁为例加以说明。

1）电烙铁通电后不导热。当遇到此类故障时，可用数字万用表的欧姆挡测量烙铁引线端的插头，如果万用表显示 1，说明有断路现象。当插头本身没有问题时，可卸下胶木柄，再用万用表测量烙铁芯的两根引线，如果两个引线的电阻为 2.5 kΩ 左右，证明烙铁头是好的，故障出在电源线上；否则，证明烙铁芯坏了，需要更换新的烙铁芯。

更换烙铁芯的方法：将固定烙铁芯引线螺丝松开，将引线卸下，把烙铁芯从连接杆中取出，然后将新的同规格烙铁芯插入连接杆，将引线固定在固定螺丝上，并注意将烙铁芯多余引线头剪掉，以防止两根引线短路。

当测量插头两端时，如果万用表显示 0，证明有短路故障。故障点多为插头内短路，或者是防止电源引线转动的压线螺丝脱落，致使接在烙铁芯引线柱上的电源线断开而发生短路。当发现短路故障时，应立即处理，不能再次通电，以免烧坏保险丝。

2）烙铁带电。烙铁带电除前边所述的电源线接错在接地线的接线柱上外，还可能是，电源线从烙铁芯接线螺丝上脱落后，又碰到了接地线的螺丝上，从而造成烙铁头带电。这种故障最容易造成触电事故，并损坏元器件，为此，要随时检查压线螺丝是否松动或丢失。其作用是防止电源引线在使用过程中由于拉伸、扭转而造成引线头脱落。

3）烙铁头不“吃锡”。烙铁头经长时间使用后，就会因氧化而不沾锡，这就是“烧死”现象，也称为不“吃锡”。当出现不“吃锡”的情况时，可用细砂纸或锉刀将烙铁头重新打磨或锉出新茬，然后重新镀上焊锡就可继续使用。

4）为延长烙铁寿命，必须注意以下几点：

①电烙铁在使用之前，首先保证拉直烙铁电源线，使其不要绕来绕去，以防在使用中不小心烫伤电源线而触电或发生火灾事故。

② 经常用湿布、浸水海绵擦拭烙铁头，以保持烙铁头能够良好挂锡，并可防止残留阻焊剂对烙铁头的腐蚀。

③ 电烙铁不宜长时间通电而不用，因为这样容易使电烙铁铁芯加速氧化而烧断，同时也将使烙铁头因长时间加热而氧化，甚至被“烧死”而不再“吃锡”。

④ 在焊接过程中不能敲击电烙铁，否则，由于在高温时敲击烙铁头而使加热丝断开，出现不导热现象。暂时不用时，一定要保证烙铁头具有良好的散热措施。

⑤ 在产品的焊接过程中，应首先选用松香或弱酸性助焊剂。

⑥ 在焊接的过程中，为了保护烙铁头和印刷板，可适当调节烙铁头伸出的长度，以便控制烙铁头的温度。

⑦ 焊接完毕时，烙铁头上的残留焊锡应该继续保留，以防止再次加热时出现氧化层。

2. 辅助工具

(1) 尖嘴钳。尖嘴钳是组装电子产品的常用工具,它主要用做对焊接点上进行网绕导线和网绕元件的引线,还可以用于元件的引线成型。为了使用方便和提高效率,可在尖嘴钳两柄内安装弹簧,以便钳口在使用中自动随手的握力放松而张开。使用尖嘴钳时应注意如下事项:

1) 塑料柄不能破损,开裂后严禁带非安全电压操作。

2) 不允许用尖嘴钳装卸螺母。

3) 不宜在 80℃以上的温度环境中使用,以防止塑胶柄套熔化或老化。

4) 为了不使尖嘴钳断裂,尖嘴钳不要夹持较粗的或硬质金属导线及其他硬物。

5) 尖嘴钳的头部是经过淬火处理过的,不要在锡锅或高温的地方使用,否则会因受热易退火,降低钳头部分硬度。

(2) 斜口钳。斜口钳(见图 2-3)又称偏口钳、剪线钳,主要用于剪断导线,尤其是用来剪除网绕元器件多余的引线。斜口钳在使用时,应注意剪掉的线头飞出伤人的眼睛。剪线时,要使钳口朝下,在不便变动方向时可用另一只手遮挡。

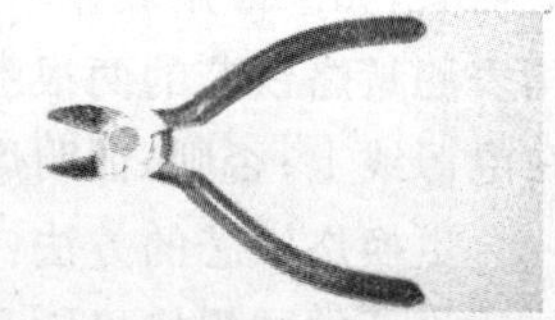

图 2-3 斜口钳示意图

切记不要用斜口钳剪断螺钉和较粗的钢丝,以免损坏钳口。

(3) 剥线钳。适用于剥掉塑料胶线、蜡克线等线材的端头表面绝缘层,具有使用效率高、剥线尺寸准确、不易损伤芯线等优点。剥线钳的主要用途是剥离导线端头的绝缘外层。使用时,注意将需要剥离绝缘层的导线放入合适的槽口,轻轻地拉动导线即可。特别注意剥皮时握有剥线钳的手不能用力过大,以免剪断导线。

(4) 镊子。镊子可分为尖嘴和圆嘴镊子。尖嘴镊子主要功能是夹置导线和元器件在焊接中防止移动。如果导线塑胶绝缘层的端头余热要收缩,在焊点尚未完全冷却前,可用镊子夹住塑胶绝缘层向前推动,可使塑胶绝缘层恢复到收缩前的位置。圆嘴镊子用于弯曲元器件引线和夹持元器件焊接等,用镊子夹持元器件焊接时还能起到散热的作用。

(5) 螺丝刀。螺丝刀俗称改锥或起子,用于紧固或拆卸螺钉。常用的螺丝刀有平口和十字两大类,又可分为手动、自动、电动和风动等形式。

2.3 手工焊接技术

手工焊接是焊接技术的基础,也是电子产品装配中的一项基本操作技能。手工焊接适用于小批量生产的小型化产品、一般结构的电子整机产品、具有特殊要求的高可靠产品、某些不便于机器焊接的场合及调试和维修中修复焊点和更换元器件等。

学好手工焊接的要领是:保证正确的焊接姿势,熟练掌握焊接的基本操作步骤和手工焊接的操作要领。

2.3.1 焊接操作的正确姿势与卫生

由于焊剂加热挥发出的化学物质对人体是有害的,如果操作时鼻子距离烙铁头太近,则会大量吸入有害气体,对人体造成伤害,因此建议在焊接中应保持烙铁距离口鼻的距离不少于 30 cm 为宜。

1. 电烙铁的使用方法

手工焊接时，电烙铁要拿得稳对得准，可根据电烙铁的大小和被焊件的要求不同，决定手持电烙铁的手法，通常电烙铁的握法有3种，如图2-4所示。

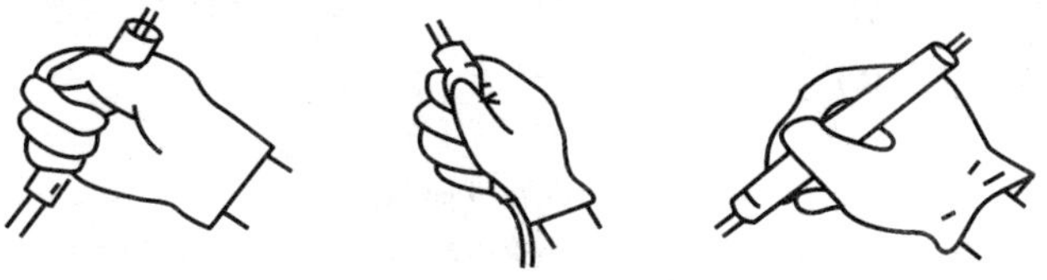

(a)　(b)　(c)

图2-4　电烙铁的握法
(a)反握法；(b)正握法；(c)握笔法

(1) 反握法。如图2-4(a)所示，这种方法焊接时动作稳定，长时间操作不容易疲劳，适用于大功率烙铁的操作和热容量大的被焊件。

(2) 正握法。如图2-4(b)所示，适用于中等功率的电烙铁或带弯头的电烙铁的操作。一般在操作台上焊接元器件时多采用此方法。

(3) 握笔法。如图2-4(c)所示，这种握法类似于握笔的姿势，易于掌握，但长时间操作易疲劳，手持烙铁头会出现抖动现象，适于小功率的电烙铁和热容量小的被焊件。

2. 焊锡丝的拿法

手工焊接中一手握电烙铁，另一只手拿焊锡丝，帮助电烙铁吸取焊料。拿焊锡丝的方法一般有两种，如图2-5(a)所示。

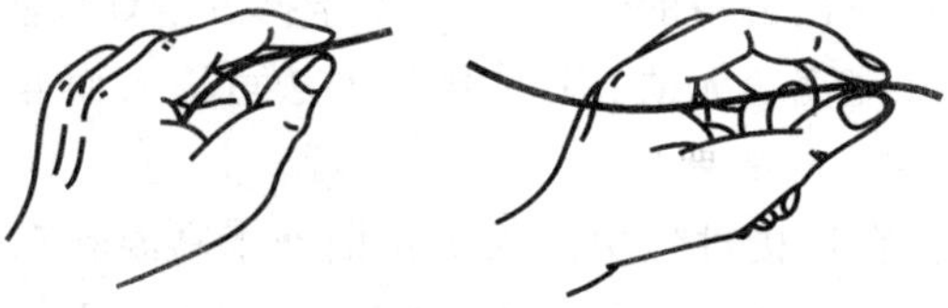

(a)　(b)

图2-5　焊锡丝的拿法

(1)连续焊锡丝拿法，即用拇指和食指握住焊锡丝，其余三指配合拇指和食指把焊锡丝连续向前送进，如图2-5(a)所示。它适合于成卷焊锡丝的手工焊接。

(2)断续焊锡丝拿法，即用食指、拇指和中指夹住焊锡丝。采用这种拿法，焊锡丝不能连续送进，适合于小段焊锡丝的手工焊接，如图2-5(b)所示。

2.3.2　五步训练法

掌握好烙铁的温度和焊接时间，选择恰当的烙铁头和焊点的接触位置，才可能得到良好的焊点。正确的焊接操作过程可分为五步来实现。如图2-6所示。

(1) 准备工作：左手拿焊锡丝，右手握电烙铁，进入被焊状态。要求烙铁头保持干净，且无焊渣等氧化物，并在表面镀有一层焊锡。

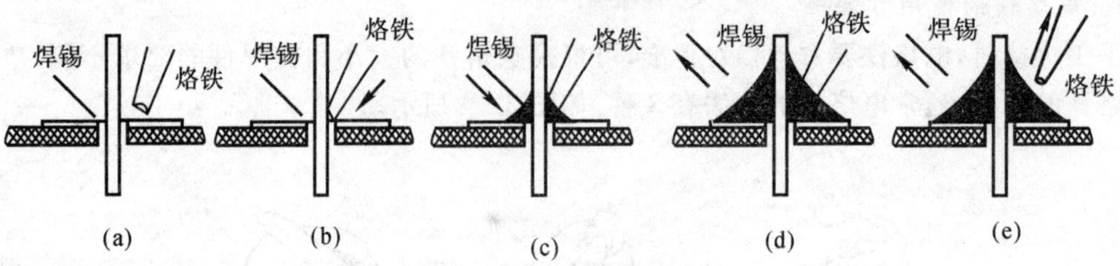

图 2-6 五步训练法

(a)准备工作;(b)加热焊件;(c)加焊锡丝;(d)去焊锡丝;(e)移去烙铁

(2) 加热焊件:烙铁头靠在焊件与焊盘之间的连接处,进行加热,时间约为 2 s 左右。对于在印刷板上焊接元器件时,要注意烙铁头同时紧密接触焊盘和元器件的引脚,使烙铁头与印刷板保持 45°夹角,以保证元器件引脚与焊盘同时均匀受热。

(3) 加焊锡丝:当焊件的焊接点被加热到一定的温度时,从烙铁对面添加焊锡丝,使焊锡丝熔化后润湿焊点。注意焊锡丝一定要适量,以免造成虚焊情况,且对于较大焊点,应先将焊锡移近烙铁头,待焊锡熔化后再慢慢移回烙铁头对面,以便润湿整个焊点。

(4) 去焊锡丝:当焊锡丝熔化到一定量后立即向左上 45°方向移开焊锡丝。

(5) 移去烙铁:当焊锡浸润焊盘或焊件的施焊部位,形成焊件周围的合金层后,向右上方 45°方向移开烙铁。从第(3)步到第(5)步,时间大约 3 s 左右。

注意:对于小焊件可简化为三步操作:准备—加热与加焊锡—去焊锡与去烙铁。

2.3.3 手工锡焊操作要领

为了能在焊接的过程中焊出合格的焊点,除了要掌握五步训练法外,还要掌握一定的焊接要领,只有两者配合使用,才能完美无缺。具体操作方法可因人而异,在长期的工程实践中总结出如下要领,以供参考。

(1) 保持烙铁头干净。在焊接过程中烙铁头长期处于高温状态,又接触焊剂、焊料等,烙铁头表面很容易被氧化并粘上一层黑色的杂质,且这些杂质容易形成隔热层,使烙铁头失去加热作用,因此,要随时除去烙铁头上的残留物,使其随时保持洁净状态。采用的方法是:用一块湿布或湿海绵或者用一块软纸随时擦拭烙铁头,以保持其干净。

(2) 焊件表面处理。为了提高焊接的质量和速度,防止出现虚焊等缺陷,一般焊件都要进行表面处理工作,即除去焊件表面的氧化膜、锈斑、油污、灰尘等影响焊接质量的杂质。方法是:用剪刀或断锯条对焊件表面进行同一个方向刮磨或用砂纸对焊件表面进行擦拭,以除去焊件表面的非金属物质,直到焊件表面露出金属光泽为止。

(3) 焊件表面预焊(即"镀锡")。为了能使金属表面在以后的锡焊中易于被焊料润湿而预先进行一次浸锡处理的方法称为预焊。焊件表面经过处理后露出的金属光泽的焊件表面和刚剥过绝缘层的导线要立即进行预焊,否则会被氧化或粘上其他杂质而不粘锡,进而影响焊接质量。**具体操作为**:先用烙铁将焊料与焊锡熔化在松香池内,然后将被焊元器件引线或导线放入熔化的焊料焊剂中,用烙铁头的刀口压在元器件引线或导线的焊接部位,且用力不要太大,用镊子夹住元器件或导线,边拖边转元器件或导线,使其焊件部位周围的表面都均匀地镀上一层焊锡即可。

(4) 采用正确的加热方式。加热时，应该让焊件上需要焊锡浸润的各部位均匀地受热，而不要采取通过给焊件施压来传递热量或者是仅仅只加热焊件的一部分，以免造成烙铁头的损坏，更严重的是对元器件造成不易察觉的隐患。正确的方法是：要根据焊件的形状选用不同的烙铁头，或者自己修整烙铁头，让烙铁头与焊件形成面的接触，而不是点或线的接触，这样就能大大提高焊接效率。

(5) 通过焊锡桥加热。所谓焊锡桥，就是靠烙铁头上保持少量的焊锡作为加热时烙铁头与焊件之间的桥梁。在手工焊接中，焊件的大小、形状是多种多样的，需要使用不同功率的电烙铁及不同形状的烙铁头，而焊接时不可能经常更换烙铁头，为增加传热面积需要形成热量传递的焊锡桥，这是因为液态金属的导热率要远远高于空气的导热率。

(6) 焊剂、焊料要适量。适当的焊剂、焊料有助于焊接。焊剂过多，易出现焊点的“夹渣”现象，造成虚焊故障。若采用松香芯焊锡丝，因其自身含有松香助焊剂，所以无须再用其他的助焊剂。焊料适中，则焊点美观、牢固；焊料过多，则浪费焊料，延长了焊接时间，并容易造成短路现象；焊料太少，焊点的机械强度降低，容易脱落。

(7) 烙铁撤离要有技巧。烙铁撤离要掌握一定的技巧，即对“时间、方向和速度”的把握。具体方法是：方向是烙铁头与水平面成 45°夹角，且在整个操作过程中永远保持不变，在撤离时沿着焊件引线的方向轻轻地往起抬；一个焊点最好在 3～5 s 内完成，否则有可能损坏元器件；速度的把握一定要体现一个“快”字。

(8) 焊件焊接要牢固。在焊锡凝固之前不要使焊件移动或振动，特别是用镊子夹住焊件时一定要等焊锡凝固后再移去镊子。这是因为焊锡在凝固的过程中是结晶的过程，根据结晶理论，在结晶期间受到外力(焊件移动)会改变结晶条件，导致晶体粗大，造成所谓“冷焊”。外观现象是表面无光泽呈豆腐渣状；焊点内部结构疏松，容易有气隙和裂缝，造成焊点强度降低，导电性能差，因此，在焊锡凝固前一定要保持焊件静止。

2.3.4　初学者应注意的几个问题

对于初学者来说，由于第一次接触焊接技术，不可避免害怕、手抖动、描点、堆焊等各种现象，但随着训练时间的推移，慢慢会熟悉各种操作要领和方法。因此，在训练时，首先要求焊点焊接要牢固且无虚焊，其次注意焊点的大小、形状及表面粗糙程度等，具体应注意以下几点：

(1)焊锡不能太多，应以焊盘大小而定，且一个焊点一次完成，如果需要补焊，一定要等两次焊锡相互熔化后再移去电烙铁。

(2)在焊接过程中，要保证焊件稳定，并扶正焊件，尽可能使元器件引线与焊盘保持垂直。特别注意在焊锡冷却过程中不能晃动焊件，否则易出现虚焊现象。

(3)在焊接各种晶体管时，最好用镊子夹住被焊晶体管的引脚，以避免温度过高损坏晶体管。

(4)在焊接集成电路或易损元器件(即硬质塑料与金属弹片合制的元器件)时，应采取最远距离或对角线(即焊完某一点后，找离此点最远的焊点)进行焊接。

(5)装在印刷板上的各类元器件尽可能保持同一高度，并且元器件的安装方向应便于操作者观察其型号、参数及极性等。

(6)在焊接过程中应尽可能不要用手接触印刷板，以防玷污印刷板，并尽可能保证印刷板表面干净、清洁。

2.3.5 焊接质量要求与缺陷分析

焊点的质量直接关系着电子产品的稳定性与可靠性等电气性能。一台电子产品，其焊点数量可能大大超过元器件数量本身，焊点有问题，检查起来十分困难，因此必须明确对合格焊点的要求，认真分析影响焊点质量的各种因素，以减少出现不合格焊点的机会，尽可能在焊接过程中提高焊点的质量。

1. 对焊点的质量要求

(1) 具有可靠的电气性能。电子产品工作的可靠性与电子元器件的焊接紧密相连。一个焊点要能稳定、可靠地通过一定的电流，没有足够的连接面积是不行的。如果焊锡仅仅是将焊料堆在焊件的表面或只有少部分形成合金层，那么在最初的测试和工作中也许不能发现焊点的问题，但随着时间的推移和条件的变化，接触层被氧化，出现脱落现象，电路会产生时通时断或者干脆不工作等故障。而这时观察焊点的外表，依然连接如初，这是电子仪器检修中最令人头痛的问题，也是产品制造中要十分注意的问题。

(2) 具有足够的机械强度。焊接不仅起电气连接的作用，同时也是固定元器件、保证机械连接的手段，因而就有机械强度的问题。作为锡铅焊料的锡铅合金本身强度是比较低的。常用的锡铅焊料抗拉强度只有普通钢材的 1/10，要想增加强度，就要有足够的连接面积。如果是虚焊点，焊料仅仅堆在焊盘上，自然就谈不上强度了。另外，焊接时焊锡未流满焊盘，或者焊锡量过少，降低了焊点的强度。还有，焊接时焊料尚未凝固就使焊件震动、抖动而引起焊点结晶粗大，或有裂纹，都会影响焊点的机械强度。

(3) 具有光泽整体的外观。良好的焊点要求焊料用量恰到好处，外表有金属光泽，没有桥接、拉尖等现象。导线焊接时不伤其绝缘层，良好的外表是焊接高质量的反映。表面有金属光泽是焊接温度合适、形成合金层的标志，而不仅仅是外表美观的要求。

2. 典型焊点的外观要求

图 2-7 所示为两种典型焊点的外观。

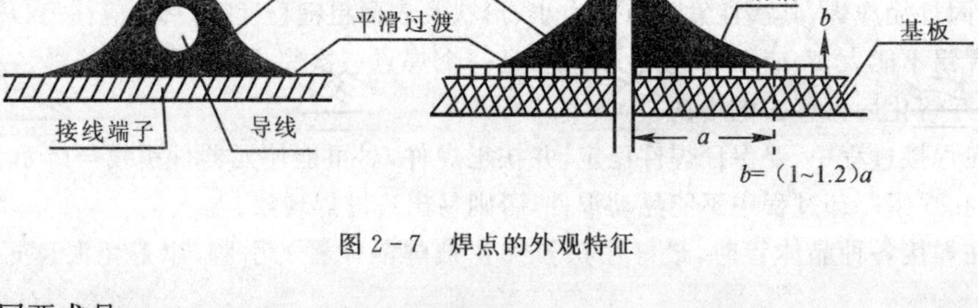

图 2-7 焊点的外观特征

其共同要求是：

(1) 外形以焊接元器件引线为中心，呈圆锥状。

(2) 焊点表面应具有金属光泽，且光滑透亮。

(3) 焊点表面应无毛刺、无裂痕、无浮焊、无桥接、无空洞等虚焊情况。

(4) 焊件与焊点表面要保持清洁。

3. 焊点的质量检查

在焊接结束后，为保证电子产品的质量，要对焊点进行检查。由于焊接检查与其他生产工序不同，没有一种机械化、自动化的检查测量方法，因此主要通过目视检查、手动检查和通电检查来发现问题。

(1) 目视检查是从外观上检查焊接质量是否合格，也就是从外观上评价焊点有什么缺陷。具体检查：焊点有无漏焊、有无虚焊情况、焊盘有无脱落等情况。

(2) 手动检查主要是指手接触、摇晃元器件时，焊点有无松动、不牢、脱落的现象；或用镊子夹住元器件引线轻轻拉动时，焊点有无松动等现象。

(3) 通电检查必须是在外观及连线无误后才可进行的工作，也是检验电路性能的关键步骤。通电检查可以发现许多微小的缺陷，如用目测观察不到的电路桥接、虚焊等。表 2－3 所示为通电检查时可能出现的故障与焊接缺陷的关系。

表 2－3　通电检查结果及故障分析

通电检查		故障分析
元器件损坏	失效	烙铁过热或漏电
	性能降低	烙铁漏电
导通不良	短路	桥接、焊料飞溅
	断路	焊锡开裂、松香加渣、虚焊、插座接触不良等
	时通时断	导线断丝、焊盘剥落等

4. 常见焊点的缺陷与原因分析

造成焊接缺陷的原因很多，但主要可从四个要素中去寻找。在材料与工具一定的情况下，采用什么方式及操作者是否有责任心，就是决定性的因素了。元器件的焊接与导线的焊接常见缺陷如图 2－8 和表 2－4 所示。

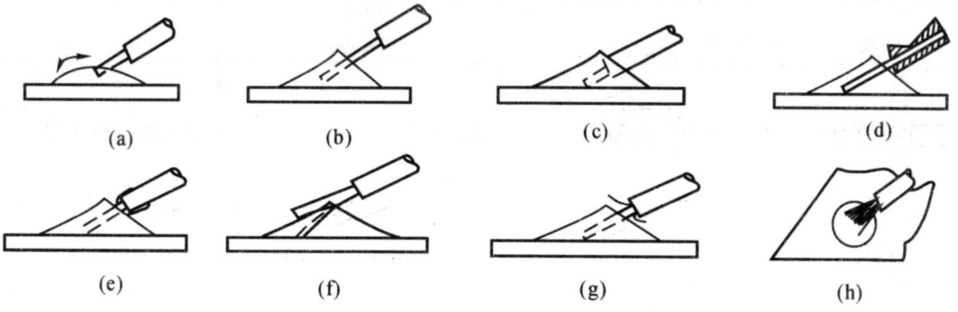

图 2－8　接线端子的缺陷

(a)虚焊；(b)芯线过长；(c)焊锡浸过外皮；(d)外皮烧焦；
(e)焊锡上皮；(f)断丝；(g)甩丝；(h)芯线散开

表 2－4　常见焊点缺陷与分析

焊点缺陷	外观特征	危害	原因分析
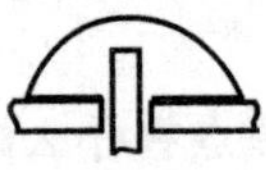 焊料过多	焊料面呈凸形	浪费焊料，且可能包藏缺陷	焊丝撤离过迟
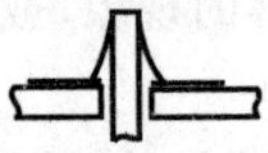 焊料过少	焊料未形成平滑面	机械强度不足	焊丝撤离过早或焊料流动性差，且焊接时间太短
 过热	焊点发白，无金属光泽，表面粗糙	焊盘容易剥落，强度降低	烙铁功率过大，加热时间过长
 冷焊	表面呈豆腐渣状颗粒，有时可能有裂纹	强度低，导电性不好	焊料未凝固前焊件抖动或烙铁功率不够
 浸润不良	焊料与焊件交界面接触角过大，不平滑	强度低，不通或时通时断	焊件清理不干净，助焊剂不足或质量差，焊件未充分加热
 虚焊	焊件与元器件引线或与铜箔之间有明显黑色界限，焊锡向界限凹限	电连接不可靠	元器件引线未清洁好，有氧化层或油污、灰尘；印刷板未清洁好，喷涂的助焊剂质量不好
 铜箔剥离	铜箔从印刷板上剥离	印刷板被损坏	焊接时间过长，温度过高
 不对称	焊锡未流满焊盘	强度不足	焊料流动性不好
 拉尖	出现尖端	外观不佳，容易造成桥接现象	助焊剂过少，而加热时间过长，烙铁撤离角度不当
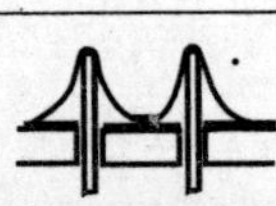 桥接	相邻导线连接	电器短路	焊锡过多，烙铁撤离方向不当

续　表

焊点缺陷	外观特征	危害	原因分析
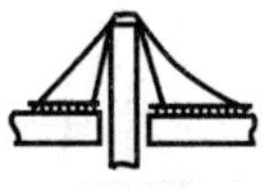 松动	导线或元器件引线可移动	导通不良或不导通	焊锡未凝固前引线移动造成空隙，引线未处理好（浸润差或不浸润）
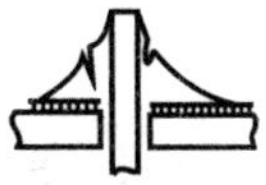 针孔	目测或低倍放大镜可见有孔	强度不足，焊点容易腐蚀	焊盘孔与引线间隙太大
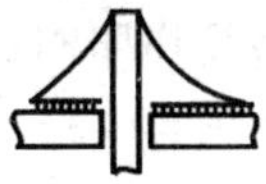 气泡	引线根部有喷火式焊料隆起，内部藏有空洞	暂时导通，但长时间容易引起导通不良	引线与焊盘孔间隙过大或引线浸润性不良
 剥离	焊点剥落（不是铜箔剥落）	断路	焊盘上金属镀层不良

2.4　手工拆焊技术

在调试、维修电子设备中常常需要更换一些元器件，但在实际操作中，需要先将原来的元器件拆焊下来，如果拆焊方法不当，就会破坏印刷板或者元器件，也会使换下来而并没有失效的元器件无法重新使用。对于一般电阻、电容、晶体管等管脚不多的元器件，且每个引脚可相对活动，可用电烙铁直接拆焊进行拆除，而对于相对管脚比较多的或特殊元器件，则采用专用工具拆除。

1. 拆焊的基本原则

拆焊前一定要弄清楚原焊接点的特点，不要轻易动手。拆焊的基本原则是：

(1) 不损坏待拆除的元器件、导线及周围的元器件。

(2) 拆焊时不可损坏印刷板上的各种印刷图形，如焊盘、印刷导线等。

(3) 对已经判定为损坏的元器件，可先将其引线剪断后再拆除，这样可以减少其他损伤。

(4) 在拆除的过程中，应尽量避免拆动其他元器件或变动其他元器件的位置，如确实需要应做好复原工作。

2. 拆焊工具

常用的拆焊工具除以上介绍的焊接工具外还有以下几种专用工具：

(1) 吸锡电烙铁。用于吸取熔化的焊锡，使焊盘与元器件或导线分离，达到解除焊接的目的。

(2) 吸锡器（见图 2－9）（不带加热体）。用于吸取熔化的焊锡，要与电烙铁配合使用。先使用电烙铁将焊点熔化，再用吸锡器吸除熔化的焊锡即可。

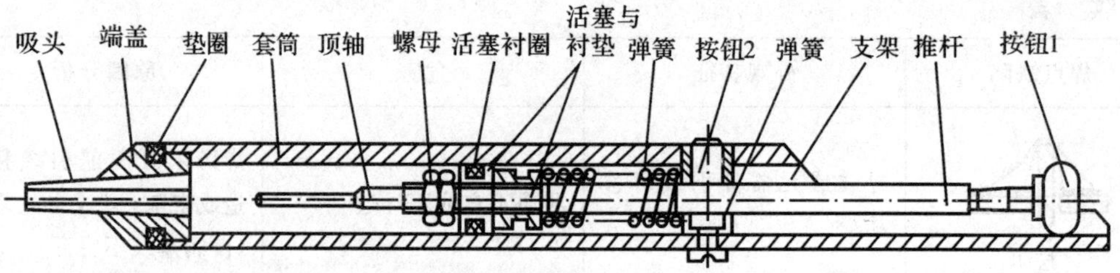

图 2-9 吸锡器内部结构图

(3) 吸锡网(屏蔽网罩)。用于吸取焊接点上的焊锡,同样要与电烙铁配合使用。采用的方法是:将吸锡网浸上松香水贴到待拆的焊点上,用烙铁头加热吸锡网,通过吸锡网将热传到焊点熔化焊锡,并沿吸锡网上升流动,将焊点拆开。这种方法简便易行,且不易烫伤印刷板。

(4) 空心针。空心针的作用是将焊点上的焊锡与焊盘或元器件的引线隔开的一种工具,根据元器件引线的粗细不同有不同的规格,且这种工具同样要与电烙铁配合使用。其方法为:用电烙铁加热焊点使其焊锡熔化的同时,将空心针沿元器件引线的方向往下推,直至触及印刷板,撤离电烙铁并轻轻地转动空心针,待焊锡凝固后再移开空心针即可。

3. 拆焊的操作要点

(1) 严格控制加热时间及温度。为了避免损坏元器件和印刷板,必须控制加热的时间和温度,因此建议采取间隔加热的方法进行拆焊。

(2) 拆焊时不要用力过猛。在高温状态下,元器件封装的强度会降低,尤其是塑料封装器件,过力的拉、摇、扭都会损坏元器件和焊盘。

(3) 吸去拆焊点上的焊料。在拆焊前,用吸锡工具吸取焊料,有时可以直接将元器件拔下。即使还有少量的焊锡连接,也可以减少拆焊的时间,减少元器件和印刷板损坏的可能性。

4. 拆焊方法

(1) 分点拆焊法。一般拆焊时,先将印刷电路板竖起来夹住,一边用烙铁加热待拆元器件的焊点,一边在印刷板的另一面用镊子或尖嘴钳夹住元器件引线轻轻拔出。这种方法主要针对卧式安装的元器件。

(2) 集中拆焊法。诸如三极管、集成放大器、集成电阻器等立式安装的元器件,可用烙铁头同时交替加热几个焊点,待焊锡熔化后一次拔出。对多接点的元器件,如开关、插头座、集成电路等,可采用专用烙铁头同时对准各个焊接点,依次拔下。

(3) 保留拆焊法。对需要保留元器件引线和导线端头的拆焊,要求比较严格,也比较麻烦。可采用吸锡工具先吸取被拆焊点外面的焊锡。一般情况下,用吸锡器吸取焊锡后能够摘下元器件。

(4) 剪断拆除法。被拆焊点上的元器件引线及导线如留有余量,或确定元器件已经损坏,可先将元器件或导线剪下,再将焊盘上的线头拆下。

2.5 实用焊接工艺

熟练掌握焊接技巧和焊接要领对于正确操作来说是必要的,但仅仅依照这些原则并不能解决实际操作中的各种问题,因此,在实践中的工作经验和工艺技巧是电子装配过程中不可缺少的组成部分。

2.5.1 元器件在印刷板上的焊接

将元器件焊接在印刷板上是电子产品制造中的核心，其焊接质量的好坏直接影响到产品的质量。尽管在现代化生产中印刷板的装配已经实现了自动化，但在生产的开发、研制、维修领域中还需要手工操作，况且手工焊接经验也是自动化生产获得成功的基础。

1. 准备工作

(1) 焊前的检查。在焊装前应对印刷板和元器件进行检查，主要检查印刷板的印制线、焊盘、焊孔等是否与装配图相符，有无短路、断路、缺孔等；表面是否清洁，有无氧化、腐蚀等。元器件的品种、规格、数量及外封装是否与装配清单相符，元器件引线有无氧化、腐蚀等现象。

(2) 元器件的测量。在焊接前应对所需的各种元器件进行测量，检查有无损坏的情况，并根据装配清单将所有的元器件进行分类，以便在装配时节省时间和使用方便。

(3) 元器件的预焊。元器件在焊接前应按照焊接要领对所有的元器件进行预焊处理，即"镀锡"，以有助于在焊接的过程中焊料的润湿和提高焊接的可靠性。

2. 元器件的成型

在组装印刷板时，为了提高焊接质量、避免浮焊，使元器件排列整齐、美观，对元器件的成型是必不可少的，而元器件的成型大部分需要在插装前完成，且弯曲成型的要求取决于元器件本身的封装外形和在印刷板上的安装位置。图 2-10 所示给出了成型后的元器件在印刷板上的插装实例。

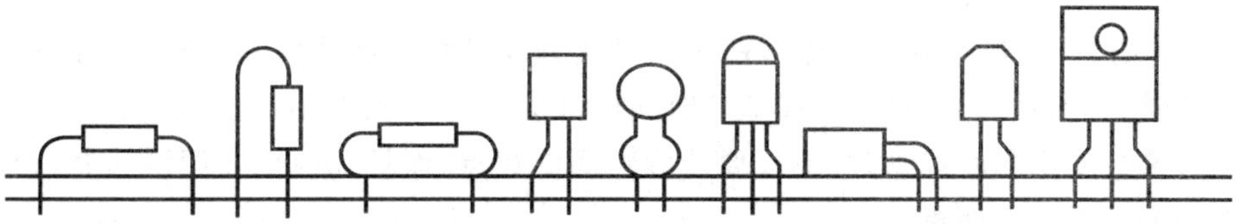

图 2-10 元器件引线成型示意图

元器件成型应注意以下几点：

(1) 所有的元器件引线均不得从根部弯曲，由于制造工艺上的原因，元器件根部容易折断，因此一般应保留 1.5 mm 以上。

(2) 元器件引线弯曲不能成为直角，即 90°，一般应弯曲成圆弧状，且圆弧半径应大于引线直径的 1～2 倍。

(3) 要尽量将所有元器件上标有字符的一面置于容易观察的位置。

3. 元器件的插装

元器件引线成型后，即可插入印刷板的焊孔中。特别要注意在插装元器件前，一定要根据元器件所消耗的功率大小充分考虑散热问题。工作时发热的元器件安装时不宜紧贴在印刷板上，这样不但有利于元器件散热，同时热量也不易传到印刷板上，延长了电路板的使用寿命，降低了产品的故障率。元器件的插装具有不同的分类，有立式和卧式插装、贴板和悬空插装等分类。图 2-11 所示给出了元器件的插装形式。

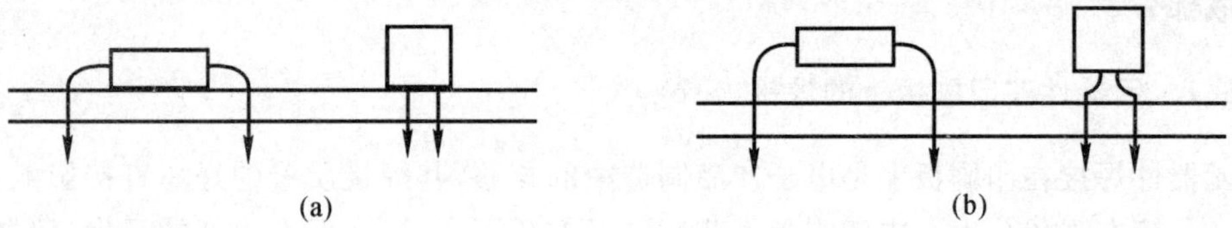

图 2-11 元器件插装形式

元器件的插装与注意事项：

(1) 贴板插装：如图 2-11(a)所示。适合于小功率元器件的安装，具有稳定性好、插装简单等优点，但也有不利于散热、某些安装位置不适当等缺点。

(2) 悬空插装：如图 2-11(b)所示。适合于大功率元器件的安装，具有适应范围广、有利于散热等优点，但插装较复杂，需要控制一定的高度以保持美观大方。悬空高度一般应保持在 2～6 mm 左右。

(3) 插装时注意元器件字符标注方向应一致，以便于读取参数。

(4) 插装时尽可能不要用手直接接触元器件引线和焊盘。

(5) 插装后为了固定元器件可对引线进行折弯处理。

4. 印刷板的焊接

焊接印刷板，除应注意焊接要领和要点外，还需注意以下几点：

(1) 电烙铁一般应选择内热式 20～35 W 或调温式，烙铁的温度以不超过 300℃为宜。烙铁头的大小应根据焊盘的大小决定。

(2) 加热方法，加热时应尽量使烙铁头同时接触焊盘和元器件引线。对较大的焊盘焊接时可移动烙铁，即烙铁绕焊盘转动，以免长时间停留于一点而导致局部过热。

(3) 焊接金属化孔的焊盘时，不仅要让焊料润湿焊点，而且孔内也要润湿填充，因此金属化孔加热时间应长于单面板。

(4) 焊接时不要用烙铁头摩擦焊盘的方法增强焊料润湿性能，要靠元器件的表面处理和预焊来完成。

(5) 对于耐热性差的元器件在焊接时应使用辅助工具来进行散热。

5. 印刷板的焊后处理

(1) 用斜口钳或剪刀剪去多余的引线，注意不要对焊点施加剪切力以外的力。

(2) 检查印刷板上所有的元器件引线焊点，对有缺陷的焊点进行修补处理。

(3) 根据焊接工艺要求选择合适的清洗液清洗印刷板，一般情况下使用松香焊剂后印刷板不用清洗。

(4) 根据电子产品的安装要求调整各类元器件，使其符合产品的安装说明要求。

2.5.2 导线焊接

导线焊接在电子产品装配中占有重要地位。实践中发现，出现故障的电子产品中，导线焊点的失效率远远高于印刷板，因此有必要对导线的焊接工艺给予特别的重视。

1. 常用连接导线

电子产品中常用的导线有 4 种，即单股导线、多股导线、排线和屏蔽线。

（1）单股导线：绝缘层内只有一根导线，俗称“硬线”，容易成形固定，常用于固定位置连接（如照明用的进户线、配电柜中各个接触器的连接线等）。注意漆包线也属于此范围。

（2）多股导线：绝缘层内至少有4根以上的单股导线，由于弯折自如、移动性好等优点又称为“软线”，多用于可移动的元器件及印刷板的连接。

（3）排线：属于多股导线，是将多股导线做成一排，用于数据传输，具有多股导线的特点。

（4）屏蔽线：是在绝缘的“芯线”之外又包了一层网状的导线，具有屏蔽信号的作用，多用于传输较微弱的低频信号。具有同样结构传输高频信号的屏蔽线称为同轴电缆。

2. 导线焊前处理

（1）剥绝缘层。导线在焊接前首先要剥去导线端头的绝缘层，一般采用斜口钳、剥线钳、简易剥线器或小刀等进行。剥去绝缘层的长度应保持在3～4 mm左右。

注意在剥去绝缘层的单股导线时不应伤及导线，在剥去多股导线及屏蔽线时不要断线，否则将影响接头焊接质量。

对多股导线剥去绝缘层时应注意将线芯拧成螺旋状，一般采用边拽边拧的方法。

（2）预焊。导线的预焊又称为挂锡，方法同元器件引线预焊一样，但注意导线在挂锡时要边上锡边旋转，旋转的方向同导线端头拧合的方向一致。

多股导线在挂锡时应注意“烛心效应”，即焊锡浸入绝缘层内，造成软线变硬，容易导致接头故障。

3. 导线焊接

提到导线的焊接时，通常是指导线与接线端子的焊接和导线与导线的焊接两大类。

（1）导线与接线端子的焊接。通常导线与接线端子的焊接有绕焊、钩焊、搭焊、插焊等，如图2-12所示。

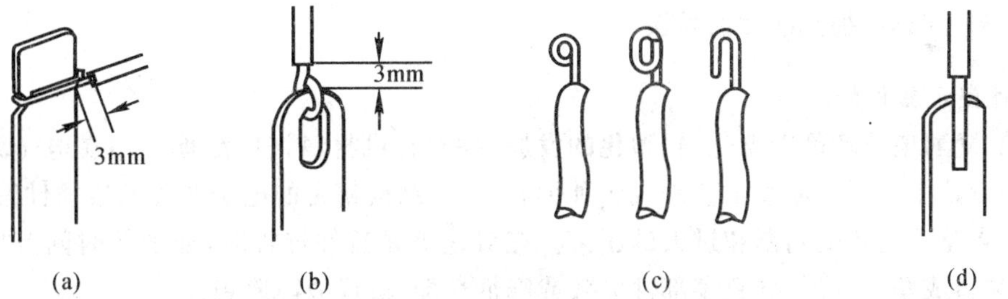

图2-12 导线与接线端子的焊接

1）绕焊：把经过上锡的导线端头在接线端子上绕上几周，用钳子拉紧缠牢后进行焊接，如图2-12(a)所示。注意导线一定要紧贴端子表面，绝缘层不要接触端子，且一般留有1～3 mm的距离为宜。

2）钩焊：将导线端子弯曲成钩状，钩在接线端子上并用钳子夹紧后进行焊接。端头处理同绕焊一样，如图2-12(b)所示。这种方法强度低于绕焊，但操作简单，易于实现。

3）搭焊：把经过镀锡的导线搭在接线端子上进行焊接的方法称为搭焊。如图2-12(c)所示，这种连接方法最为简便，但强度可靠性最差，仅仅用于临时连接或不便于绕、钩的地方以及某些接插件上。

4）插焊：导线与管状接线柱或插头的带孔圆形插针、插孔焊接时，都是将导线的末端插入孔内进行焊接。导线的端头应比孔的深度长约 1 mm，芯线的端面切成斜面，如图 2-12(d)所示。注意焊接前芯线一定要挂锡，以免在端面上残留气泡。

(2) 导线与导线的焊接。导线与导线的连接主要有两根导线的连接和两根以上导线的连接两大类。但导线与导线的焊接主要以绕焊为主，如图 2-13 所示。

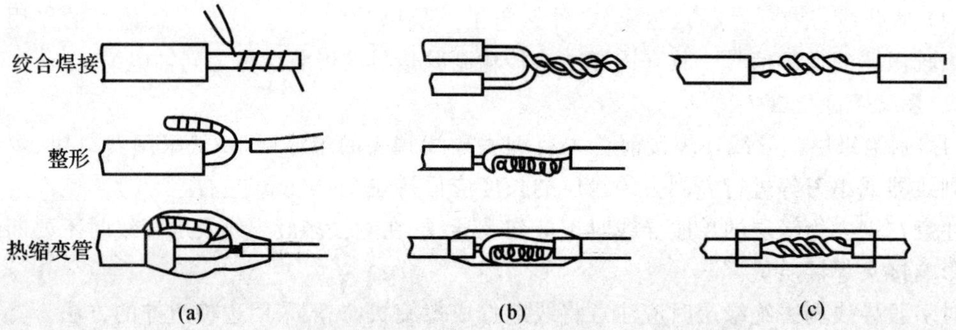

图 2-13　导线与导线的焊接

(a)粗细不等的两根线；(b)相同的两根线；(c)简化接法

其操作步骤如下：

1) 去掉导线端头 3～4 mm 的绝缘层。

2) 导线端头挂上焊锡，并套上合适的套管。

3) 绞合并施焊。

4) 趁热套上套管，冷却后套管套在接头处。

2.5.3　几种易损元器件的焊接

1. 注塑元器件的焊接

目前，随着电子产品微型化、轻型化的发展，各种有机材料被广泛地应用在电子元器件及零部件的制造中。通过注塑工艺制成各种形状复杂、结构精密的电子开关及接插件等，但它们最大的弱点是不能承受高温和过大的压力。在对这类元器件焊接时，如加热时间及压力控制不好，极易造成塑性变形，导致零部件失效或降低性能，造成故障隐患。

在焊接这类元器件时，应注意以下几点：

(1) 在元器件预处理前首先应将接点处理干净，并且一次镀锡成功，特别是将元器件浸放在锡锅中浸锡时，更应掌握好浸入深度和时间。

(2) 焊接时，烙铁头要修整得尖一些，以便在焊接时不碰到相邻的焊接点，并且尽可能地借辅助工具进行散热。

(3) 在焊完一个接点后应该找距离此点最远的接点(即取对角线)进行焊接，以保护该元器件的性能。

(4) 非必要时，尽量不使用助焊剂；必须添加时，要尽可能少用助焊剂，以防止其进入电接触点。

(5) 烙铁头在任何方向上均不要对接线片施加压力，以避免接线片变形，特别是对诸如继电器、波段开关等接触片具有预应力的元器件，不能施加过大的外力和热量，以免破坏接触点的弹力，造成元器件失效。

(6) 在保证润湿的情况下，焊接时间越短越好（最好是 3s 内完成），并且焊锡不能过量，以免造成桥接短路。

(7) 尽可能不要重复焊接一个接触点，最好一个接触点一次焊完。

2. 瓷片电容、发光二极管、中周等元器件的焊接

这类元器件的共同弱点是加热时间过长就会失效，其中瓷片电容、中周等元器件是内部接点开焊，发光二极管则管芯损坏，因此，在焊接前一定要处理好焊点，施焊时强调一个“快”字，并采用辅助工具进行散热（见图 2-14），以保护好该元器件。

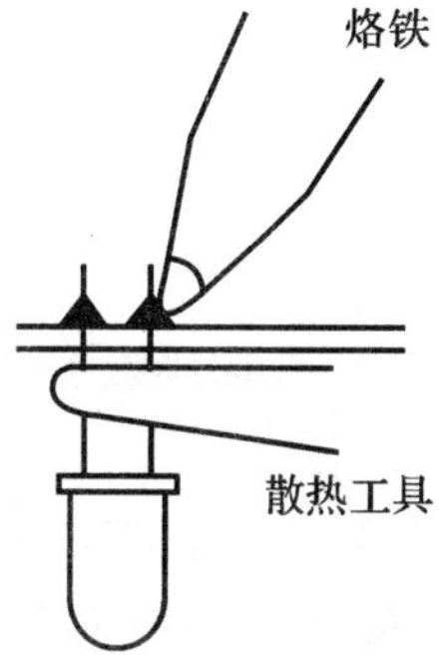

图 2-14　辅助散热

3. FET 及集成电路的焊接

MOSFET 特别是绝缘栅极型，由于其输入阻抗很高，稍不慎极可能使内部击穿而失效。

双极型集成电路不像 MOS 集成电路那样“娇气”，但由于内部集成度高，通常管子隔离层都很薄，一旦受热过量，极易损坏。无论哪种电路都不能承受高于 300℃ 的温度，因此焊接时必须非常小心，且应遵循以下原则：

(1) 电路引线如果是镀金处理的，不要用刀刮，只需用酒精擦洗或用橡皮擦干净即可。

(2) 对 CMOS 电路如果事先已经将某几个引脚短路，焊前不要拿掉短路线。

(3) 焊接时最好选用温度在 230℃ 左右的恒温烙铁，也可选用 20 W 内热式电烙铁，并且接地线应保证接触良好。

(4) 焊接时间在保证润湿的前提下，应尽可能短，一般不超过 3 s。

(5) 对于不使用插座的集成电路焊接时，应采取“接地端→输出端→电源端→输入端”的顺序进行焊接。

(6) 集成电路应尽可能地远离铺有容易触及雷电材料的工作台和场所。

2.6　工业生产中的焊接技术

在电子工业生产中，随着电子产品的小型化、微型化的发展，为了提高生产效率，降低生产成本，保证产品质量，采用自动化、机械化的锡焊技术对印刷板进行流水线焊接。主要采用浸焊、波峰焊及再流焊等形式。

2.6.1　浸焊技术

浸焊是将安装好元器件的印刷板在熔化的锡锅里浸锡，一次完成印刷板上众多焊点的焊接方式。它不仅比手工焊接效率高，而且可消除漏焊现象。浸焊有手工浸焊和机器浸焊两种，如图 2-15 所示。

1. 手工浸焊

手工浸焊是由人手持焊接的印刷板来完成的，其步骤如下：

(1) 焊前应先将锡锅加热，使已熔化的焊锡达到 230～250℃为宜。注意为了去掉锡锅内锡层表面的氧化层，通常要在锡锅内随时加一些焊剂（通常使用松香粉），以去除氧化层。

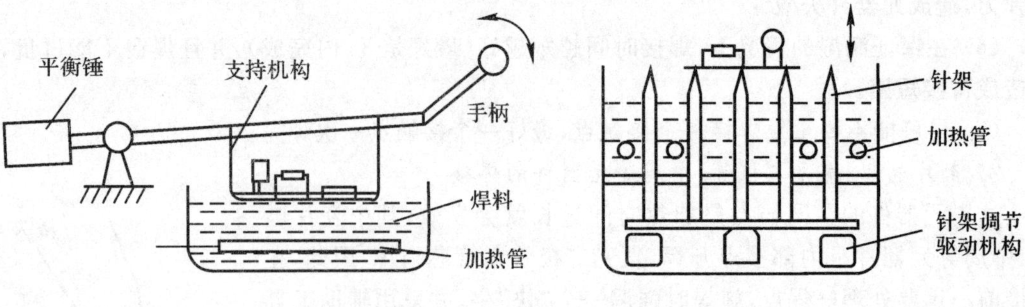

图 2-15 浸焊设备示意图

(2) 在印刷板上涂上一层助焊剂(一般是在松香酒精溶液中浸一下),以去除印刷板表面的氧化层。

(3) 使用简单的夹具将插有元器件的待焊印刷板夹着浸入锡锅中,使焊锡表面与印刷板紧密接触,以保证每个焊接点都能浸锡。

(4) 拿开印刷板,待冷却后,检查焊接质量。如有较多焊点没焊好,要重复浸焊。对只有个别未焊好的焊点,可用电烙铁手工补焊。

在将印刷板放入焊锡锅时,一定要保持平稳,印刷板与焊锡的接触要适当,因此,手工浸焊时要求操作者必须具有一定的操作技能。

2. 机器浸焊

机器浸焊是先将印刷板装在具有振动头的专用设备上,然后再浸入焊料中,这种浸焊的效果较好。尤其是焊接双面板,能使焊料深入到焊接点的孔中,使焊接更牢固,并可振动掉多余的焊料。机器浸焊的步骤与手工浸焊基本相同,不同的是增加了振动这一步。将待焊器件浸入已经熔化的焊料槽内 2～3 s 后,开启振动器设备振动 2～3 s 便可获得良好的焊接效果。

使用锡锅浸焊,由于焊料易于形成氧化膜,需要及时清理才能得到较好的焊接效果。此外,焊料与印刷板之间大面积接触,时间长、温度高,既容易损坏元器件,还容易使印刷板产生变形。机器浸焊采用得较少。

2.6.2 波峰焊技术

波峰焊是在电子焊接中使用最广泛的一种焊接形式,其工作原理是:让插装有元器件的印刷板与锡锅内已熔化焊料的波峰相接触,最终实现锡焊连接的一种方式。这种方法适用于成批量和大量一面插有分立元器件的印刷板的焊接。通常将波峰焊设备安装在印刷板组装自动线之内,以保证印刷板在焊接时能连续移动和局部受热,并且能够保证凡与焊接质量有关的重要因素(如焊料和焊剂的化学成分、焊接温度、速度、时间等)在焊接时都可以得到较完善的控制。其工艺流程如图 2-16 所示。

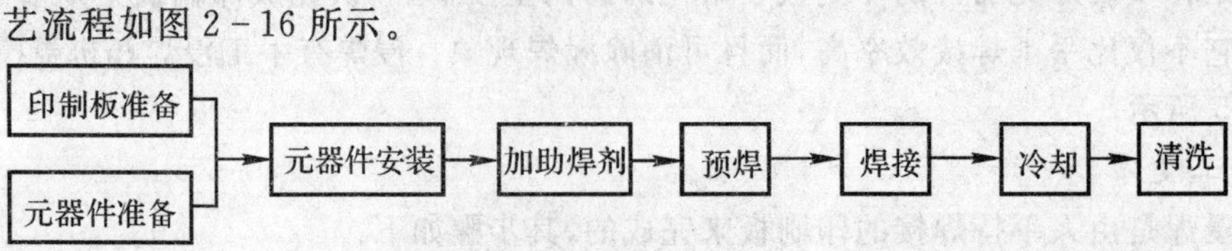

图 2-16 波峰焊工艺流程图

波峰焊按照工作原理可分为:单向波峰焊接(焊料向一个方向移动)和双向波峰焊接(焊料向两个方向移动)两大类。

1. 单向波峰焊接

焊料向一个方向流动的焊接形式称为单向波峰焊接。单向波峰焊接主要是由一个多波台阶流装置和焊料喷嘴来实现的,如图 2－17 所示。从图中可知,将已完成插件工序的印刷板放在运动的导轨上,熔融的焊料由喷嘴喷出,流经多波台阶形成多个波峰至焊接电路板进行焊接。其特点是:由于焊料是单向流动及有多个波峰,相对而言,印刷板与焊料接触的时间延长了,因此可提高焊接速度。

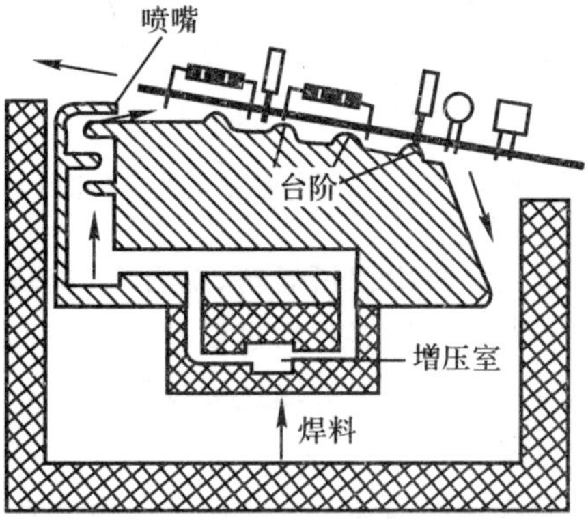

图 2－17　单向波峰示意图

2. 双向波峰焊接

双向波峰能使焊料向前、后两个方向流动,如图 2－18 所示,因此使焊料有一个相对于印刷板速度为零的区域,故能使焊点拉尖现象得以消除。将已完成插装工序的印刷板放在运动的导轨上,在焊料从增压室喷嘴喷出后,形成了双向波峰接触印刷板进行焊接。由于喷嘴内缓冲网的作用,焊料产生层流流动。为了不致产生过大的紊流,在喷嘴的两侧分别设置了侧板和闸门。同时,由于焊料从波峰流下来能直接经闸门进入焊料槽,所以能大大减少锡渣的生成。

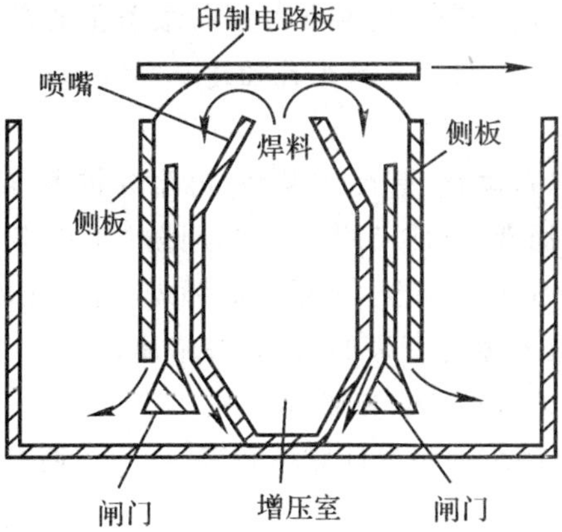

图 2－18　双向波峰示意图

2.6.3 再流焊技术

再流焊也叫回流焊，是伴随着超大规模集成电路和微型电子元器件的出现而发展起来的一种新的焊接技术，目前主要应用于表面贴装片状元器件的焊接。其工作流程图如图 2-19 所示。

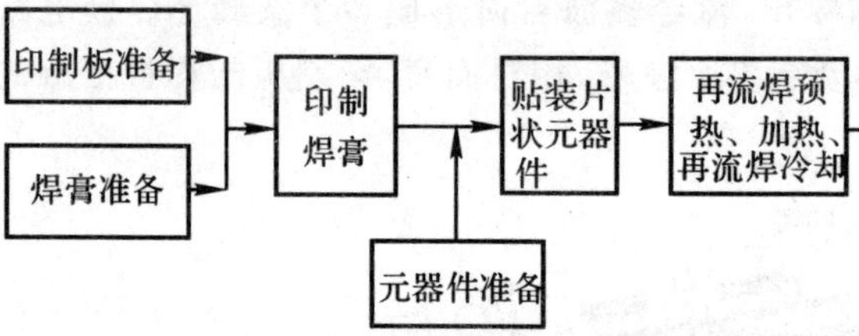

图 2-19 再流焊技术工艺流程图

在再流焊的工艺流程中，首先要将由锡铅焊料、黏合剂、抗氧化剂组成的糊状焊膏通过自动印刷机或手工涂在印刷板上，然后把元器件通过贴片机贴装到印刷板的焊盘上。再通过输送带输送到再流焊炉中进行焊接并冷却，然后输送到检测台进行检测、修整并维修，检测无误后清洗并烘干，完成整个焊接过程。

特别注意：加热的温度必须依据焊锡膏的熔化温度曲线准确控制。加热炉内，一般可分为 3 个最基本的区域：预热区、再流焊区、冷却区，也可在温度系统的控制下，按照 3 个温度梯度的规律调节控制温度的变化。

2.7 电子焊接技术的发展

随着计算机技术的发展，现代电子焊接技术有如下主要特色：

1. 焊件微型化

由于现代电子产品不断向微型化、小型化发展，而传统的焊接技术已经远远不能满足现代电子产品的生产要求，这就促使了焊接技术不得不向微型化的方向发展。如印刷板最小线间距已小于 0.1mm，最小线宽达 0.06mm，最小孔径达 0.08mm。

2. 焊接方法多样化

(1) 锡焊：除了波峰焊向自动化、智能化发展；再流焊技术日臻完善，发展迅速；其他焊接方法也随着微组装技术不断涌现，目前已用于生产实践的就有 TAB 焊、倒装焊、真空焊等。

(2) 特种焊接：锡焊以外的焊接方法，主要有高频焊、超声波焊、电子束焊、激光焊等。

(3) 无铅焊接：由于铅对人体是有害的，是有害金属，因此人们已在探讨非铅焊料实现锡焊。目前已成功用于代替铅的有铟(In)和铋(Bi)等。

(4) 无加热焊接：用导电黏结剂将焊件黏结起来，如同普通黏合剂黏结物品一样。

3. 设计生产计算机化

现代计算机及相关工业技术的发展，是制造业中从对各个工序的自动控制发展到集中控制，即从设计、试验到制造，从原材料筛选、调试到整件装配检测，由计算机系统进行控制，组成计算机集成制造系统(CIMS)。焊接中的温度，焊剂浓度，印刷板的倾斜及速度，冷却速度等均由计算机智能系统自动选择。

当然这种高效率、高质量的制造业是以高投入、大规模为前提条件的。

4. 生产过程绿色化

绿色是环境保护的象征。目前电子焊接使用的焊剂、焊料及焊接过程,焊后清洗不可避免地影响环境和人们的健康。

绿色化进程主要体现在以下两个方面:

(1) 使用无铅焊料。尽管由于经济上的原因尚未达到产业化,但技术、材料的进步正在向此方向努力。

(2) 免清洗技术。适用免洗焊膏,焊后不用清洗,避免污染环境。

电子制作园地(二)

闪光音乐蜡烛

本闪光音乐蜡烛具有触摸延时、声光并茂、线路简单、廉价易制等优点。

1. 工作原理

该产品由触摸延时开关 IC_1(工作在单稳态),电子开关 VT_1,VT_2和音乐集成电路 IC_2组成,如图 2-20 所示。当开关 SA 闭合时,电源接通。用手触摸金属感片 A(见图 2-21),A 将人体感应信号送入 IC_1触发端 2,触发 IC_1翻转进入暂稳态,IC_1的 3 端输出高电平,VT_1饱和导通,VT_2截止,电源 GB 通过 R_4加至音乐集成电路 IC_2(5801),IC_2奏出“祝您生日快乐”音乐,红色发光二极管伴随着音乐的节奏闪烁发光。在暂稳态期间,电源通过电位器 R_P 向 C_3充电,经过时间 $t = 1.1R_P \times C_3$(s),C_3上的充电电压上升至 2V(即 2 / 3 电源电压)时,IC_1暂稳态结束,3 端输出低电平。IC_1又恢复至稳态,VT_1截止, VT_2饱和导通(饱和压降为 0.1V),IC_2因其供电电源只有 0.1V 不能工作,奏乐停止,发光二极管也不闪光,待再触摸一次感应片 A,又重复上述过程。

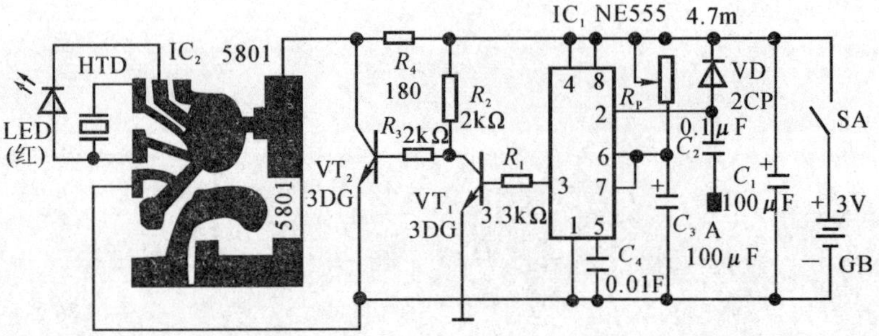

图 2-20 闪闪发光的音乐蜡烛原理图

2. 元件选择

VT_1,VT_2选用 3DG12 或 3DK2,$\beta \geqslant 80$;发光二极管选用 ϕ5mm 的红色高亮度型号;发声元件压电陶瓷片 HTD 选用 HTD27A—1 型号;电位器选用实芯电位器;IC_1选用 NE555,LM555 或国产 5G1555 等均可;IC_2音乐集成块选用驱动能力强的 5801(内储“祝您生日快乐”乐曲)或音乐集成电路 SD—8H(内储“祝您生日快乐”音乐);其他元件照图 2-20 所示,无特殊要求。

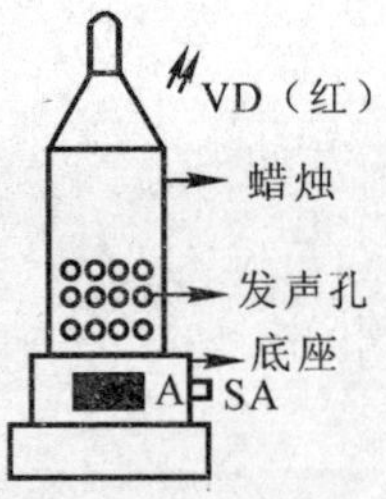

图 2-21 音乐蜡烛装配图

3. 制作与调试

闪光音乐蜡烛的装配如图 2-21 所示,可用厚纸板卷成蜡烛同样大小的圆筒,在圆筒中部钻几排发声用的小圆孔,用万能胶黏结牢固。表面涂上一层红蜡，红发光二极管装在蜡烛顶端作为火焰。将整个线路板、电池及引线置于蜡烛和底座内部（底座用灯座），电源开关 SA 和触摸金属片置于底座表面。调试主要调试奏乐时间，“蜡烛”点亮时间，这些时间由 $t=1.1R_P \times C_3$（s）来决定，可根据需要通过调整电位器 R_P 来调整。

第三章　常用电子元器件

电子元器件是组成电子产品的最小单元，是组成电子产品的基础，它的合理选用直接关系到产品的电气性能和可靠性，特别是一些通用电子元器件。了解并掌握常用电子元器件的种类、结构、性能及应用等必要的工艺知识，对电子产品的设计、制造有着十分重要的意义。

随着电子工业的发展，电子元器件品种规格也极为繁多，正以迅猛的速度向着集成化、微型化发展。本章主要介绍各种常用电子元器件的基本知识、性能及使用方法等。

3.1　常用元器件的基本知识

1. 常用元器件的分类

电子元器件的种类很多，一般情况下按有源元器件和无源元器件分为两大类。工作时不仅需要输入信号(源)，同时需要电源支持的元器件被称为有源元器件，如晶体管、集成电路等，通常称做器件。无源元器件不需要电源即可工作，如电阻器、电容器、电感器、开关、接插件等，通常称做元件，并可分为耗能元件、储能元件和结构元件。电阻器属于耗能元件，电容器可存储电能，电感器可存储磁能，属于储能元件，而开关、接插件属于结构元件。有源的电子器件和无源的电子元件统称为电子元器件。

2. 常用元器件的标识方法

在电子产品的装配中，需要用到型号不同的各类元器件。但由于使用的各类元器件的型号及参数各不相同，且为了保证电路正常工作和装配人员的正确使用，因此，在每个元器件的表面标识该元器件的各类标称值(包括它们的数值、允许偏差及精度等参数)，以供方便使用。**常用的标注法有直标法、文字符号法、色标法和数码法 4 种。**

(1)直标法。直标法是按照各类电子元器件的命名规则，在元器件的表面直接用字母和数字标出该元器件的各类标称值(包括材料、标称值、精度等参数)。直标法一目了然，主要适用于体积较大的元器件，多用于电阻器、电容器和电感器中。图 3－1 是用直标法标注的元器件。

注意在直标法中，元器件的标称值按国家规定的 E 系列标准直接给出，如表 3－1（部分 E 系列)所示。表中各系列中的数值可分别表示不同量值的标称值，例如，4.7 这个标称值，就有 0.47 Ω，4.7 Ω，47 Ω，470 Ω，4.7 kΩ 等不同的阻值。

在标称值的 E 系列标准中，还有 E48，E96，……电阻器的基本单位为 Ω(欧姆)，常用单位还有 kΩ(千欧)，MΩ(兆欧)，GΩ(吉欧)，它们之间的关系为

$$1\ \mathrm{G\Omega}=10^{3}\ \mathrm{M\Omega}=10^{6}\ \mathrm{k\Omega}=10^{9}\ \Omega$$

不同的系列规定了不同的精度等级。直标法中可直接用百分数表示精度，也可用罗马字

母表示，如±5%（Ⅰ），± 10%（Ⅱ），±20%（Ⅲ）。

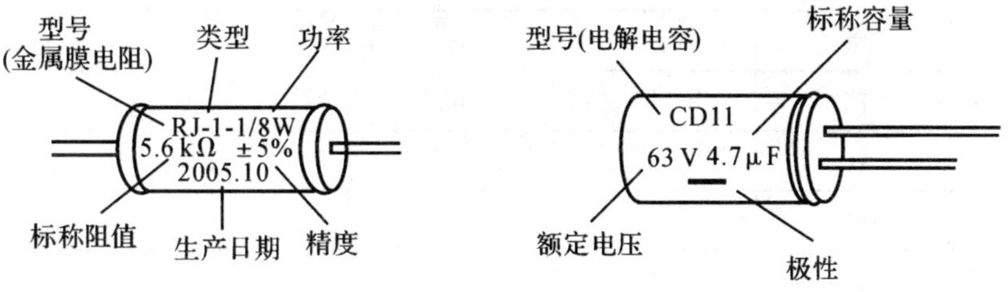

图 3－1　元器件直标法

表 3－1　E24～E6 标称值系列及精度

系列	允许偏差	各类标称容量值												
E24	±5%	1.0	1.1 1.2	1.3 1.5	1.6 1.8	2.0 2.2	2.4 2.7	3.0 3.3	3.6 3.9	4.3 4.7	5.1 5.6	6.2 6.8	7.5 8.2	9.1
E12	±10%	1.0	1.2	1.5	1.8	2.2	2.7	3.3	3.9	4.7	5.6	6.8	8.2	
E6	±20%	1.0		1.5		2.2		3.3		4.7		6.8		

（2）文字符号法。文字符号法是指用文字符号、数字及单位直接标注该元器件的标称值。它多用于标注晶体管与集成电路，且表示材料的部分与直标法相同，区别主要表现在标称值和精度的标注上。如 5.1 kΩ 的电阻在文字符号法中可表示为 5 k1，5.1 Ω 的电阻可表示为 5 Ω1 或 5 R1，0.1 Ω 的电阻可表示为 R10，100 Ω 的电阻可表示为 100 R。在电容器的标注中，4.7 μF可表示为 4 μ7，0.1 pF 的电容可表示为 p10，3.32 pF 可表示为 3p32，均可用单位符号代表小数点。

在文字符号法中，元器件允许偏差可用字母表示，字母所代表的允许偏差如表 3－2 所示。

表 3－2　字母表示的允许偏差

精度/(%)	±0.001	±0.002	±0.005	±0.01	±0.02	±0.05	±0.01
符号	E	X	Y	H	U	W	B
精度/(%)	±0.25	±0.5	±1	±2	±5	±10	±20
符号	C	D	F	G	J	K	M

（3）色标法。色标法就是采用不同颜色的色环或色点在元器件表面上标出该元器件的各类标称值、精度等参数，称为色码标注法，简称色标法。色标法具有颜色醒目、标志清晰的优点。最常用的是电阻、部分电容和电感，用色标法标注的电阻也叫色环电阻。表 3－3 给出了国际通用的色码识别标准。

色环电阻又有四色环和五色环两种标注方法，四色环电阻为普通电阻，精度为±5%～±20%，五色环电阻的精度都高于±5%。现以五色环电阻器为例，说明各色环的含义，如图 3－2所示。

表 3-3 色环颜色对照表

颜色	有效数字	倍率	允许偏差/(%)
黑	0	10^0	
棕	1	10^1	±1
红	2	10^2	±2
橙	3	10^3	
黄	4	10^4	
绿	5	10^5	±0.5
蓝	6	10^6	±0.2
紫	7	10^7	±0.1
灰	8	10^8	
白	9	10^9	−20～+50
金		10^{-1}	±5
银		10^{-2}	±10
无色			±20

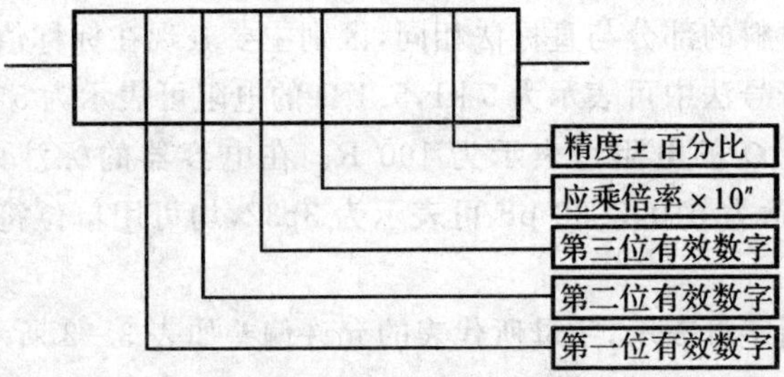

图 3-2 色环表示法

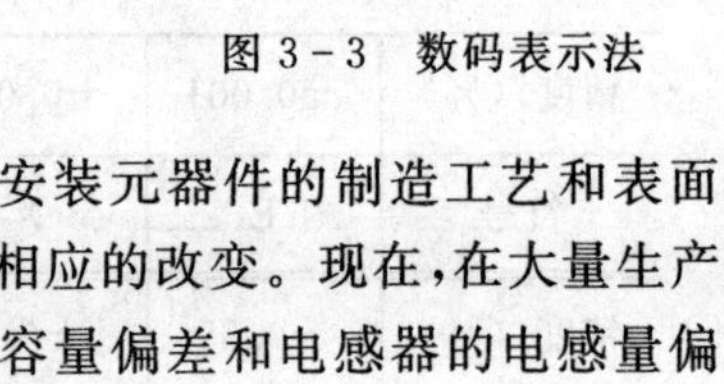

图 3-3 数码表示法

(4) 数码法。随着电子元器件不断小型化，特别是表面安装元器件的制造工艺和表面安装技术的进步，要求在元器件表面上标注的文字符号也做出相应的改变。现在，在大量生产元器件时，将电阻器的阻值偏差控制在±5%之内，将电容器的容量偏差和电感器的电感量偏差控制在±10%内已经很容易实现了。因此，除了高精度元器件以外，一般仅用 3 位数字表示元器件的标称值，从左到右前两位数字表示有效数字，第三位为前两位有效数值的倍率（即在前两位有效数字后面加几个“0”），即“10^n”。但当第三位数为 9 时是特例，表示“10^{-1}”。如图 3-3所示。其单位使用国际单位制的最小单位。电阻的基本标注单位为 Ω，电容的基本标注单位为 pF，电感的基本标注单位为 μH。

例如：

电阻 105 表示 1 MΩ，272 表示 2.7 kΩ；

电容 223 表示 0.022μF，479 表示 4.7 pF。

3. 常用元器件的型号命名

(1) 电阻器、电容器的命名。电阻器、电容器产品型号命名一般由以下 4 部分组成。电位器又称为可变电阻器，它的命名与电阻相似，区别在第一部分。

第一部分用一个字母表示该元器件的主称：R——电阻器；W——电位器；M——敏感电阻；C——电容器。

第二部分用字母表示该元器件所用的材料，见表 3-4。

表 3-4　电阻、电容型号中第二部分字母所代表的意义

字母	电阻器导电材料	电容器介质材料	字母	电阻器导电材料	电容器介质材料
A		钽电解质	N	无机实心	铌电解质
B(BB,BF)		聚苯乙烯等非极性薄膜(在 B 后再加一字母区分集体材料)	L(L,S)		聚酯等极性有机薄膜(在 L 后再加一字母区分集体材料)
C		高频陶瓷	O		玻璃膜
D	导电塑料	铝电解质	Q		漆膜
E		其他材料电解质	S	有机实心	
F	复合膜		T	碳膜	低频陶瓷
G		合金电解质	V		云母纸
H	合成膜	纸膜复合	X	线绕	云母纸
I	玻璃釉膜	玻璃釉	Y	氧化膜	云母
J	金属膜	金属化纸介质	Z		纸介质

第三部分一般用数字(个别用字母)表示该元器件的分类，见表 3-5。

表 3-5　电阻、电容型号中第三部分数字(字母)所代表的意义

数字	电阻器	瓷介电容器	云母电容器	有机电容器	电解电容器
1	普通	圆形	非封闭	非封闭	箔式
2	普通	管形	非封闭	非封闭	箔式
3	超高频	叠片	封闭	封闭	烧结粉、非固体
4	高阻	独石	封闭	封闭	烧结粉、固体
5	高温	穿心		穿心	

续　表

数字	电阻器	瓷介电容器	云母电容器	有机电容器	电解电容器
6		支柱形			
7	精密				无极性
8	高压	高压	高压	高压	
9	特殊			特殊	特殊

字母	电阻器	电容器
G	高功率	高功率
T	可调	叠片式
W	可调	

第四部分用数字表示序号，以区分该元器件的外形尺寸和性能指标。

如：RT10－0.25－3K3－I　　卧式碳膜电阻器　0.25 W　3.3 kΩ±5%

RJ7－2－10K－f　　精密金属膜电阻器　2 W　10 kΩ±1%

RX－10－100±20%　　线绕电阻器　10 W　100 Ω±20%

WH－112－470 kΩ±20%　　合成碳膜电位器　112(序号) 470 kΩ±20%

CC1－100－68－I　　圆片形高频瓷介质电容器　100 V　68 pF±5%

CT1－63－0.01－K　　圆片形低频瓷介质电容器　63 V　0.01 μF±10%

CY3－250－330－J　　密封云母介质电容器　250 V　330 pF±5%

CJ10－63－0.033－Ⅱ　　卧式金属化纸介质电容器　63 V　0.033 μF±10%

(2) 电感器的命名。由于其用途、工作频率、功率、工作环境的不同，对电感器的基本参数和结构形式的要求也不同，因电感器的类型和结构的多样化，各类电感器又有其自身的命名法。

1) 电感线圈的命名。电感线圈的命名也是由 4 个部分构成，各部分的含义如下：

第一部分：主称，用字母表示，L——线圈；ZL——高(低)频阻流圈。

第二部分：特征，用字母表示(其中 G 表示高频)。

第三部分：形式，用字母表示(其中 X 表示小型)。

第四部分：区别代号，用字母 A,B,C 表示。

如：LGX－B－5μ6－Ⅱ　　小型高频电感线圈，最大工作电流 150 mA，5.6 μH±10%

LG1－A－10－Ⅰ　　卧式高频电感器，最大工作电流 50 mA，10 μH±5%

LG416－C－1μ8－Ⅲ　　立式高频电感器，最大工作电流 300 mA，1.8 μH±20%

2) 中频变压器命名。中频变压器的命名由 3 部分组成，各部分的含义如下：

第一部分：主称，用字母表示。

第二部分：尺寸，用数字表示。

第三部分：级数，用数字表示，见表 3－6。

表 3-6　中频变压器各部分所代表的意义

主称		尺寸		级数	
字母	名称特征用途	数字	外形尺寸/mm×mm×mm	数字	用于中放级数
T	中频变压器	1	7×7×12	1	第一级
L	线圈或振荡线圈	2	10×10×12	2	第二级
T	铁粉磁芯	3	12×12×16	3	第三级
F	调幅用	4	20×25×36		
S	短波用				

3）变压器的命名。变压器的命名由 3 部分组成，各部分的含义如下：

第一部分：主称，用字母表示。

第二部分：额定功率，用数字表示，计量单位用 W 来表示（RB 型除外）。

第三部分：序号，用数字表示，见表 3-7。

表 3-7　变压器各部分符号表示的意义

符号	意义	符号	意义
DB	电源变压器	SB 或 ZB	音频输送变压器（定阻式）
RB	音频输入变压器	GB	高压变压器
CB	音频输出变压器	HB	灯丝变压器
SB 或 EB	音频输送变压器（定压式、自耦式）		

如：DB—50—1　　50 W 电源变压器，序号为 1

RB/CB—0.5—5　　0.5W 音频输入（出）变压器，序号为 5

ZB—25—101　　25 W 定阻式音频输送变压器，序号为 101

GB—10—205　　10 W 高压变压器，序号为 205

HB—30—6　　30 W 灯丝变压器，序号为 6

（3）半导体分立器件的命名。半导体分立器件包括晶体二极管、晶体三极管及半导体特殊器件。虽然集成电路飞速发展，并在不少领域取代了晶体管，但是晶体管有其自身的特点，分立器件仍是电子产品中不可缺少的器件。

1）国产半导体分立器件的命名。国产半导体分立器件由 5 个部分组成，前 3 个部分的符号意义如表 3-8 所示，第四部分用数字表示器件序号，第五部分用汉语拼音字母表示规格号。

如：2CW21D　　N 型硅材料二极稳压管，序号为 21，规格号为 D

3AD50C　　PNP 型锗材料低频大功率三极管，序号为 50，规格号为 C

CS2B　　场效应管，序号为 2，规格号为 B

表 3－8　国产半导体分立器件命名

第一部分		第二部分		第三部分			
用数字表示器件的电极数目		用汉语拼音字母表示器件的材料与电极性		用汉语拼音字母表示器件的类型			
符号	意义	符号	意义	符号	意义	符号	意义
2	二极管	A	N 型，锗材料	P	普通管	S	隧道管
		B	P 型，锗材料	Z	整流管	U	光电管
		C	N 型，硅材料	L	整流堆	N	阻尼管
		D	P 型，硅材料	W	稳压管	Y	体效应管
		E	化合物	K	开关管	EF	发光管
3	三极管	A	PNP 型，锗材料	X	低频小功率管	T	晶闸管
		B	NPN 型，锗材料	D	低频大功率管	V	微波管
		C	PNP 型，硅材料	G	高频小功率管	B	雪崩管
		D	NPN 型，硅材料	A	高频大功率管	J	阶跃恢复管
		E	化合物	K	开关管	U	光电管
				CS	场效应管	BT	特殊器件
				FH	复合管	JG	激光器件

注：场效应管、半导体特殊器件、复合管、激光器件的命名只有第三、四、五部分。

2）进口半导体分立器件的命名。目前市场上半导体器件除国产外，还有大量来自日本、美国、韩国和欧洲等国家的产品。下面介绍日本和美国的晶体管命名法，如表 3－9、表 3－10 所示。

如：2SD764：2 表示三极管，S 表示 JEIA 注册产品，D 表示 NPN 型低频晶体管，746 表示登记号。

2SC502A：2 表示三极管，S 表示 JEIA 注册产品，C 表示 PNP 型高频晶体管，502 表示登记号，A 表示 2SC502 的改进产品。

JAN2N3553：2 表示三极管，N 表示 EIA 注册标志，3553 表示 EIA 登记号。

2N1050C：2 表示三极管，N 表示 EIA 注册标志，1050 表示 EIA 登记号，C 表示 2NC1050C 挡。

（4）集成电路的命名。面对飞速发展的电子工业，就集成电路而言，品种、型号浩如烟海，但国际上对其没有一个统一的命名标准，因此各厂家根据自己的一套命名方法进行命名。现就我国集成电路型号的命名与国际接轨的准则列于表 3－11 中。

表 3-9　日本半导体分立器件型号命名方法

第一部分		第二部分		第三部分		第四部分		第五部分	
用数字表示器件的电极数目		日本电子工业协会注册标志		用字母表示器件的材料、极性和型号		器件在日本电子工业协会的登记号		同一型号的改进型产品标志	
符号	意义	符号	意义	符号	意义	符号	意义	符号	意义
0	光电二极管或三极管及其组合管	S	已在日本电子工业协会（JEIA）注册的半导体器件	A	PNP 高频晶体管	多位数字	该器件在日本电子工业协会（JEIA）登记号，性能相同而厂家不同，生产的器件使用同一个登记号	A D C D F ⋮	表示这一器件是原型号的改进型产品
				B	NPN 低频晶体管				
				C	PNP 高频晶体管				
				D	NPN 低频晶体管				
1	二极管			F	P 控制可控硅				
2	三极管			G	N 基极单结晶体管				
3	有 4 个有效电极器件			J	P 沟道场效应管				
$n-1$	有 n 个有效电极器件			K	N 沟道场效应管				
				M	双向可控硅				

表 3-10　美国半导体分立器件型号命名方法

第一部分		第二部分		第三部分		第四部分		第五部分	
用符号表示器件类别		用数字表示 PN 结数目		美国电子工业协会（EIA）注册标志		器件在美国电子工业协会的登记号		用字母表示器件分挡	
符号	意义	符号	意义	符号	意义	符号	意义	符号	意义
JAN 或 J	军用品	1	二极管	N	该器件在美国电子工业协会（EIA）注册登记	多位数字	该器件在美国电子工业协会（EIA）登记号	A	同一型号器件的不同挡别
		2	三极管					B	
无	非军用品	3	3 个 PN 结器件					C	
		n	n 个 PN 结器件					D	

表 3-11 国产半导体集成电路命名

第一部分		第二部分		第三部分	第四部分		第五部分	
用字母表示器件符合国家标准		用字母表示器件类型		用数字表示器件的系列和品种代号	用字母表示器件的工作温度范围/℃		用字母表示器件的封装	
符号	意义	符号	意义		符号	意义	符号	意义
C	中国制造	T	TTL	与国际接轨	C	0～70	W	陶瓷扁平
		H	HTL		E	−40～85	B	塑料扁平
		E	ECL		R	−55～85	F	全封闭扁平
		C	CMOS		M	−55～125	D	陶瓷直插
		F	线性放大器				P	塑料直插
		D	音响、电视电路				J	黑陶瓷直插
		W	稳压管				K	金属菱形
		J	接口电路				T	金属圆形
		B	非线性电路					
		M	存储器					
		μ	微型机电路					

3.2 常用元器件的介绍

由于电子元器件的种类繁多，性能、用途各不相同，全面了解各类常用电子元器件的结构、性能、特点，并做到正确检测和选用，以便对提高电子设备的装配质量及可靠性起到重要的保证作用。因此，本节主要介绍电阻(位)器、电容器、电感器、晶体管、集成电路、开关与接插件及小型贴片元器件。

3.2.1 电阻(位)器

电阻是电子设备中使用最多的基本元器件之一，其作用主要是改变电路中电压和电流的大小，是一个线性元件，如图 3-4 所示。在电路中主要用做限流、取样、分压、分流、负载、阻抗匹配、阻尼等。

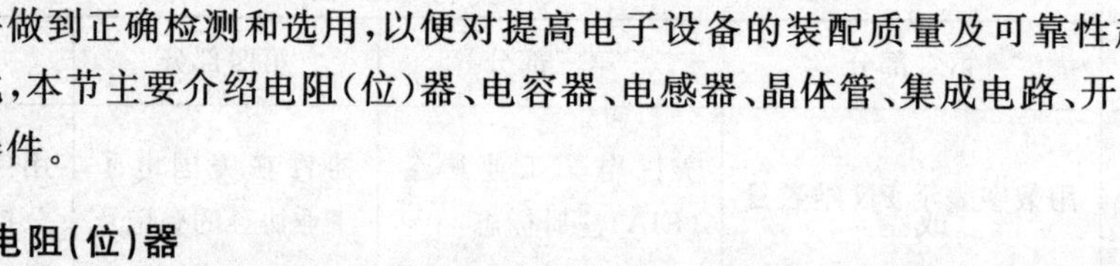

图 3-4 电阻、电位器、特殊电阻符号

1. 主要技术参数

为了能够正确使用各类电阻，必须了解该类元件的标称阻值、允许偏差、额定功率和温度系数等主要参数。

(1)标称阻值。用某一种标注方法在电阻器上标出其阻值为标称阻值。使用电阻器最关心的是它的阻值大小，而标称阻值为选用电阻器提供了方便。电阻器的标称值按国家 E 系列标准标注。不同类型的电阻器，阻值范围不同；不同精度等级的电阻器，其数值系列也不相同。

(2)允许偏差。电阻器的实际阻值不可能做到与其标称阻值完全一样，两者间总存在着一些偏差。最大允许偏差值除以标称值所得的百分数称为电阻的允许偏差(也称为精度等级)。对于精度等级，国家也规定出一个系列。普通电阻的精度一般为±5%，±10%和±20%。

(3)额定功率。在一定大气压力和规定的温度下，电阻器长期连续工作不损坏或不显著改变其性能所允许承受的最大功率称为额定功率。

(4)温度系数。所有材料的电阻率都随温度的变化而变化，电阻的阻值同样如此。在衡量电阻温度稳定性时，常使用温度系数来表示。它表示温度每变化 1℃时电阻值的变化量，即

$$\alpha=\frac{R_2-R_1}{R_1(T_2-T_1)}(1/℃)$$

式中，α 为电阻温度系数(单位为 1/℃)；R_1，R_2 分别是温度在 T_1，T_2 时的阻值(单位为 Ω)。从上式可以看出，温度系数越大，电阻器的热稳定性越差。

金属膜、合成膜等电阻具有较小的正温度系数，碳膜电阻具有负温度系数。适当控制材料及加工工艺，可以制成温度系数稳定性高的电阻。

(5)噪声。噪声是产生于电阻中一种不规则的电压起伏，噪声包括热噪声和电流噪声两种。热噪声是由于电子在导体中不规则运动而引起的，既不取决于材料，也不取决于导体的形状，仅与温度和电阻的阻值有关。任何电阻都有热噪声，降低电阻的工作温度，可以减小热噪声。

电流噪声是由于电流流过导体时，导电微粒与非导电微粒之间不断发生碰撞而产生的机械振动，使颗粒之间的接触电阻不断发生变化。当直流电压加在电阻两端时，电流将被起伏的噪声电阻所调制。因此，电阻两端除了有直流压降外，还有不规则的交变电压分量，这就是电流噪声。电流噪声与电阻内的微观结构有关，并和外加的直流电压成正比。合金型电阻无电流噪声，薄膜型较小，合成型最大。

(6)极限电压。当电阻两端电压加高到一定值时，电阻会发生击穿使其损坏，这个电压值称为电阻的极限电压。根据电阻的额定功率，可计算出电阻的额定电压为 $U=\sqrt{PR}$(V)，而极限电压无法根据简单的公式算出，它受电阻的尺寸和工艺结构限制。一般常用电阻功率与极限电压如下：

0.25 W　250 V

0.5 W　500 V

1～2 W　750 V

更高电压应选用高压型电阻。

2. 常用电阻的分类及特性

电阻种类繁多，按照不同的分类方式有不同的分类。一般情况可分为固定电阻、可变电阻

和特种(敏感、熔断)电阻3大类。

(1)薄膜类电阻。薄膜类电阻的基体可为陶瓷或玻璃,导电体是依附于基体表面的薄膜。在生产过程中,通过控制薄膜的厚度,或通过刻槽使其有效长度增加来控制其阻值。

1) 碳膜电阻(RT):通过真空高温热分解出的结晶碳沉积在陶瓷骨架上制成的。它的体积比金属膜电阻略大,温度系数为负值。其价格低廉,在一般电子产品中被大量使用。

2) 金属膜电阻(RJ):将金属或合金材料在高温真空下加热使其蒸发,通过高温分解、化学沉积或烧渗技术将合金材料蒸镀在陶瓷骨架上制成的。该电阻有工作环境温度范围宽(-55～125℃)、温度系数小、稳定性好、噪声低、体积小等特点。

3) 金属氧化膜电阻(RY):将锡和锑的盐类化合物配制成溶液,用喷雾器送入500～550℃的加热炉内,喷覆在旋转的陶瓷基体上而形成的电阻。该电阻的膜层比金属膜和碳膜电阻厚得多,且均匀、阻燃,与基体附着力强,因而有极好的脉冲、高频和超负荷性能,机械性能好、坚硬、耐磨,在空气中不会被氧化,因而化学稳定性好,但阻值范围窄(200kΩ以下),温度系数比金属膜电阻差。

(2)合金类电阻。

1) 线绕电阻(RX):在瓷管上用合金丝绕制而成,为了防潮并避免线圈松动,将其外层用玻璃釉或珐琅涂覆加以保护。该电阻具有阻值范围大、功率大、噪声小、温度系数小、耐高温的特点。由于采用线绕工艺,其分布电感和分布电容都比较大,高频特性差。

2) 精密合金箔电阻器(RJ):在玻璃基片上黏结一块合金箔,用光刻法蚀出一定图形,并涂覆环氧树脂保护层,装上引线并封装后即制成。该电阻具有高精度、高稳定性、自动补偿温度系数的功能,可在较宽的温度范围内保持极小的温度系数。

(3)特殊电阻器(传感器)。

1) 热敏电阻器(MZ或MF):热敏电阻器通常由单晶、多晶等对温度敏感的半导体材料制成,是以钛酸钡为主要原料,辅以微量的锶、钛、铝等化合物,经加工制成的具有正温度系数的电阻器,是一种对温度反应较敏感且阻值会随着温度的变化而变化的非线性电阻器,常用于温度监控设备中。

2) 压敏电阻器(MY):压敏电阻器是以氧化锌为主要材料制成的半导体陶瓷元件,电阻值随两端电压的变化按非线性特性变化。当两端电压小到一定值时,流过压敏电阻器的电流很小,呈现高阻抗;当两端电压大到一定值时,流过压敏电阻器的电流迅速增大,呈现低阻抗。该电阻常用于过压保护电路中。

3) 光敏电阻器(MG):光敏电阻器是用硫化镉或硒化镉等半导体材料制成的,对光线敏感,无光照射时,呈现高阻抗,阻值可达1.5MΩ以上;有光照射时,材料中激发出自由电子和空穴,其电阻值减小,随着照度的升高,电阻值迅速降低,阻值可小至1kΩ以下。该电阻常用于自动控制电路中。

4) 熔断电阻器(RF):熔断电阻器不属于半导体电阻,它是近年来大量采用的一种新型元件,集电阻器与熔断器(保险丝)于一身,平时具有电阻器的功能,一旦电路出现异常电流时,立刻熔断,起到保护电路中其他元器件的作用。

3. 电阻的正确选用

电阻的种类多,性能及应用范围有很大差别,选择哪种材料和结构的电阻应根据电路的具体要求而定。

(1)按不同的用途选择电阻的种类。在一般民用产品中,选用普通的碳膜电阻就可以了,其价廉且容易买到。对电气性能要求较高的工业、国防电子产品,应选用金属膜、合成膜等高稳定性的电阻器。

(2)额定功率的选择。所选电阻的额定功率要符合电路对电阻功率容量的要求,一般不应随意加大或减小电阻的功率。若电路要求是功率型电阻,其额定功率可高于实际应用电路要求功率的 1～2 倍。在某些场合,也可将小功率电阻器串、并联使用,以满足功率的要求。

(3)正确选取阻值和允许偏差。电阻器应选择接近计算值的一个标称值。一般的电路使用的电阻器精度为±5%或±10%,精密仪器及特殊电路中使用的电阻器应选用精密电阻。

(4)根据电路特点选择。高频电路应选用分布电感和分布电容小的非线绕电阻,如碳膜电阻、金属膜电阻和氧化膜电阻。高增益小信号放大电路应选用低噪声电阻,如金属膜电阻、碳膜电阻和线绕电阻,而不能使用噪声较大的合成膜电阻和有机实心电阻。

(5)其他因素。电阻的温度系数对电路有一定的影响,同样要根据电路的特点来选择正、负温度系数的电阻。同时,电阻的非线性及噪声应符合电路要求,还应考虑工作环境与可靠性等。

3.2.2　电容器

电容器(简称电容)也是一种常用的非线性电子元件,是由两个金属电极中间夹一层绝缘电介质构成的。电容的基本功能是存储电荷,由于电容两端的电压不能突变,因此,电容对交流信号呈低阻,对直流信号呈高阻。在电路中主要用做交流耦合、隔离直流、滤波、中和、去耦、交流或脉冲旁路、RC 定时、LC 谐振选频等。电路符号如图 3－5 所示。

图 3－5　电容器电路符号

1. 主要技术参数

电容的主要技术参数有标称容量、允许偏差、额定电压、绝缘电阻、损耗因数、漏电流等,下面对最常用的几个参数作一介绍。

(1) 标称容量与允许偏差。标称容量是标注在电容体上的电容量和精度。与电阻器一样,也是按 E 系列标准标注,常用的有 E6,E12 和 E24 系列(见表 3－1)。电容量的基本单位为 F(法拉),常用的还有 mF(毫法)、μF(微法)、nF(纳法)和 pF(皮法)表示,它们之间的关系为

$$1\ \text{F}=10^3\ \text{mF}=10^6\ \mu\text{F}=10^9\ \text{nF}=10^{12}\ \text{pF}$$

电容器的偏差与所用介质及容量大小有关,电解电容的容量较大,误差范围可能大于±20%,甚至高达 100%,而容量小的无极性电容如瓷介电容、云母电容、聚苯乙烯电容等,误差范围一般都小于±20%。普通电容的允许偏差有±5%(Ⅰ级),±10%(Ⅱ级),±20%(Ⅲ

级)和大于±20%。

(2) 额定电压。额定电压是指在允许的环境温度范围内,电容器能够保证长期可靠地工作而不被击穿时的最高电压。额定电压的大小与电容器所用介质有关。使用时应根据工作时所承受的电压选择额定电压高于实际工作电压的电容器,以保证电容器安全可靠地工作。

(3) 损耗因数($\tan\delta$)。电容的损耗因数指有功损耗功率与无功损耗功率之比,即

$$\frac{P}{P_q}=\frac{UI\sin\delta}{UI\cos\delta}=\tan\delta$$

式中,P 为有功损耗功率;P_q为无功损耗功率;U 为施加在电容上的电压有效值,δ 为损耗角。而对于不同介质电容的 $\tan\delta$ 值相差很大,一般在 $10^{-2}\sim10^{-4}$ 数量级范围内。特别注意在高频电路,交流电路中 $\tan\delta$ 是一个重要标志参数。

(4) 温度系数。电容器容量在温度每变化 1℃时的相对变化量,可用温度系数 α_C 表示,即

$$\alpha_C=\frac{1}{C}\cdot\frac{\Delta C}{\Delta t}\times10^{-6}(℃^{-1})$$

式中,C 为室温下的电容量;$\frac{\Delta C}{\Delta t}$为电容量随温度的变化率。为使电路工作稳定,电容器的温度系数越小越好。

2. 常用电容的分类与特性

电容的种类很多,常用的有瓷介质电容、电解电容、云母电容、涤纶电容等。

(1) 瓷介质(CC)电容。瓷介质电容是以陶瓷材料为介质,按其陶瓷成分的不同,可分为高频瓷介质电容器(CC)和低频瓷介质电容器(CT)两类。

高频瓷介质电容器(CC):介质常数大于 1 000,其容量在 1 pF ～0.1μF。主要特点是体积小、性能稳定、耐热性好、绝缘电阻大,常用于损耗小、容量稳定的高频电路作为调谐、振荡和温度补偿电容。

低频瓷介质电容器(CT):介质常数小于 1 000,其容量比较大。主要特点是绝缘电阻低、损耗大、耐压高、稳定性较差等。常用于高压低频电路中作为旁路使用。常见的低压小功率电容有瓷片、瓷管、瓷介质、独石等类型。

(2) 电解电容器。电解电容器以金属氧化膜为介质,金属极片作为电容器的正极,固体或非固体的电解质为负极,且极性不能接反,否则电解电容器不仅不能发挥其应有的作用,而且漏电流迅速增大,容量下降,甚至发热、击穿。**特别注意对容量较大的电解电容器极性不能接反,否则会出现爆炸现象,一定要注意安全。**其主要特点是损耗大,漏电流大(可达毫安级),温度特性、频率特性、绝缘性能差,长期存放会使电解液干枯而老化。

电解电容器按照正极使用的材料不同可分为铝电解电容、钽电解电容、铌电解电容及特殊性能的电解电容等。

注意:一般对实物而言,电容器引线长的一端为正极,短的一端为负极。

(3) 云母电容器。该电容器是以云母作为介质。以云母作为电介质的电容器,具有很好的电气和机械性能,自身电感和漏电损耗都很小,具有耐压范围宽、可靠性高、性能稳定、容量大、精度高等优点。广泛应用于对稳定性和可靠性要求较高的高频电路中,如在收音机、电视机、无线电通信设备等中做高频本振电路使用。云母电容器的生产工艺复杂、成本高、体积大、容量有限,其使用范围受到一定限制。

目前使用的云母电容器,容量一般为 4.7～51 000 pF,精度可达±0.01%～±0.03%,直

流耐压为 100 V～5 kV，最高可达 40 kV。温度系数小，可达 10^{-6}℃$^{-1}$以内，可用于温度达 460℃的环境下，长期存放，容量变化小于 0.01％～0.02％。

3. 电容器的正确选用

由于电容器的种类繁多，性能指标各异，合理选用电容器对于产品的设计十分重要。在满足要求的前提下，应综合考虑体积、重量、成本、可靠性，了解每个电容器在电路图中的作用等因素。

(1)电容器的额定电压。不同类型的电容器有不同的额定电压，所选电容器应符合标准系列。对于普通电容器，额定电压应高于加在电容器两端电压的 1～2 倍；否则若额定电压低于电路的实际工作电压，电容会被击穿；也不要使其额定电压太高，这样不仅使成本提高，电容器体积也会加大。

对于选用电解电容器时，一般应使线路的实际工作电压相当于所选电容器额定电压的 50％～70％，这样电容器才能发挥其应有的作用。

(2)标称容量及精度等级。电容器在电路中的作用各不相同，绝大多数应用场合对电容器容量要求并不严格。如在旁路、耦合电路中，对容量精度没有很严格的要求，尽可能选用相近容量或略大于设计值的电容器。但在振荡回路、音调控制回路中，电容器的容量应尽可能和设计值一致。在各种滤波器和各种网络中，对电容器的精度要求更高，应选用高精度的电容器来满足电路的要求。

(3)对损耗因素($\tan\delta$)值的选择。电容器介质材料的不同，使其 $\tan\delta$ 值相差很大。在高频电路或对信号相位要求严格的电路中，$\tan\delta$ 值对电路的性能影响很大。所以，应该选择 $\tan\delta$ 值较小的电容器。

(4)根据电路特点选择。根据电路要求，一般用于低频耦合、旁路等电气性能要求较低时，可采用纸介质电容器、电解电容器；高频电路和要求电容量稳定的地方，应选用高频瓷介质电容器、云母电容器或钽电解电容器；电容量需经常调整的可选用可变电容器。

4. 电容器的质量检测

电容器也是电子装置中用得最多的电子元器件之一。它的质量好坏直接影响到整机的性能，同时也是容易失效的元件，其常见故障有开路、短路、漏电或容量减小等现象。电容器的故障用万用表能很容易地检测出来，下面介绍用万用表检测电容器的方法。

(1) 5 000 pF 以上非电解电容器的检测。在测量电容器前必须对电容器短路放电，再用万用表最高挡 R×10k 或 R×1 kΩ 挡测量电容器两端，表头指针应先摆动一定角度后返回无穷大(由于万用表精度所限，该类电容指针最后都应指向无穷大)，若指针没有任何变动，则说明电容器已开路，若指针最后不能返回无穷大，则说明电容漏电较严重，若为 0 Ω，则说明电容器已击穿。电容器容量越大，指针摆动幅度就越大。可以根据指针摆动最大幅度值来判断电容器容量的大小，以确定电容器容量是否减小了。测量时必须记录好测量不同容量的电容器时万用表指针摆动的最大幅度，才能作出准确判断。若因容量太小看不清指针的摆动，则可调转电容器两极再测一次，这次指针摆动幅度会更大。

(2) 电解电容器的检测。

1) 脱离线路时检测。采用万用表 R×1 kΩ 挡，在检测前，先将电解电容的两根引脚相碰，以便放掉电容内残余的电荷。当表笔刚接通时，表针向右偏转一个角度，然后表针缓慢地向左回转，最后表针停下。表针停下来指示的阻值为该电容的漏电电阻，此阻值愈大愈好，最好应接近无穷大处。如果漏电电阻只有几十千欧，说明这一电解电容漏电严重。表针向右摆动的角度越大，说明该电容器的容量也越大，反之说明容量越小。

2）线路上直接检测。主要是检测它是否已开路或已击穿这两种明显故障，而对漏电故障由于受外电路的影响一般是测不准的。用万用表 R×1 Ω 挡，在电路断开后，先放掉残存在电容器内的电荷，当测量时，若表针向右偏转，说明电解电容内部断路。如果表针向右偏转后所指示的阻值很小(接近短路)，说明电容器严重漏电或已击穿。如果表针向右偏后无回转，但所指示的阻值很大，说明电容器开路的可能性很大，应脱开电路后进一步检测。

3）线路上通电状态时检测。若怀疑电解电容只在通电状态下才存在击穿故障，可以给电路通电，然后用万用表直流挡测量该电容器两端的直流电压，如果电压很低或为 0 V，则该电容器已击穿。

3.2.3 晶体二极管

晶体二极管是用半导体材料制成的具有单向导电性的非线性元件。其正、反方向的电阻相差很大，因此利用这一特性，在电路中二极管可用做整流、检波、阻尼等。常见的二极管电路符号如图 3-6 所示。

图 3-6 常用晶体二极管电路符号

1. 主要技术参数

二极管的型号不同，参数也不一样，使用场合也不相同。二极管的具体参数指标使用时可查阅晶体管手册。

(1) 最大整流电流(I_F)：最大整流电流也叫直流电流，是指二极管长期工作时所允许的最大正向平均电流，该电流的大小与二极管的种类有关，电流差别较大，小的十几毫安，大的几千安，是由 PN 结的面积和散热条件决定的。

(2) 最大反向电流(I_R)：反向电流也叫反向漏电流，是指二极管加反向电压、未被击穿时的反向电流值，该电流越小，二极管的单向导电性能越好。

(3) 最大反向耐压(U_{RM})：最大反向耐压也叫最超大反向工作电压，是指二极管工作时所承受的最高反向电压，超过该值二极管可能被反向击穿。

(4) 最高工作频率(f_M)：二极管工作频率的最大值，主要由 PN 结结电容的大小决定。

(5) 击穿电压(U_B)：加在二极管两端的电压急剧增大，使反向电流也急剧增大。当反向电流击穿 PN 结时的反向电压，即为击穿电压。U_B一般为U_{RM}的 2 倍。

2. 常用晶体二极管的分类与特性

晶体二极管的种类也很多，根据不同的分类形式可有不同的分类。按其制造材料不同可分为硅管和锗管。两者性能区别为：锗管正向压降比硅管小(锗管为 0.2V，硅管为 0.7～

0.8V)；锗管的反向漏电流比硅管大(锗管为几百微安，硅管小于 1μA)；锗管的 PN 结可承受的温度比硅管低(锗管为 100℃，硅管约为 200℃)。

按照功能分为整流二极管、检波二极管、稳压二极管、开关二极管、发光二极管等。

(1) 检波二极管：利用二极管的非线性将调制在高频信号上的低频信号检测出来的一种二极管。常用于检波、鉴频和限幅。

(2) 整流二极管：利用二极管的单向导电性，将交流电变为直流电。整流管分为大功率、中功率及小功率。

(3) 稳压二极管：也叫做齐纳二极管，工作在反向击穿状态，是利用二极管的反向击穿特性稳定电路电压。使用时要串接电阻，防止大电流烧坏二极管。

(4) 开关二极管：利用二极管的单向导电性，在电路中充当电子开关。开关管应具有良好的高频特性，常用于高频电路和数字电路中。

(5) 发光二极管：由于使用了特殊材料(磷化镓等)，当有一定电流通过时，二极管会发光，将电能转变为光能，它同样具有单向导电性。

(6) 光敏二极管：是一种能将光能转变为电能的敏感元件，有普通光敏二极管、红外光敏二极管和视觉光敏二极管。主要用于各种控制电路。

(7) 变容二极管：是利用 PN 结之间的电容随外加反向电压的改变而变化的原理，采用特殊工艺制成的半导体器件。一般在高频调谐电路中用做可变电容器。

(8) 双向触发二极管：该二极管只有导通与截止两种状态，外加正、负电压均可，一旦导通后，只有外加电压降为零时，才会变为截止状态。常在控制电路中用于调光、调速、触发晶闸管(可控硅)、构成过压保护电路等。

3. 晶体二极管的正确选用

由于晶体二极管的种类很多，因此要根据具体电路的工作情况选用不同类型、不同特性的二极管。

(1) 根据电路的要求选用好二极管各项主要参数和特性。

(2) 选用二极管时，切勿使工作电压、电流、功率等参数超过手册中规定的极限值。

(3) 根据电路要求和电子设备的尺寸，选择二极管的种类、型号及各种参数，并检查外观是否完好。

(4) 用万用表或专用仪器设备检测二极管的性能好坏，并在焊接时选用 20 W 内热式或 30 W 外热式电烙铁，每个管脚焊接时不能超过 4 s。

4. 晶体二极管的检测

用指针式万用电表测量二极管时，可选用欧姆挡 R×100 或 R×1 k。由于二极管具有单向导电性，它的正、反向电阻是不相等的，两者阻值相差越大越好。对于常用的小功率二极管，反向电阻应比正向电阻大数百倍以上。用红表棒接二极管的正极，黑表棒接它的负极，测得的是反向电阻。反之，红表棒接二极管的负极，黑表棒接它的正极，测得的是正向电阻。如图 3-7所示。锗管的正向电阻一般在 100 Ω～1 kΩ 左右；硅管的正向电阻一般在几百欧至几千欧。如果测得它的正、反向电阻都是无穷大，说明该二极管内部已开路；如果它的正、反向电阻均为 0，说明二极管内部已短路；如果它的正、反向电阻相差无几，说明二极管的性能变差失效。出现以上三种情况的二极管均不能使用。

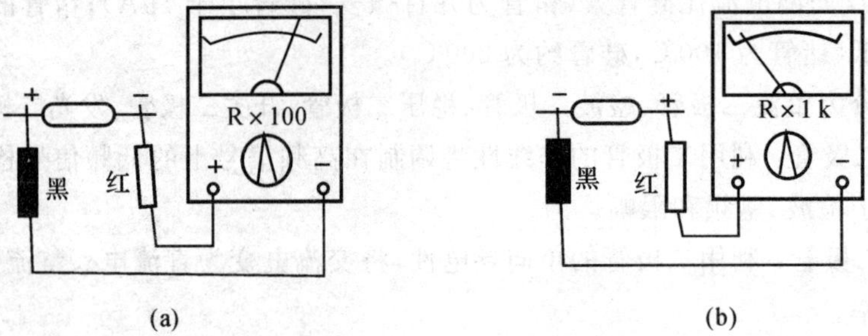

图 3-7　常用晶体二极管正、反向电阻测量
(a)测正向电阻；(b)测反向电阻

3.2.4　晶体三极管

三极管是应用最广泛的器件之一，由两个 PN 结和 3 个电极组成，它对电信号有放大和开关等作用，是电路中不可缺少的器件。三极管的种类很多，按制造材料分为锗管和硅管；按结构分为 PNP 型和 NPN 型；按工作频率分，低频管的工作频率在 3MHz 以下，高频管的工作频率可达几百兆赫，甚至更高。常见的三极管电路符号如图 3-8 所示。

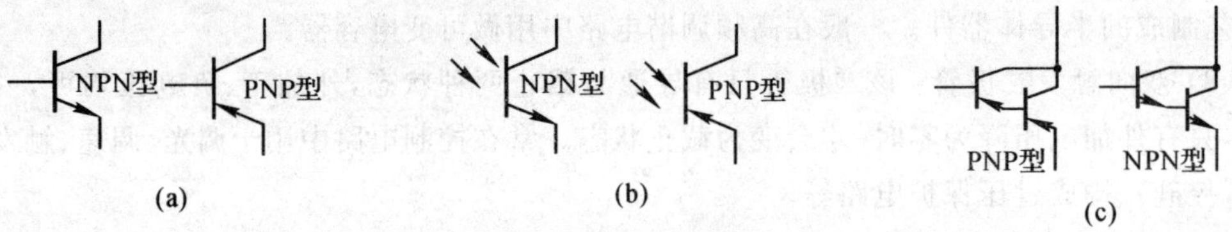

图 3-8　常用部分晶体三极管电路符号
(a)普通三极管；(b)光敏三极管；(c)达林顿管

1. **主要技术参数**

(1) 电流放大系数：用来表示晶体管的放大能力。有直流放大系数和交流放大系数之分。

直流放大系数(h_{FE})：指在共发射极电路无交流信号输入时，晶体管集电极电流 I_C 与基极电流 I_B 的比值，一般用 h_{FE} 或 $\bar{\beta}$ 表示。直流放大系数也经常用色点标注在晶体管的顶部，色点所代表的放大倍数如表 3-12 所示。

表 3-12　色点代表的放大倍数

色点	棕	红	橙	黄	绿	蓝	紫	灰	白	黑
h_{FE}	0～15	15～25	25～40	40～55	55～80	80～120	120～180	180～270	270～400	400 以上

交流放大系数 h_{fe}：指在交流状态下，集电极电流变化量 ΔI_C 与基极电流变化量 ΔI_B 的比值，一般用 h_{fe} 或 β 表示。

β 和 h_{FE} 两者关系密切，低频时，两者较为接近，也可相等。但两者的含义是有区别的，在很多场合，β 并不等同于 h_{FE}，甚至相差很大，切莫将它们混淆。

(2) 耗散功率(P_M)：晶体管参数变化不超过规定允许值时的最大集电极耗散功率。

(3) 集电极最大电流(I_{CM}):指集电极所允许通过的最大电流。

(4) 最大反向电压:指晶体管工作时所允许施加的最高工作电压。分为集电极-发射极反向击穿电压(U_{CEO})、集电极-基极反向击穿电压(U_{CBO})、发射极-基极反向击穿电压(U_{EBO})。

(5) 集电极-基极反向电流(I_{CBO}):发射结开路时,集电极与基极之间的反向电流。I_{CBO}对温度较敏感,该值越小,晶体管的温度特性越好。

(6) 集电极-发射极反向击穿电流(I_{CEO}):指基极开路时,集电极与发射极之间的反向漏电流,该值越小,晶体管的性能越好。

2. 常用晶体三极管的分类与特性

(1) 功率三极管:按其功率的不同分为大功率、中功率及小功率,又因其工作频率的不同分为高频管和低频管。功率管主要用于信号的功率放大。

(2) 开关三极管:开关晶体管是一种饱和与截止状态变换速度较快的晶体管,广泛用于各种脉冲电路、开关数字电路。

(3) 光敏三极管:具有放大能力的光-电转换三极管,常用于各种光控电路。

(4) 达林顿管:也称为复合晶体管,该管具有较大的电流放大系数及较高的输入阻抗。小功率达林顿管主要用于高增益放大电路或继电器驱动电路,大功率达林顿管主要用于音频功率放大、电源稳压、大电流驱动、开关控制等电路。特别注意其等效电路为复合管的第一级管型,放大倍数为各级放大倍数之乘积。

3. 晶体三极管的正确选用

选用晶体管是一个很复杂的问题,它要根据电路的特点、晶体管在电路中的作用、工作环境与周围元器件的关系等多种因素进行选取,是一个综合设计问题。

(1) 选用的晶体管切勿使工作时的电压、电流、功率超过手册中规定的极限值,应根据设计原则选取一定的余量,以免烧坏管子。

(2) 对于大功率管,特别是外延型高频功率管,使用中的二次击穿会使功率管损坏。为了防止二次击穿,就必须大大降低管子的使用功率和电压,其安全工作区应由厂商提供,或由使用者进行一些必要的检测。

(3) 选择晶体管的频率,应符合设计电路中的工作频率范围。特别是高频使用时,所选晶体管的特征频率 f_T要高于工作频率,以保证晶体管能够正常工作。

(4) 根据设计电路的特殊要求,如稳定性、可靠性、穿透电流、放大倍数等,均应进行合理选择。

4. 晶体三极管的检测

(1) 性能判定。对于已知型号和端子排列的三极管,可按下述方法来判断晶体三极管的性能好坏。

1) 测量极间电阻。测试方法如图 3-9 所示。将万用表置于 R×100 或 R×1k 挡,按照红、黑表笔的 6 种不同接法进行测试。其中,发射结和集电结的正向电阻值比较低,其他 4 种接法测得的电阻值都很高。质量良好的中、小功率三极管,正向电阻一般为几百欧至几千欧,其余的极间电阻值都很高,约为几百千欧至无穷大。但不管是低阻还是高阻,硅材料三极管的极间电阻要比锗材料三极管的极间电阻大。

2) 测量穿透电流 I_{CEO}。三极管的穿透电流 I_{CEO}的数值近似等于三极管的放大倍数 β 和集电结的反向饱和电流 I_{CBO}的乘积,I_{CBO}随着环境温度的升高而增长很快,I_{CEO}的增加必然造成

I_{CEO}的增大。而I_{CEO}的增大将直接影响管子工作的稳定性，所以在使用中应尽量选用I_{CEO}小的三极管。

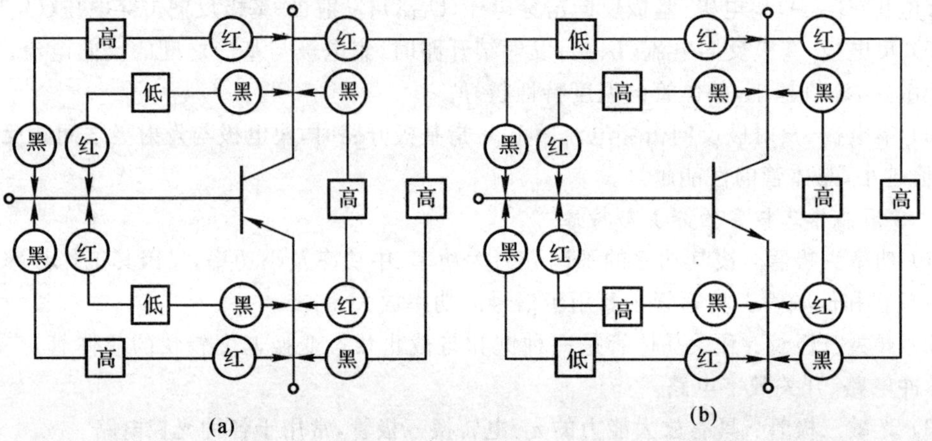

图 3-9 三极管的正常极间电阻

(a)测量 PNP 管；(b)测量 NPN 管

通过用万用表电阻挡测量三极管 e－c 极之间的电阻的方法，可间接估计I_{CEO}的大小，具体方法如图 3－10 所示。其中图(a)为测 PNP 型管的接法，图(b)为测 NPN 型管的接法。万用表电阻挡量程一般选用 R×100 或 R×1 k 挡，要求测得的电阻值越大越好，e－c 间的阻值越大，说明三极管的I_{CEO}越小；反之，所测阻值越小，说明被测管的I_{CEO}越大。

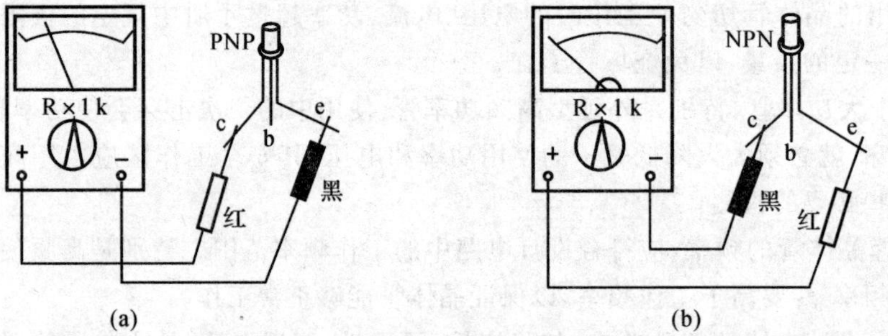

图 3－10 测量三极管I_{CEO}

(a)测 PNP 型管；(b)测 NPN 型管

3）测量放大倍数 β。如图 3－11 所示。其中图(a)为测 PNP 型管的接法，图(b)为测 NPN 型管的接法。万用表置于 R×1 k 挡。具体测试步骤是，先将红、黑表笔按图 3－11 所示电路接相应端子，然后将电阻 R 接入电路。此时，万用表指针应向右偏转，偏转的角度越大，说明被测管的放大倍数 β 越大。如果接上电阻 R 以后指针向右摆动幅度不大或者根本就停在原位不动，则表明三极管的放大能力很差或者已被损坏。电阻 R 可用 70～100 kΩ 的固定电阻，也可利用人体电阻，即用手捏住 c，b 两端子（注意，c，b 间不能短接）来代替电阻 R。

上述方法的优点是简单易行，缺点是只能比较三极管 β 的相对大小，而不能测出 β 的具体数值。

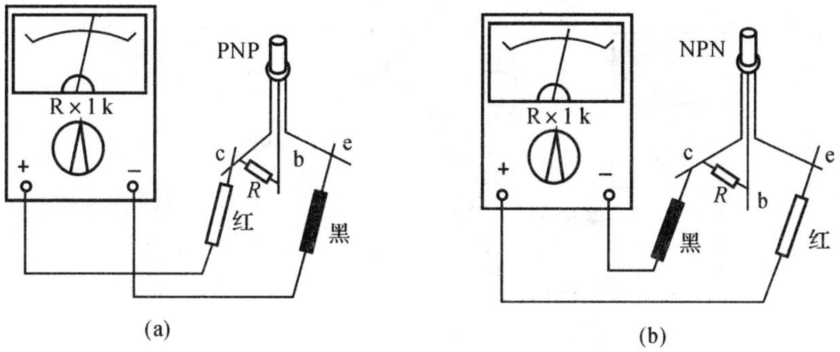

图 3-11 测量三极管β值

(a)测 PNP 型管;(b)测 NPN 型管

(2) 电极测量。如果不知道三极管的型号及三极管的端子排列,可用万用表按如下的方法进行检测判别。

1) 判定基极。测试电路如图 3-12 所示。用万用表 R×100 或 R×1 k 挡测量三极管三个电极中两个极之间的正、反向电阻值。当用第一根表笔接某一电极,而第二根表笔先后接触另外两个电极均测得低阻值时,则第一根表笔所接的那个电极即为基极 b。这时,要注意万用表表笔的极性,如果红表笔接的是基极 b,黑表笔分别接在其他两个电极时,测量的电阻值较小,则可判定被测三极管为 PNP 型管;如果黑表笔接的是基极 b,红表笔分别接触其他两电阻时,测得的阻值都较小,则被测三极管为 NPN 型管。

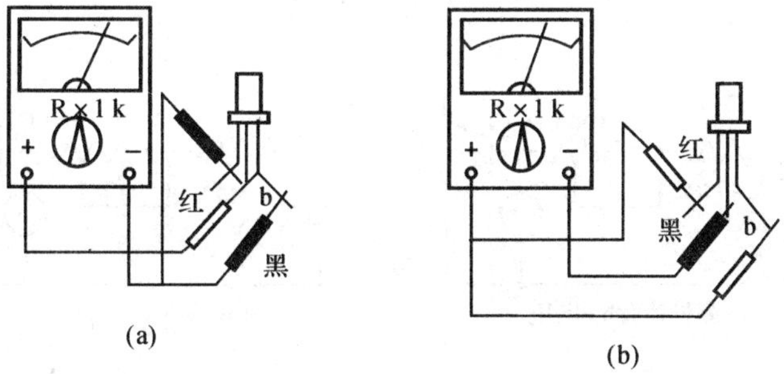

图 3-12 判定三极管基极

(a)测 PNP 型管;(b)测 NPN 型管

2) 判定集电极 c 和发射极 e。测试方法如图 3-13 所示。现以测 PNP 型三极管为例加以说明。将万用表置于 R×1 k 挡。先使被测三极管的基极悬空,万用表的红、黑表笔任意接其余两端子,此时指针应指在无穷大位置。然后用手指同时捏住基极与右边的端子,如果万用表指针向右偏转较明显,则表明右边一端即为集电极 c,左边的端子为发射极 e。如果万用表指针基本不摆动,可改用手指同时捏住基极与左边的端子,若指针向右偏转较明显则证明左边端子为集电极 c,右边的端子为发射极 e。

如果在以上两次测量过程中万用表指针均不向右摆动或摆动的幅度不明显,则说明万用表给被测三极管提供的测试电压极性接反了,应将红、黑表笔对调位置后按上述步骤重新测试,直到将三极管的 c,e 极区分开为止。

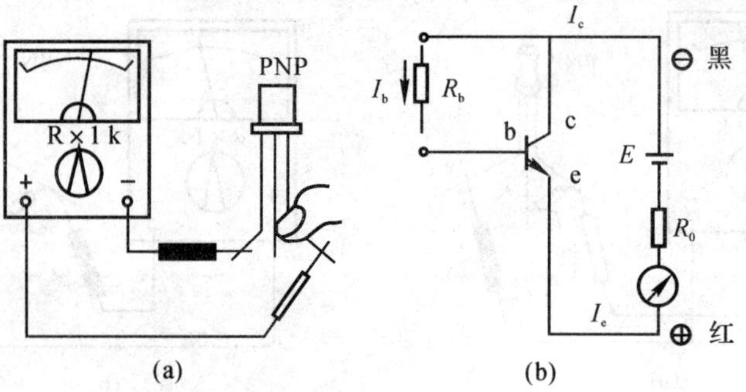

图 3-13 判定三极管 c,e 极

(a)测试方法;(b)检测原理

用此种方法判定 c,e 电极的原理如图 3-13(b)所示。在这里,基极偏置电阻是用手指来代替的,由于被测三极管的集电极上加有反向偏压,发射极加的是正向偏压,所以使其处于放大状态,此时电流放大倍数较高,所产生的集电极电流 I_c 要使万用表指针明显向右偏转。倘若红、黑表笔接反了,就等于工作电压接反了,三极管也就不能正常工作。放大倍数大大降低,从几十倍降至几倍,甚至为零,因此,万用表指针摆幅极小甚至根本不动。

3) 判别锗管和硅管。测试电路如图 3-14 所示。E 为 1.5 V 干电池,R_P 为 50～100 kΩ 的电阻。将万用表置于直流 2.5 V 挡。电路接通以后,万用表所指示的便是被测三极管的发射结正向压降。若是锗管,该电压值为 0.2～0.3 V;若是硅管,该电压值则为 0.6～0.8 V。顺便指出,目前绝大多数硅管为 NPN 型,锗管为 PNP 型。

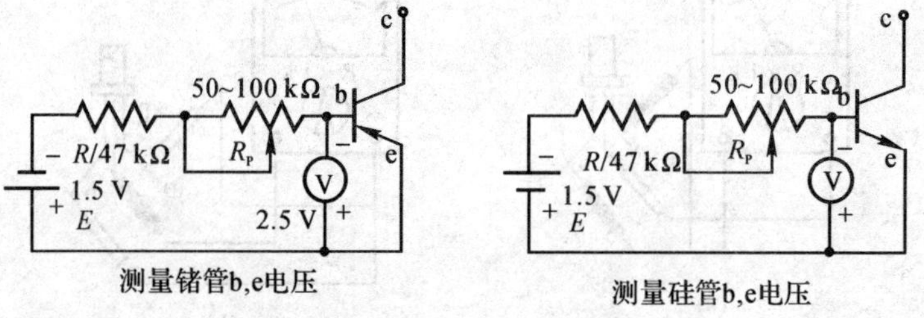

图 3-14 测三极管 b,e 电压判断锗管与硅管

4) 判别高频管与低频管。高频管的截止频率大于 3 MHz,而低频管的截止频率则小于 3 MHz,一般情况下,二者是不能互换使用的。由于高、低频管的型号不同,所以当它们的标志清楚时,可以查有关手册,较容易地直接加以区分。当它们的标志型号不清时,可利用其 BV_{Ebo} 的不同,用万用表测量发射结的反向电阻,将高、低频管区分开。

以 NPN 型管为例,将万用表置于 R×1 k 挡,黑表笔接管子的发射极 e,红表笔接管子的基极 b。此时电阻值一般均在几百千欧以上。接着将万用表拨至 R×10 k 高阻挡,红、黑表笔接法不变,重新测量一次 e,b 间的电阻值。若所测阻值与第一次测得的阻值变化不大,可基本判定被测管为低频管;若阻值变化较大,超过万用表满度 1/3,可基本判定被测管为高频管。

3.2.5　集成电路

集成电路简称 IC，就是将许多电阻、电容、晶体管等元器件，利用半导体工艺技术制作在一块极小的单晶硅片上，并连接成能够完成特定功能的电子线路，实现了材料、元件、电路三位一体的功能。与分立元器件相比，**集成电路具有体积小、重量轻、耗电低、寿命长、引线短、成本低、可靠性高等优点**，因而广泛应用于计算机、仪器仪表、通信系统、工业自动化控制系统及航空航天等电子设备中，还广泛应用于电视机、收录机及家用电器等设备中。

随着科学技术和超大规模集成电路的发展，集成电路的集成度越来越高，功能也越来越多，根据功能集成电路可分为两大类：模拟集成电路和数字集成电路。

1. 集成电路各引脚顺序识别

集成电路的外封装形式大致可分为三种，即圆形金属外壳封装、扁平型陶瓷或塑料外壳封装、双列直插型陶瓷或塑料封装、单列直插封装。其引出线分别有 4 根、8 根、10 根、12 根、14 根、16 根等多种。如图 3－15 所示。

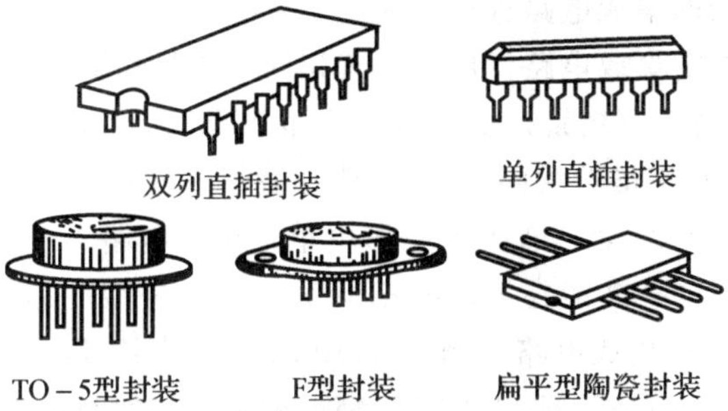

图 3－15　集成电路的外封装

集成电路引线脚排列顺序的标志，一般有色点、凹槽、管键及封装时的圆形标志。集成电路的引线脚较多，正确识别排列顺序是很重要的，否则将造成使用上的失误。轻者电路不能工作，重者将损坏集成电路及其他元件。对于扁平型或双列直插型集成块引出脚的识别方法是：**将集成电路水平放置，引出脚向下，标志对着自己身体一边，左面靠近身体第一个引线脚即为第一引线脚，按逆时针方向旋转，依次为第二脚、第三脚……**如图 3－15 所示。

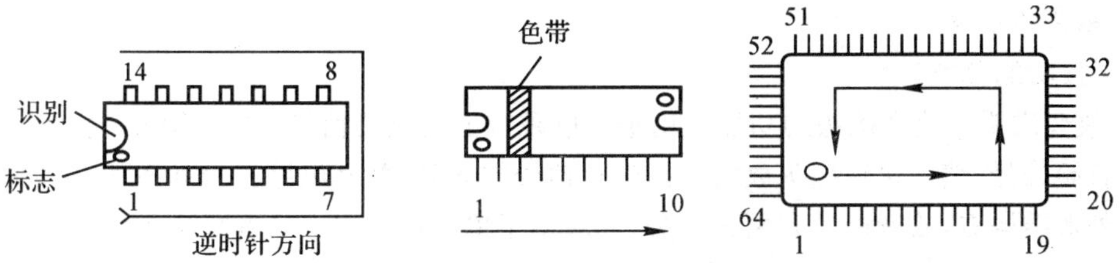

图 3－16　集成电路引线的识别

对于圆形管座以管键为参考标志，以键为起点，逆时针旋转，分别为 1，2，3，…对于没有色点，也没有其他标志的，以印有型号的一面朝上，左下脚即为第一脚，然后按逆时针方向旋转即可。

2. 集成电路的检测

(1) 电阻法:通过测量单块集成电路各引脚对地正、反向电阻,与参考资料或另一块好的集成电路进行比较,从而作出判断(注意:必须使用同一万用表和同一挡次测量,结果才准确)。在没有对比资料的情况下只能使用间接电阻法测量,即在印制电路板上通过测量集成电路引脚外围元件好坏(电阻、电容、晶体管,在印制电路板上测量的方法上面已有讲述)来判断,若外围元件没有损坏,则集成电路有可能已损坏。

(2) 电压法:测量集成电路引脚对地的动、静态电压,与线路图或其他资料所提供的参考电压进行比较,若发现某些引脚电压有较大差别,其外围元件又没有损坏,则集成电路有可能已损坏。

(3) 波形法:测量集成电路各引脚波形是否与原设计相符,若发现有较大区别,其外围元件又没有损坏,则集成电路有可能已损坏。

(4) 替换法:用相同型号集成电路替换试验,若电路恢复正常,则集成电路已损坏。

3. 集成电路替换方法

(1) 用型号完全相同的集成电路进行替换。

(2) 用具有相同功能的集成电路代用。具有相同功能且后面数字又相同的集成电路一般可互换。例如,TA7240 国产仿制品有 CD7240,又如 NE555,HA555,LM555 等都是可以互换的,但有些集成电路后面数字虽然相同,它们功能却截然不同,这些集成电路是不可互换的,如 TA7680 为彩电中放集成电路,而 LA7680 是彩电单片集成电路。

(3) 同一个厂家针对同一功能在不同时期所生产的改进型产品可做单向性替换,即可用改进型集成电路代替旧型号集成电路。例如 TD2030A 可代替 TDA2030,又如日立公司伴音中放集成电路 HA1124,HA1125,HA1184 等,都可做单方向性替换。

3.2.6 磁头

磁头是录放机的关键部件之一,它的好坏直接影响着录放机录放音的质量。作为磁头,它是将记录在磁带上的磁信号利用电磁感应原理转化为微弱的电信号,也可以将微弱的电信号转化为磁信号记录在磁带上。通常在一般的录放机和中挡的录放机中采用二磁头式,即一只为抹音磁头,另一只为录音与放音兼用的录放磁头;而高挡录放机一般采用三磁头式,即有三只独立的磁头,录音磁头、放音磁头及抹音磁头。

1. 磁头的分类

(1) 按功能分类。

1) 放音磁头。放音磁头的功能是用来拾取磁带上的磁迹信号,再利用电磁感应原理将其转化为音频信号,然后送往磁头放大电路进行信号放大处理,其电路符号如图 3-17 所示。其实物从外形结构看,放音磁头有两只引脚,一般用于单放机或双卡录音机中。

图 3-17 放音磁头电路符号

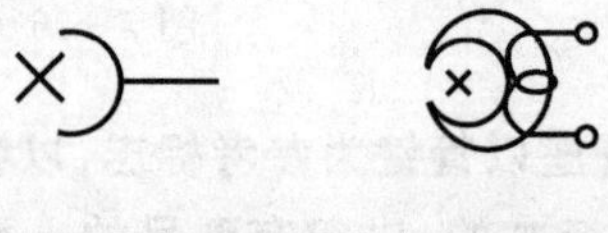

图 3-18 抹音磁头电路符号

2）抹音磁头。抹音磁头也称消磁磁头，它的作用是将记录在磁带上的磁信号消除。抹音磁头按抹音方式的不同可分为直流抹音、交流抹音和恒磁抹音三种类型。直流抹音磁头和交流抹音磁头的结构与放音磁头基本相似，工作时需分别加直流电压或交流电压。恒磁抹音磁头为永久磁钢，工作时不需加任何工作电压。其电路符号如图 3－18 所示。

3）录放磁头。录放磁头既可作为放音磁头，又可作为录音磁头，即将欲录制的音频电信号转变为交变磁场，利用电磁感应原理以剩磁的方式记录在磁带上，且具有可逆性。录放磁头一般有 4 只引脚，组合成两组而工作。其中从阻抗角度可分为高阻抗、中阻抗和低阻抗磁头；从声道数可分为单声道和双声道录放磁头。电路符号如图 3－19 所示。

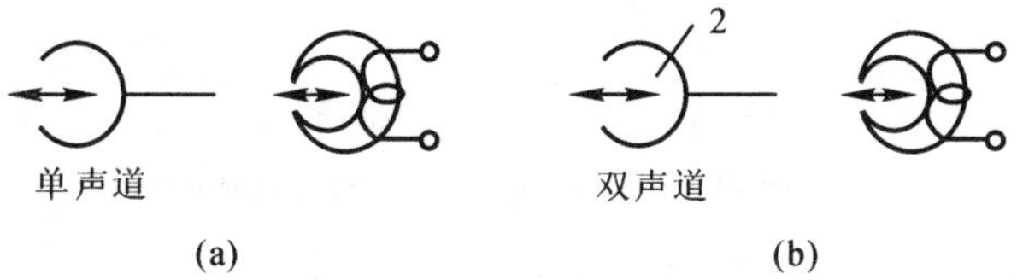

图 3－19　录放磁头电路符号

(a)单声道录音磁头；(b)双声道录音磁头

(2) 按磁心材料分类。

1）坡莫合金磁头。坡莫合金磁头在录音机中用得最多，它适宜于制作录音磁头、放音磁头及录放磁头。它的优点是导磁率较高，饱和磁通密度大，价格便宜；缺点是不耐磨，工作寿命较短。

2）铁氧体磁头。铁氧体磁头的铁心材料为铁氧体，多用于中、高档录音机。它的优点是频率特性好，电阻率大，涡流损耗小，无须采用叠片式结构；质地坚硬、耐磨，工作寿命长。缺点是容易磁饱和，性脆易裂，难以加工。

3）铁硅铝合金磁头。铁硅铝合金磁头适用于高档录音机。它的优点是高频特性好，不易磁饱和，坚硬、耐磨，寿命长；缺点是难以加工。

(3) 按声道数分类。

磁头按照声道数目的不同可分为单声道磁头和双声道磁头两种。其中早期生产的普及型录音机多采用单声道磁头，现在已基本淘汰，目前生产的各种级别的录音机均采用双声道磁头。

2. *磁头的组成及外形结构*

磁头主要由带有缝隙的铁心、绕在铁心上的线圈、屏蔽罩、固定支架及导带叉等组成。磁头的结构如图 3－20 所示，图(a)为单声道磁头，图(b)为双声道磁头，图(c)为磁头的内部结构。其中铁心被前后两个缝隙分割成两个对称的部分，铁心前部与磁带相接触的缝隙称为工作缝隙，它决定磁头的频响与工作寿命。铁心后缝隙(只有录音磁头有后缝隙)的作用是增大磁阻，防止磁饱和。屏蔽罩的作用是防止外部磁场与磁头内部磁场的相互干扰。线圈的作用是完成电磁转换。录音时，录音信号电流通过线圈产生磁场，经工作缝隙使磁带磁化，在磁带上留下剩磁信号。放音时，带有剩磁的磁带经过工作缝隙时，由线圈感应出信号电压并送入前置放大器。固定支架及导带叉均固定在磁头的外壳上，固定支架的作用是固定磁头，并通过调整方位角螺丝钉，使磁头调整到合适的位置。导带叉作用是保证磁带运行方向与磁头的工作缝隙相垂直。

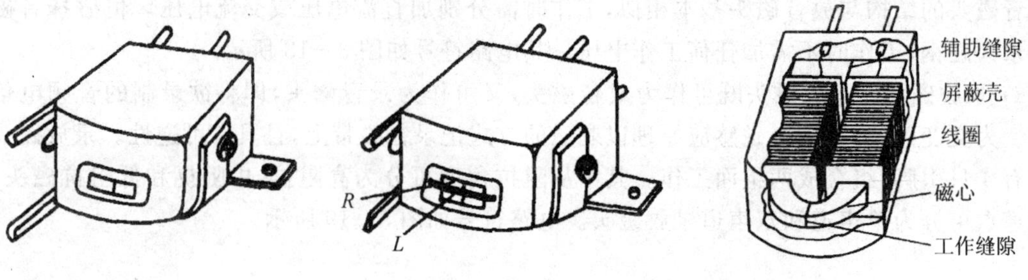

(a) (b) (c)

图 3-20 磁头的结构

(a)单声道磁头;(b)双声道磁头;(c)磁头的内部结构

双声道磁头的屏蔽罩内有两个完全独立的磁头,下边的为左声道磁头(L),上边的为右声道磁头(R),中间用隔离板分开,如图 3-20(b)所示。交流抹音磁头的结构基本上与单声道放音磁头相同,只是它的工作缝隙比放音磁头宽一些。

3. 磁头的使用与维护

由于录音机长期工作在录放状态,磁头总要与磁带摩擦接触,磁带上脱落的磁粉及空气中的灰尘都会落在磁头上,特别是磁头向上的立式机芯,很容易被磁粉及灰尘污染,不但会使磁头加速磨损,而且也会在录放过程中使磁带与磁头的距离增大,造成音量过小或失真。此外,虽然磁头的铁心是用软磁性材料制成的,但在长期的使用中,磁带也会磁化磁头而使录音质量下降。为此,必须对磁头进行定期维护。

(1) 定期清洗。磁头表面的灰尘、污垢、磁粉等长期不进行清洗会使磁头的工作缝隙与磁带间隔加大而造成接触不良,也会加快磁头的磨损而严重影响录、放音效果和降低磁头的使用寿命。因此,磁头一般工作 70 h 左右应进行清洗一次。清洗的方法是:用小竹签与脱脂棉(或医用纱布)做成棉签,蘸少许磁头清洗剂或无水酒精,沿水平方向在磁头的工作面上多次擦拭,直到工作面干净为止。同时,还应对主导轴及压带轮进行清洗。为了避免磁头的工作面被划伤、磁化,切勿用镊子(或螺丝刀)夹着棉球,对磁头进行清洗。

(2) 定期消磁。磁头在长期的使用过程中很容易被磁化,而磁化后的磁头会使录音机的噪声增大,降低信噪比,影响录、放音效果。因此,磁头一般工作 100 h 左右应消磁一次。消磁的方法是:接通磁头消磁器的电源,手持消磁器,把消磁器的长臂端头靠近磁头工作面,沿走带方向缓慢地往复移动三、四次,然后慢慢地远离磁头约 1 m 左右,再切断消磁器电源。在对磁头消磁的过程中还应该注意以下三点:

1) 消磁器的长臂端头必须套有橡胶或塑料套管,以防划伤磁头的工作面。

2) 只有录放磁头才需要消磁,抹音磁头是不需要消磁的,所以,在对磁头进行消磁时,一定要分清哪个是录放磁头,哪个是抹音磁头,千万不要将恒磁抹音磁头消磁。

3) 建议使用性能良好的磁带,由于劣质磁带的表面粗糙不平,且无光泽,磁粉颗粒大而且薄厚不均匀,磁粉容易脱落,会增大磁头与磁带间的摩擦而使磁头寿命缩短。同时,脱落的磁粉粘在磁头的工作面上,使磁头表面不能很好地与磁带接触,增大间隔损耗,使录音的高频特性变差。另外，劣质磁带的宽度不均匀、带基薄厚不匀，容易出现轧带故障。因此，必须使用性能良好的磁带，拒绝使用劣质磁带。

4. *磁头的常见故障与维修*

磁头的常见故障有线圈断线或磨损两种。其中磁头线圈断线一般是由于使用环境潮湿线圈发霉腐蚀或电流过大烧断等原因造成的；而磨损则是由于磁头与磁带的长期摩擦，使磁头的工作面被磨损造成缝隙加大，造成录、放音的灵敏度下降、频响特性变差等。当磁头线圈断线或工作面严重磨损时，应及时予以更换。更换磁头时，应注意以下几点：

(1) 磁头线圈断线。

1) 故障现象。当磁头线圈断线时，录音机将既不能放音又不能录音。因此，当怀疑线圈断线时，可在放音状态下（不要装磁带），用镊子或万用表的表笔轻轻碰触磁头引线的信号端，扬声器中有“喀、喀”声；而当用手指触摸磁头的工作面时，扬声器中却无任何反应，则可初步确定为线圈断线。

2) 故障判断。关掉录放机的电源，用电烙铁将磁头的引线焊下来，用万用表的电阻挡测量磁头线圈的电阻值。若磁头线圈的电阻值为无穷大，则可确定为磁头已经断线。

注意：一般情况下不要轻易用万用表的电阻挡测量磁头线圈的电阻值，以免使磁头被磁化。对用万用表的电阻挡测量过的好磁头，应予以消磁处理。

(2) 磁头严重磨损 。

1) 故障现象。当磁头严重磨损时，将会在录、放音的过程中出现音量变小的故障现象，尤其以录音时音量过小的现象最为严重。通常情况下磁头的正常磨损是不可避免的。

2) 故障判断。当录音机使用几年后出现录音时声音过小的故障现象时，就应检查磁头是否磨损过大。一般情况下严重磨损的磁头可用眼睛直接看出来：如磁头的工作面正常时应该是圆弧形，而严重磨损的磁头工作面前部形成一个小平面。如图 3 - 21 所示。

再有，磁头工作面的缝隙应该是不能用眼睛直接看见的，如果用眼睛就可以看出有一条与磁带运行方向垂直的细缝，这就是磁头严重磨损了。当磁头出现严重磨损现象时，应予以更换。

图 3 - 21　磁头严重磨损情况示意图

1—良好状态的圆弧工作面；
2—磨损状态下的工作面

(3) 磁头的更换。

1) 磁头更换时应注意的事项。当磁头线圈断线或磁头工作面严重磨损时，应予以及时更换。更换时应注意以下几点：

①最好选用同类型、同型号的磁头，这样可以减少很多调整工作。

②新、旧磁头的外形尺寸必须保持一致，否则无法进行安装。

③新、旧磁头的阻抗应尽量相近，否则会破坏录音机原来的偏磁工作状态，相近时就省去了重调偏磁电流的麻烦。注意：新、旧磁头的偏磁方式（指直流偏磁或交流偏磁）必须保持一致。

2) 磁头的更换与调整方法。为了保证更换的质量和减少更换后调整的麻烦，操作必须仔细认真，按步骤进行。

①首先拆下旧磁头的固定螺丝钉和弹簧，将旧磁头取下来。

②装上新磁头，先拧上没有弹簧的螺钉，再拧上有弹簧的螺钉（注意此螺钉为方位角螺钉），松紧应适度，要尽量使磁头在水平及竖直方向上保持平整状态。

③使用小功率的电烙铁将引线焊接在新磁头上，一定不要搞错，特别是立体声磁头有四根引线，一定要仔细认真。然后，将机芯固定好即可进行调试。

④更换完毕后，应该用脱脂纱布或棉球蘸取无水酒精，对磁头的工作面进行清洗，并用消磁器对磁头进行消磁。

⑤对新装的磁头应调整其方位角。

磁头的方位角是指磁头的工作缝隙与磁带运动方向的夹角。在理想情况下，磁头的方位角应该是 90°，即磁头的工作缝隙与磁带的运动方向垂直。如果方位角不是 90°，就会使高音衰减、音质变差，对于立体声录音机来说，还会使两个声道的信号产生相位差而影响立体声效果。在业余条件下，可选择一盘自己熟悉的、高音丰富的音乐磁带进行放音，一边听音乐中的高音，一边用无感改锥调整磁头的方位角螺丝钉，在不动音调电位器与音量电位器的情况下，找到高音最丰富的位置，这就是磁头方位角的最佳位置，然后用快干漆将方位角螺丝钉封固。

⑥对于直流偏磁的录放磁头，若感觉录放音时的灵敏度较低或失真较大时，可将磁头的两根引线对调，以防由于偏磁电流方向相反而影响录音效果。

⑦一般说来，抹音磁头比录放磁头的故障率低。当抹音磁头线圈断线时，将出现不能抹音的现象，当抹音电流过小时，将出现抹音不净的现象。抹音磁头的检修方法可参照录放磁头进行。

3.2.7 录音机的电机

对于一般的盒式磁带录音机常用直流电机作为动力，来驱动飞轮、主导轴、收带轮等，完成录、放音的恒速走带及快进、倒带等功能。

1. 对电机的要求

由于电机的性能直接影响到录音机的质量，所以电机必须符合以下要求：

(1) 具有足够的转矩。即具有足够的负载能力，能带动各有关机构正常启动和运行。

(2) 转速稳定。当电机的负载或电源电压在规定允许的范围内变化时，电机的转速必须保持稳定。

(3) 转动噪声小。电机的转动噪声要小，以减小在放音过程中或利用机内话筒进行录音时的背景噪声。

(4) 质量高、寿命长。电机的各种部件必须质量高，以保证长期使用不致损坏。

2. 电机的基本结构

录音机的电机一般采用小型直流永磁式电动机。它具有体积小、效率高、转速可调、性能良好及成本低廉、可用干电池驱动等诸多优点，因此，在录音机中得到了广泛的应用。其基本结构如图 3-22 所示。

作为录音机的电机由定子、转子、换向器(整流子)、电刷、转轴等部件组成，如图 3-23 所示。而作为录音机专用的电机，为了防止换向器在换向过程中产生电火花而干扰录放电路并减少漏磁，电机的外面包有屏蔽罩。为了减小电机的振动，以减小在放音或录音过程中的背景噪声，在定子的外面加有减振橡胶垫。电机的定子是固定在机壳内的一个圆筒形铁氧体永久磁钢，经沿直径方向进行充磁后，形成具有径向磁场的定子磁钢，如图 3-23(a)所示。转子由转子铁心、转子绕组、电机轴及换向器组成，转子铁心采用叠片式三翼形结构，如图 3-23(b)所示。换向器固定在电机轴的一端，换向器及电刷的结构如图 3-23(c)所示。转子铁心固定在电机轴上，每个翼上均绕有一个线圈，每个线圈的起始端均焊接在换向器相应的接点上，三个线圈的终端连接在一起(称为公共端)，转子绕组的连接如图 3-23(d)所示。

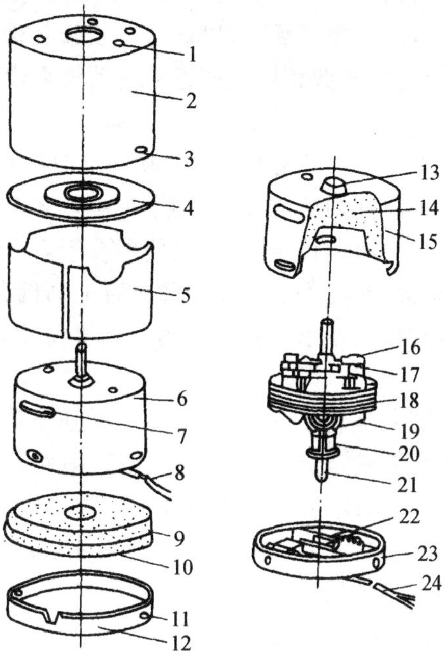

图 3-22　直流电动机的基本结构

1—螺孔；2—外壳；3—端盖安装孔；4—橡胶垫；5—屏蔽罩；6—心子；7—调速孔；8—电源线；9—屏蔽片；10—泡沫垫；11—螺孔；12—外端盖；13—上轴承；14—定子磁钢；15—内壳；16—离心调速器；17—可调螺钉；18—转子铁心；19—转子绕组；20—换向器；21—电机轴；22—电刷；23—内端盖；24—电源线

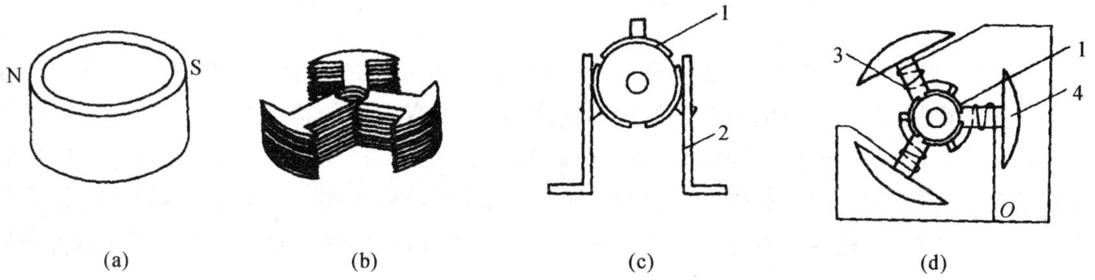

图 3-23　电动机主要部件

(a)定子磁钢；(b)转子铁心；(c)换向器及电刷的结构；(d)转子绕组的连接

1—换向器；2—电刷；3—转子绕组；4—转子铁心

作为直流永磁式电机，其转速是不太稳定的。当电源电压或负载变化时，电机的转速都要发生相应的变化，这对于要求恒速走带的录音机来说，是不允许的。所以，为了稳定电机的转速，必须对电机采取稳速措施，一般采取设置稳速电路以改变其稳定性。

3. 电动机的选用、代换与检测

(1) 电动机的选用与代换。选用电动机时,根据应用设备的具体要求来选择电动机的外形、体积、类型、功率、启动运行方式、转矩及转速等。不同用途的电动机,一般是不能直接互换使用的,只能"专机专用"。电动机损坏后,可以通过更换损坏部件(例如绕组、轴承等)来修复或用与其外形、体积、类型及主要参数相同或相近的电动机来代换。

(2) 电动机的检测。

1) 小功率交流电动机的检测。对通电后不转动的单向异步电动机,应细听电动机在通电后是否有"嗡嗡"的电磁声,还应在切断电源后,用手摸电动机外壳是否发烫。若电动机无"嗡嗡"的电磁声,也无升温,则说明电动机未通电,应使用万用表电阻挡进一步检测电源输入线路及电动机各绕组的直流电阻值,看是否有开路故障。若电动机在通电后有"嗡嗡"声,断电后手摸电动机外壳发烫,则是电动机的轴承不良或电动机的主绕组局部短路、启动绕组开路、启动部件失效。

对带负载能力差(指空载时运转正常,加上负载后转速下降或启动不良)的单向异步电动机,应着重检查启动部件是否失效、电动机绕组是否局部短路及轴承是否卡滞或缺油。

单向串励电动机出现不转动或转速慢、带负载能力差等故障,应用万用表电阻挡测量电源插头两端的电阻值(电源开关应打开),看是否存在开路或短路故障。还应检查换向器是否短路、电刷是否磨损严重、电枢绕组是否损坏、轴承是否卡滞等。

2) 小功率直流电动机的检测。小功率电磁式直流电动机和永磁式直流电动机出现电动机不转或转速慢等缘故时,首先应用万用表电阻挡检查其励磁线圈(定子绕组)是否开路或短路、电枢(转子)绕组是否开路或短路、电刷与换向器之间是否接触良好。带电子稳速电路的直流电机,还应检查电子稳速电路是否损坏。

无刷直流电动机出现不转或转动异常等故障时,除应用万用表电阻挡测量励磁线圈是否开路或短路外,还应检查转子位置传感器和电子换向电路是否有故障。

3.3 工业生产中的元器件检测

在电子元器件上机应用前,必须进行严格的检测。在正规的工业化生产中,电子生产企业都有专门的质检部门,一般配备专门的检测仪器和装备,有专门的检测车间,按照有关电子工艺文件对上机的元器件进行检测。而在产品研制或小批量生产中往往不具备这些条件,但要保证装配、调试顺利进行。装焊前的检测是必不可少的步骤;否则,等到调试时发现电路不能正常工作再找原因,检查元器件将浪费大量的时间和精力,而且容易造成元器件和印制电路板的损坏。

1. 外观质量检查

外观检查可以先期发现某些元器件的缺陷和采购包装、运输过程中的某些失误,它是最简单易行的检验。一般常用元器件外观检查的内容和标准如下:

(1) 外包装应完整无损,其型号、规格、厂商、产地应与设计要求相符合。

(2) 元器件表面无凹陷、划伤、裂纹等缺陷,外观应完好无损;外部有涂层的元器件应无脱落或擦伤。

(3) 电极引线应无压折和弯曲,镀层完好光洁,无氧化锈蚀。

(4) 元器件上的型号、规格标记应该清晰、完整，色标位置、颜色应符合标准，特别是集成电路上的字符要认真检查。

(5) 有机械结构的元器件要求尺寸合格、螺纹灵活、转动手感合适；开关类元件应操作灵活，手感良好；接插件应松紧适宜，接触良好等。

各种元器件用于不同的电子产品都有其自身特点和要求，除上述共同点外往往还有特殊要求，应根据具体应用区别对待。

2. 电气性能筛选检测

由于元器件在制造过程中存在原材料、设备、工艺、检验等方面的缺陷，所以在刚投入使用的时候一般失效率较高，这种情况可以通过元器件制造厂的努力降低，但无法杜绝。在正常使用期，一般元器件失效率较低，也称偶然失效期。过了这一阶段后元器件进入老化失效期，也称损耗失效期，该元器件工作寿命结束。

要使电子产品性能稳定，工作可靠，并能经受环境和其他一些可预见的不利条件的考验，对上机的元器件进行必要的筛选、老化是重要的一个环节。筛选就是对电子元器件施加一种或多种应力使其固有缺陷暴露。筛选的指导思想是如果试验及施加应力合适，有缺陷的元器件会失效，而优质元器件会通过。

筛选是为提高产品可靠性，人为制造元器件早期工作条件，将早期失效的产品在使用前就剔除，在生产过程中筛选老化有高温存储老化、高低温循环老化、高低温冲击老化和高温功率老化等内容。其中常用的高温功率老化，它是给元器件模拟工作条件通电，同时给元器件加上高达 80～180℃的温度进行数小时到数十小时的老化，然后测试筛选。

老化需要专门的设备，耗费较多的工时和能量。随着元器件生产水平的提高，在实际生产中是根据不同产品要求，根据国家和企业标准选择不同的老化筛选要求和工艺。对可靠性要求极高的产品，如军品、航天电子设备等需 100%严格筛选；一般要求不高的民品则采用抽样检测方式；而一般电子产品研制和制造多采用自然老化和简易电老化方式。

自然老化是将元器件经过一段时间的存储，在自然温度变化条件下使内部应力释放，性能趋于稳定，然后进行测试筛选。但元器件存储时间过长将导致引线氧化锈蚀，焊接性能变差，某些元器件如电解电容会因时间过长而性能变化，因此自然老化以不超过 1 年为宜。

电老化是给元器件加上超过工作条件的电压或电流，通过几分钟或更长时间，利用通电发热完成老化过程，它主要适用于某些急用和关键部位的元器件。

3. 参数性能检测

经过外观检查及老化的元器件，还必须进行性能指标的测试，淘汰已失效的元器件，有时还要通过检测挑选特殊要求的性能指标。

正规的元器件检测需要多种通用或专门测试仪器，一般性的技术改造和电子制作，利用万用表等普通仪表对元器件检测，也可满足产品要求。万用表检测元器件使用要求如下：

(1) 万用表目前常用的有指针式和数字式两种，指针表可靠耐用，观察动态过程直观，但读数精度和分辨力较低；数字式读数精确直观，输入阻抗高，但使用维护要求较高。一般检测指针表都可胜任，要求精度高时应采用数字表。

(2) 两种万用表使用时都要求先选功能和插孔：指针表一般测大电流（超过 0.5A）、高电压时有专门插孔，数字表在测 200 mA 以上电流时用专用插孔。

(3) 选择量程时应注意指针表指示在约为满刻度的 1/3～2/3 处，此时误差较小，如果被测量难以确定范围，应从最大量程逐渐转换。

（4）在使用万用表时注意不要使人体接触表笔的金属部分，以保证测量准确和人身安全。

（5）测量高电压或大电流时不得在测量的同时换挡，需换挡时应断开表笔，否则容易损坏万用表。

电子制作园地(三)

声光电子鞭炮

此种声光鞭炮能发出逼真响亮的燃放鞭炮声，并随着鞭炮声的节奏而闪闪发光。这种声光鞭炮可以重复多次使用，在渲染节日的气氛方面，不亚于传统的鞭炮。

1. 工作原理

声光鞭炮的电路原理如图 3－24 所示。平时晶体管 VT_1，VT_2均处于截止状态，模拟鞭炮声集成电路 IC_1的触发端（TG 脚）无高电平触发信号，不工作，扬声器 Y 无声，小电珠 ZD 也不发光。当人手触摸一下作为鞭炮引信的电极 P 时，人体感应的杂波信号就会经电阻 R_1注入 VT_1的基极，经低噪高放大倍数的三极管 VT_1，VT_2进行复合放大后，由 VT_2集电极向 IC_1触发端提供正脉冲信号，触发 IC_1，从其输出端（OUT 脚）输出一系列模拟鞭炮燃放声电信号，经 C_1滤掉一些不需要的谐波成分后，直接送入 IC_2进行功率放大，最后推动扬声器 Y 发出“噼噼啪啪”的声音来。与此同时，由晶体管 VT_3，VT_4组成的复合三极管，再进行高倍率放大，放大后的信号去驱动小电珠 ZD，使之随鞭炮声闪闪发光。当用手每触摸一次 P 电极，扬声器 Y 就会发出长约 20 s 的模拟鞭炮声，且小电珠 ZD 会同步闪光。由于采用大功率驱动开关集成电路 TWH8778 做音频功率放大，故扬声器发声响亮。

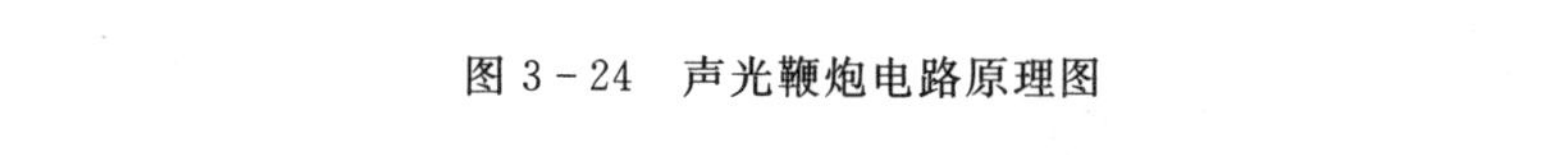

图 3－24　声光鞭炮电路原理图

2. 元件选择

VT_1，VT_3选用 9014 或 3DG8 型硅 NPN 三极管，VT_2选用 9015 或 3CG21 型硅 PNP 三极管，VT_4选用 9013 或 3DG12 型硅 NPN 中功率三极管；要求 VT_1，VT_2的 $\beta > 200$，VT_3的 $\beta > 100$，VT_4的 $\beta > 50$。IC_1选用 KD—5601 型模拟鞭炮声集成电路芯片；IC_2选用 TWH8778 型大功率驱动开关集成电路。Y 用 8 Ω，0.25 V・A 小口径电动扬声器。ZD 用市售手电筒专用3.8 V，0.3 A 小电珠。GB 用三节 5 号干电池串联供电。因整机静态时耗电电流实测＜5 μA，故不必设电源开关。其他器件如图所示，体积越小越好。

3. 制作与调试

整个电路可焊装在一狭长的印刷板上，然后进行调试。调试的方法是：当鞭炮声响起时，

由大往小缓慢细调 R_P 阻值，使 ZD 闪光到最明亮、最快速为止。若嫌鞭炮声节奏过慢，可适当减小 IC_2 外接振荡电阻 R_2 数值，直到满意为止。

调试完后，将其安装在一个透光的红色塑料壳体内，并用双股铁丝绞合制成仿真鞭炮隐信（P电极）。这样即可使用。

第四章 表面安装技术(SMT)

电子产品的微型化和集成化是当代技术革命的重要标志，也是未来发展的重要方向。日新月异的各种高性能、高可靠、高集成、微型化、轻型化的电子产品，正在改变着我们的世界，影响着人类文明的进程，作为现代电子产品的组装技术——表面安装技术，正以飞快的速度取代传统的组装工艺技术。

4.1 表面安装技术概述

表面安装技术，简称 SMT(Surface Mounting Technology)，是伴随着无引脚或短引脚的片状元器件的出现，而发展起来并得到广泛应用的安装技术；是现代发展最快的一门制造技术，也是实现电子设备微型化和集成化的关键，是包括电子器件、装配设备、焊接技术和辅助材料等内容的系统性综合技术。它改变了传统的印制电路板(PCB)通孔插装元器件的组装方式(Through-hole Mounting Technology—THT)，是在此基础之上发展起来的第四代焊接技术；它代表着现代最有发展前途的组装方向，也是今后实现电子产品轻型化、小型化、多功能、高可靠性、低成本、高质量的主要途径。

1. 安装技术的发展过程

电子产品安装技术是现代发展最快的制造技术。从安装工艺特点可分为以下几种，如表 4-1 所示。

表 4-1 安装技术时代划分

	年代(20 世纪)	技术缩写	代表元器件	安装基板	安装方法	焊接技术
第一代	50～60		长引脚元件，电子管	接线板铆接端子	手工安装	手工烙铁焊接
第二代	60～70	THT	晶体管，轴向引线元件	单、双面 PCB	手工/半自动化插装	手工焊、浸焊
第三代	70～80	THT	单、双列直插 IC，轴向引线元器件编带	单面及多层 PCB	自动插装	波峰焊、浸焊、手工焊

续 表

	年代(20世纪)	技术缩写	代表元器件	安装基板	安装方法	焊接技术
第四代	80～90	SMT	SMC/SMD 片式封装 VSI,VLSI	高质量SMB	自动贴片机	波峰焊、再流焊
第五代	90年代以后	MPT	VLSI,ULSIC	陶瓷硅片	自动安装	倒装焊、特种焊

2. 表面安装技术的特点

表面安装技术与通孔插装元器件的方式相比,具有以下优点:

(1) 组装密度高。SMT片状元器件比传统通孔插装元器件所占的面积和重量都大大减小。一般来说,表面安装技术组装的电子部件,体积一般可减小到通孔插装组件的30%～20%,最小的可达到10%左右。

(2) 信号传输速度快。由于结构紧凑,安装密度高,连线短,传输延迟小,可实现高度的信号传输。这对于超高速运行的电子设备(例如运算速度高的计算机)具有重要的意义。

(3) 抗干扰性好。由于元器件无引线或为短引线,从而减小了元器件在电路中的分布参数,容易消除高频干扰。

(4) 高效率、高可靠性。由于片状元器件外形尺寸标准化、系列化及焊接条件的一致性,因此,可采用计算机集成制造系统(CIMS),使整个生产过程有利于自动化生产,大大提高了电子产品的成品率和生产效率。另外,由于焊接造成的元器件的失效性大大减少,故提高了可靠性。

(5) 简化了生产工序,降低了生产成本,便于实现自动化生产。在印制电路板上安装时,元器件的引线不用打弯、剪短,因而使整个生产过程缩短,同样功能电路的加工成本低于通孔装配方式。由于采用真空吸嘴吸取元器件,提高了安装密度,可实现自动化生产。

(6) 存在的问题。

1) 表面安装元器件种类没有统一的标准,并且元器件成本高。

2) 技术要求较高,维修调换器件较困难,并需要专用设备。如元器件吸潮引起装配时元器件裂损,结构件热膨胀系数差异导致焊接开裂,组装密度大而产生的散热问题复杂等。

3) 初始投资较大,生产设备结构复杂,涉及技术面宽,费用昂贵等。

4.2 表面安装元器件

随着电子技术的飞速发展及电子工艺制造技术的不断提高,电子元器件逐渐向体积小型化、制造安装自动化方向发展,从而出现了表面安装元件(SMC)和表面安装器件(SMD),又称贴片式元器件。这种元器件是无引线或短引线的新型微小型元器件,安装时不需要在印刷板上打孔,而是直接安装在印刷板表面上,采用这种元器件焊装的电路具有**密度高、可靠性高、抗震性好、高频特性好(因减小了引线分布特性影响,降低了寄生电容和电感,增强了抗电磁干扰**

和射频干扰的能力)、便于自动化生产、使产品成本降低等优点。

4.2.1　表面安装元器件的分类

表面安装元器件按外形结构可分为矩形、圆柱形和异形 3 种,按元器件功能可分为无源元件(电阻、电容等)、有源元件(晶体管、集成电路等)和机电类 3 类。各种无源、有源和机电类表面安装元器件分类如表 4-2 所示。

表 4-2　各种无源、有源和机电类元器件的分类

种类	矩形		圆柱形
无源元件	电阻器	厚膜电阻器、薄膜电阻器、敏感电阻器	碳膜、金属膜电阻
	电容器	陶瓷电容、云母电容、薄膜电容、电解电容、微调电容	陶瓷电容、钽电解电容
	电感器	线绕电感器、叠层电感器、可变电感器	线绕电感器
	电位器	电位器、微调电位器	
	敏感元件	热敏电阻器、压敏电阻器	
有源元件	二极管	塑封整流、稳压、开关、齐纳、变容二极管	玻璃封装二极管
	晶体管	塑封晶体管、三极管、塑封场效应管	
	集成电路	扁平封装、芯片载体	
机电元件	开关、连接器、继电器、薄型微电机		

4.2.2　表面安装元件

1. 表面安装电阻

表面安装电阻属于表面安装元件的无源元件,一般按两种方式进行分类。按特性及材料分类,有厚膜电阻、薄膜电阻、大功率线绕电阻。按外形结构分类,有矩形片式电阻、圆柱形电阻、异形电阻等。

(1)矩形片式电阻。

1) 元件结构:矩形片式电阻器结构如图 4-1 所示,它由基板、电阻膜、保护膜、电极 4 大部分组成。其中基板大都采用 Al_2O_3 陶瓷制成,具有良好的电绝缘性,在高温下具有良好的导热性、电性能和机械强度等。

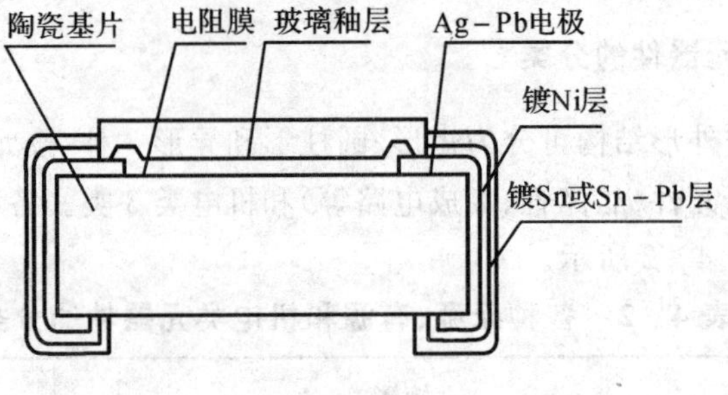

图 4－1 矩形片状电阻结构图

电阻膜：采用二氧化钌(RuO_2)电阻浆料印制在陶瓷基板上，经烧结而成。由于 RuO_2 成本比较高，近年来又采用了一些低成本的电阻浆料来降低成本，如碳化物系（WC－W）和 Cu 系材料等。

保护膜：一般是用低熔点的玻璃浆料覆盖在电阻膜上经烧结而成，它主要保护电阻体和使电阻体表面具有绝缘性。

电极：为了使电阻器具有良好的可焊性和可靠性，电极一般采用 3 层结构，内层电极是连接电阻体的内部电极，应选择与电阻膜接触电阻小，与陶瓷基板结合力强的材料。一般用 Ag－Pb合金印刷、烧制而成。中间层电极是镀镍(Ni)层，又称阻挡层，主要作用是防止内电极脱落。外层电极为可焊层，它应具有良好的可焊性，一般采用铅锡合金(Sn－Pb)。

2）形状和尺寸。矩形片式电阻器的外形如图 4－2 所示，片式电阻器实用中多以形状尺寸(长×宽)来命名，图中给出的是(1/4)W 电阻的尺寸。常用不同功率的片式电阻的尺寸如表 4－3 所示。

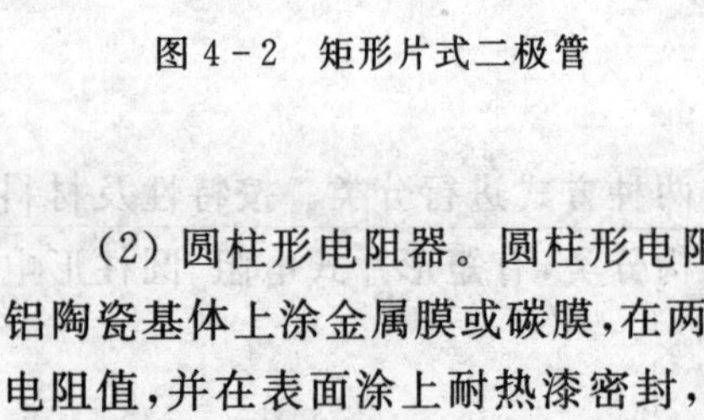

图 4－2 矩形片式二极管

表 4－3 片式电阻功率表

型号	外形尺寸(长×宽)/(mm×mm)	功率/W
1608	1.6×0.8	1/16
3216	3.2×1.6	1/8
2125	2.0×1.25	1/10
1005	1.0×0.5	1/16
0603	0.6×0.3	1/16

(2) 圆柱形电阻器。圆柱形电阻器是由带引线电阻去掉引线演变而来的，电阻体是在高铝陶瓷基体上涂金属膜或碳膜，在两端压上金属帽电极，在电阻体上采用刻螺纹槽的方法调整电阻值，并在表面涂上耐热漆密封，最后在上面涂上色码标志。其外形结构如图 4－3 所示。目前常用的圆柱形电阻器额定功率有 1/10W，1/8W，1/4W 三种，对应的尺寸(直径×长)分别是 ϕ2 mm×2.0 mm，ϕ1.5 mm×3.5 mm，ϕ2.2 mm×5.9 mm，电阻的标注一般用色码法，与圆柱形带引线电阻一样。圆柱形电阻与矩形电阻相比，其高频特性较差，但噪声较小。

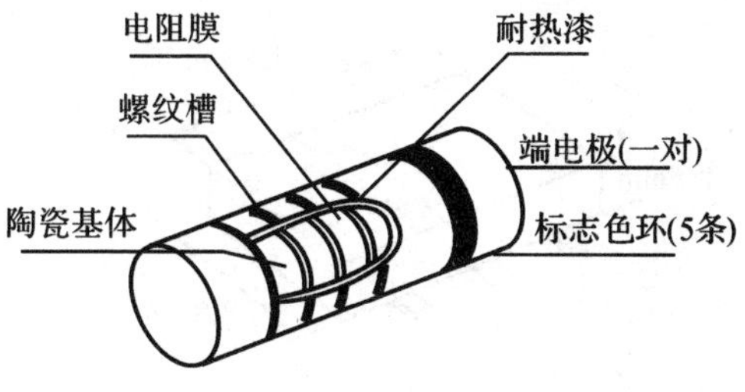

图 4-3　圆柱形电阻结构图

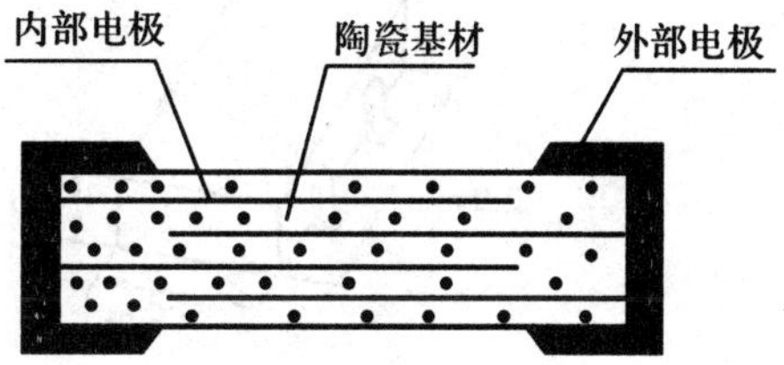

图 4-4　片式电容器结构

2. 表面安装电容器

表面安装电容器简称片式电容器，目前生产和应用比较多的主要有两种：陶瓷系列(瓷介)电容器和铝、钽电解电容器。其中，瓷介电容器的占有量约为 80%以上。

瓷介电容器又分矩形和圆柱形两种，圆柱形是单层结构，生产量比较少，矩形少数为单层，大多数为多层叠层结构，如图 4-4 所示，在制作时将作为内电极材料的白金、钯或银的浆料印制在生坯陶瓷膜上，经叠层烧结后，再涂覆在外电极上。内电极一般采用交替层叠的形式，根据电容量的需要，少则二三层，多则数十层。它以并联方式与两端面的外电极连接，分成左右两个外电极端。外电极的结构与片式电阻器一样，也采用三层结构。

4.2.3　表面安装器件

1. 表面安装二极管

表面安装二极管有圆柱形和矩形片式两种封装形式。

(1) 圆柱形封装。其封装结构是将二极管芯片装入有内部电极的玻璃管内，两端装上金属帽作为正负极。目前常用的圆柱形封装尺寸有 ϕ1.5 mm×3.5 mm 和 ϕ2.7 mm×5.2 mm 两种。功耗一般在 350～1 000 mW 之间，正负极用色环来标注。通常用于齐纳二极管、高速二极管和通用型二极管。

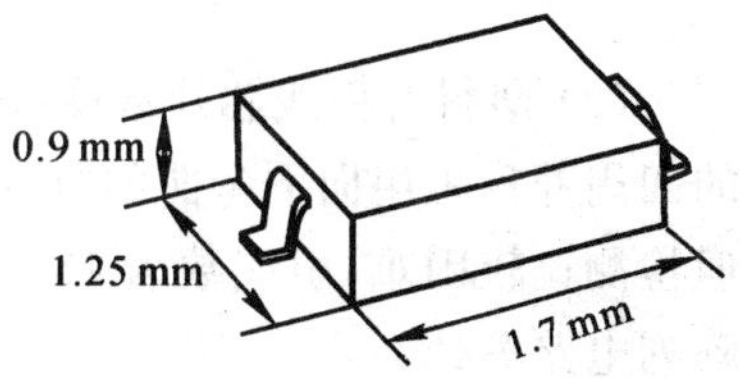

图 4-5　矩形片式二极管

(2) 矩形片式封装。矩形片式二极管的封装如图 4-5 所示。其封闭采用塑封装矩形薄片，外形尺寸有 3.8 mm×1.5 mm×1.1 mm，1.7 mm×1.25 mm×0.9 mm 等。

2. 表面安装三极管

三极管主要用塑料晶体管封装形式(SOT)，其中 SOT 的主要封装形式有 SOT23，SOT89，SOT143，SOT252 等，其中 SOT23 一般用来封装小功率晶体管、场效应管、二极管和带电阻网络的复合晶体管，功耗为 150～300 mW。其外形尺寸如图 4-6(a)所示。

SOT89 适用于较高功率的场合，它的发射极、基极和集电极是从封装的一侧引出，封装底面有散热片和集电极连接，晶体管芯片粘贴在较大的铜片上，以增加元件的散热能力，它的功耗为 300 mW～2 W。其外形尺寸如图 4-6(b)所示。

SOT143 有 4 条“翼形”矩端子，端子中间宽大一点的是集电极。此类封装形式常见于双栅场效应管及高频晶体管。

SOT252 一般用来封装大功率器件、达林顿晶体管、高反压晶体管，功耗为 2～50 W。

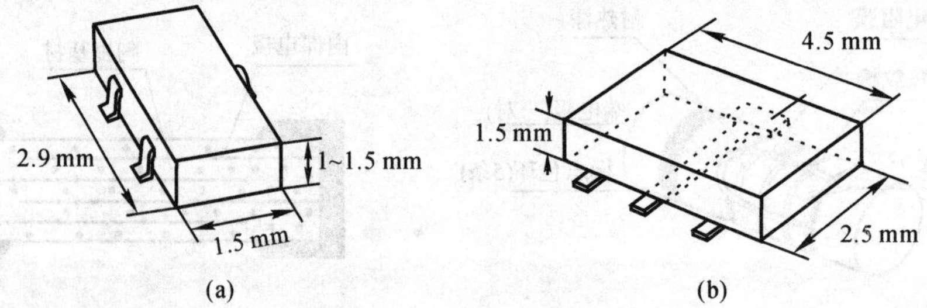

图 4-6　表面安装三极管结构图

3. 表面安装集成电路

表面安装集成电路有多种封装形式，有小外形封装集成电路(SOP)、塑料有引线芯片载体(PLCC)、方形扁平封装芯片载体(QFP)等多种。

(1) 小外形封装集成电路(SOP)。SOP 封装是由 DIP 封装演变而来的，这种集成电路的引线在封装体的两侧，引线的形状有翼形、J 形、I 形，如图 4-7 所示。其中翼形引线的焊接比较容易，生产、测试也比较方便，但占用 PCB 板的面积大。J 形引线就能节省较多的 PCB 板面积，从而可以提高装配密度。SOP 常用的引线间距有 1.27 mm，1.0 mm 和 0.76 mm，引线数为 8～56 条。

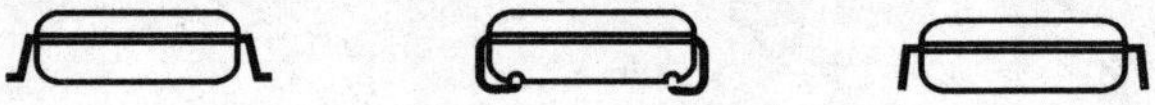

图 4-7　SOP 的 3 种引线形式

(2) 塑料有引线芯片载体(PLCC)。PLCC 的形状有正方形和长方形两种，引线在封装体的四周并且采用向下弯曲的"J"形引线，如图 4-8 所示，采用这种封装比较省 PCB 板的面积，但检测比较困难，引线数为 18～84 条。这种封装一般用在计算机、专用集成电路(ASIC)、门阵列电路等处。

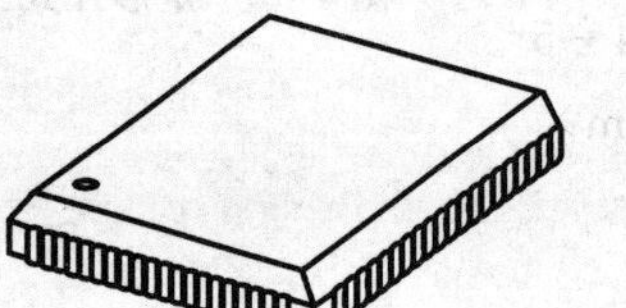

图 4-8　PLCC 封装形式

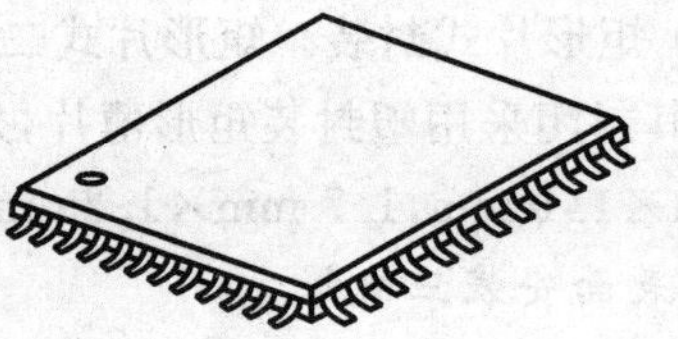

图 4-9　QFP 封装形式

(3) 方形扁平封装芯片载体(QFP)。QFP 封装也有正方形和长方形两种，如图 4-9 所示，其引线用合金制成，引线间距有 1.27 mm，1.0 mm，0.8 mm，0.65 mm，0.5 mm，0.4 mm，0.3 mm 等多种，外形尺寸从 5 mm×5 mm 到 44 mm×44 mm，引线形状有翼形、J 形、I 形，引线数常用的有 44～160 条。目前最新推出的薄形 QFP(又称 TQFP)引线间距小至0.254 mm，厚度仅 1.2 mm。

4.3　表面安装材料

4.3.1　黏合剂

黏合剂在电子产品中的应用已有了长久的历史，但它作为在焊接前把元器件固定在电路板上的一种手段，却是表面安装技术中波峰焊所采用的创新方法。

在传统的通孔插装引线式安装技术中，元器件在进行焊接前，需要把元器件引线插入印制电路板的通孔中，靠引线的弯曲成型所产生的弹性作用固定在印刷板上。而表面安装技术则完全不同，它是将元器件直接放置在电路板上，用黏合剂黏结固定，以防止元器件在波峰的作用下发生位移。当焊接完成时，黏合剂便不再起作用。

1. 黏合剂分类

黏合剂从不同的角度有不同的分类，常用的黏合剂有三类：

(1) 按电气特性分为：绝缘性或导电性黏合剂。

(2) 按化学特性分为：聚丙烯树脂、环氧树脂及其他聚合物等。

(3) 按固化特性分为：热固化、光固化、光热双固化、紫外线固化及超声波固化等。

(4) 按使用方法分为：丝网漏印、压力注射、针式转移等。

2. 表面贴装工艺对黏合剂的特性要求

(1) 化学成分简单、制造容易。

(2) 具有良好的填充性和长期储存性。

(3) 化学稳定性和绝缘性好，固化速度快(时间≤20 min)，固化温度低于150℃。

(4) 触变特性好(触变性是指胶体物质的黏度随外力作用而改变的特性。特性好，是指受外力时黏度降低，有利于通过丝网网眼，外力去除后黏度升高，保持形状不漫流)。

(5) 具有充分的固化黏结强度，能够可靠地固定元器件，对电路板无腐蚀性。

(6) 耐高温，能够承受波峰焊接时240～270℃的高温而不会融化。

4.3.2　焊膏

焊膏是表面安装再流焊工艺必需的材料，是由合金焊料粉末、糊状助焊剂(载体)和一些添加剂混合而成的，具有一定黏性和良好触变特性的膏状体。焊膏在表面安装组件的制作中具有多种重要用途，由于它含有有效焊接所需的焊剂，故无须像插装器件那样单独加入焊剂和控制焊剂的活性及密度。在进行再流焊接之前，焊剂在表面安装元件的贴放和传送期间还起着临时的固定作用。焊膏由专业厂家生产，使用者应掌握选用方法。

1. 焊膏中焊剂活性选择

焊剂是焊膏载体的主要成分之一。焊膏可以利用三种不同类型的焊剂，即R焊剂(树脂焊剂)、RMA焊剂(适度活化的树脂焊剂)和RA焊剂(完全活化的树脂焊剂)。适度活化的树脂焊剂和完全活化的树脂焊剂中的活化剂可去除金属表面的氧化物和其他表面的污物，促使熔化焊料浸润到表面贴装的焊盘和元件端接头或引脚上。根据表面贴装印制电路板的表面清洁度及 SMC/SMD 器件的保鲜度选择，一般可选中等活性，必要时可选高活性或无活性级，超活性级。

2. 焊膏黏度选择

焊膏黏度根据涂敷法来选择，且焊膏的黏度依赖于应用工艺的特性(如丝网数、刮板速度等)。对于丝网印刷，通常选择的黏度是 100～300 Pa；对于模板印刷，应该选择有更高的黏度，其范围为 200～600 Pa；对使用注射式进行分配的，其黏度应为 100～200 Pa。

3. 焊膏中金属含量选择

焊膏中金属的含量决定焊缝的大小。焊缝随着金属百分比的增加而增大，但是随着给定黏度的金属含量的增加，焊料的金属含量稍加改变，就会对焊点质量产生很大影响。例如，对于相同的焊膏厚度，金属含量改变 10%就会使焊点由过量变得不足。一般地，用于表面安装组件的焊膏应选 88%～90%的金属含量。

4. 焊膏中焊料粒度选择

焊料颗粒的形状决定了粉末的含氧量及焊膏的可印制性。球状粉末优于椭圆状粉末，球面越小，氧化能力越低。

4.3.3　助焊剂和清洗剂

SMT 对助焊剂的要求和选用原则基本上与 THT 相同，只是更严格，更有针对性。

SMT 的高密度安装使清洗剂作用大为增加，但在免清洗技术中尚未完全成熟时，还离不开清洗剂。

目前常用的清洗剂有两类：CFC—113(三氟三氯乙烷)和甲基氯仿。实际使用时还需加入乙醇酯、丙烯酸酯等稳定剂，以改善清洗剂性能。

清洗方式则除了浸注清洗、喷淋清洗外，还可用超声波清洗和汽相清洗方法。

4.4　表面安装工艺技术

4.4.1　表面安装工艺基本形式

随着电子工业和超大规模集成电路的飞速发展，表面安装技术相应地也得到了前所未有的发展。但由于电子产品的多样性和复杂性，目前和未来相当一段时期内还不能完全取代通孔安装。实际产品中相当大一部分是两种形式的结合，如表 4-4 所示。

表 4-4　表面安装工艺基本形式

组装方式		示意图	电路基板	焊接方式	特征
全表面组装	单面表面组装	 A B	单面 PCB 陶瓷基板	单面再流焊	工艺简单，适用于小型、薄型简单电路
	双面表面组装	A B	双面 PCB 陶瓷基板	双面再流焊	高密度组装、薄型化

续　表

组装方式		示意图	电路基板	焊接方式	特征
单面混装	SMD和THT都在A面	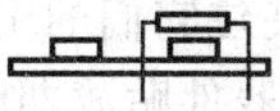	双面PCB	先A面再流焊，后B面波峰焊	一般采用先贴后插，工艺简单
	THT在A面，SMD在B面	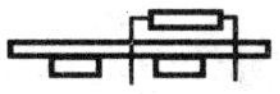	单面PCB	B面波峰焊	PCB成本低，工艺简单，先贴后插。如采用先插后贴，工艺复杂
双面混装	THT在A面，A，B两面都有SMD	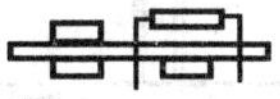	双面PCB	先A面再流焊，后B面波峰焊	适合高密度组装
	A，B两面都有SMD和THT	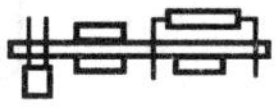	双面PCB	先A面再流焊，后B面波峰焊，B面插装件后附	工艺复杂，很少采用

4.4.2　表面安装手工焊接工艺

手工贴装表面元器件虽然贴装起来既不可靠，也不经济，但可用于研究、试生产和维修等方面。手工贴装元件的基本操作步骤如下：

1. 黏合剂或焊膏的涂敷

方法1：用针状物点胶或涂焊膏到印制电路板元件贴装的位置上。

方法2：用手动丝网印刷机或手动点滴机进行点胶或涂焊膏。

2. 贴片

方法1：用镊子借助放大镜仔细将片式元器件放到设定的位置上。

注意：由于片式元器件尺寸小，特别是窄间距QFP引线很细，夹持时用力要适当，以防造成元器件损伤。

方法2：用真空吸笔来拾取或贴装元器件，真空吸笔有助于元件的转向，使用非常方便。

方法3：用一种半自动贴片机，这是投资少而应用广泛的贴片机。它带有摄像系统，通过屏幕放大以对准位置，并用计算机系统记忆手工贴片的位置，第一块SMC/SMD经过手工放置后它就可自动放第二块SMC/SMD。

3. 固化黏合剂

方法：使用加热或紫外线照射进行固化黏合。

4. 焊接

方法：采用电烙铁或控温电烙铁，焊接的技术要求比普通印刷板要高，尤其是焊接时间、温度、焊锡量的掌握要适当。

用手工贴装元件时，还应注意下面几点：

(1) 在将元器件贴放到焊膏而不是黏合剂上时,贴放的准确度更为关键,因为如果贴放不准确,可能使焊膏玷污焊盘,从而引起搭接现象。

(2) 不要使用可能损坏元器件的镊子或其他工具来拾取元器件。

(3) 夹持元器件时,应夹持元器件的外壳,而不要夹住它们的引脚或端接头。

(4) 夹元器件的镊子不要沾上黏合剂或焊膏,在元器件贴放期间,镊子可能与黏合剂或焊膏接触,故镊子要注意用酒精或氟利昂清洗。

4.4.3 表面安装波峰焊接工艺

表面安装波峰焊接工艺流程图如图 4-10 所示。

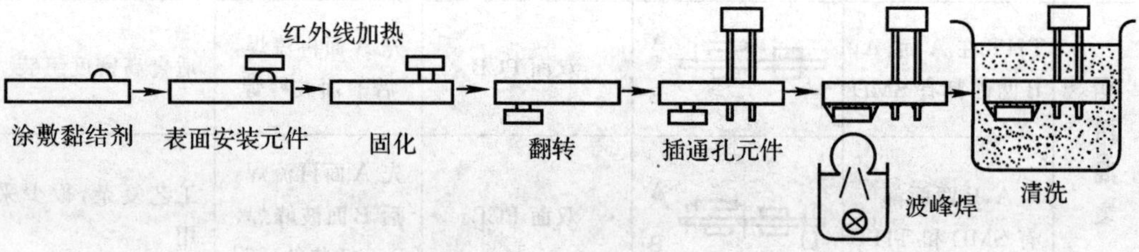

图 4-10 表面安装波峰焊接工艺流程图

(1) 丝网制作:按照各元器件在印制电路板上的位置,制作漏印黏合剂用的丝网。

(2) 漏印黏合剂:将黏合剂丝网覆盖在印制电路板上,并漏印黏合剂在元器件的中心,或用点胶机将黏合剂点到印刷板上元器件中心位置,注意防止元器件的焊盘沾上黏合剂。

(3) 贴放元器件:把表面贴装元器件贴装到印刷板上,并使它们的电极准确定位于各自的焊盘。

(4) 固化黏合剂:用加热或相应的固化装置固化黏合剂,使 SMT 元器件固定在印刷板上。

(5) 波峰焊:用波峰焊接机对印制电路板上的元器件进行焊接。

(6) 清洗、检测:对焊接过的印制电路板进行清洗,去除残余的助焊剂,避免对印制电路板的腐蚀,然后进行电路检测。

4.4.4 表面贴装再流焊接工艺

表面贴装再流焊接单、双面工艺流程如图 4-11、图 4-12 所示。

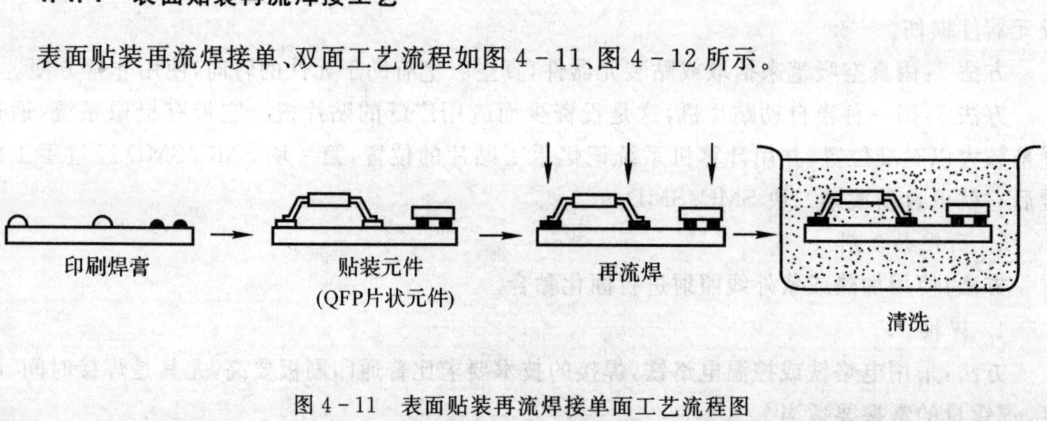

图 4-11 表面贴装再流焊接单面工艺流程图

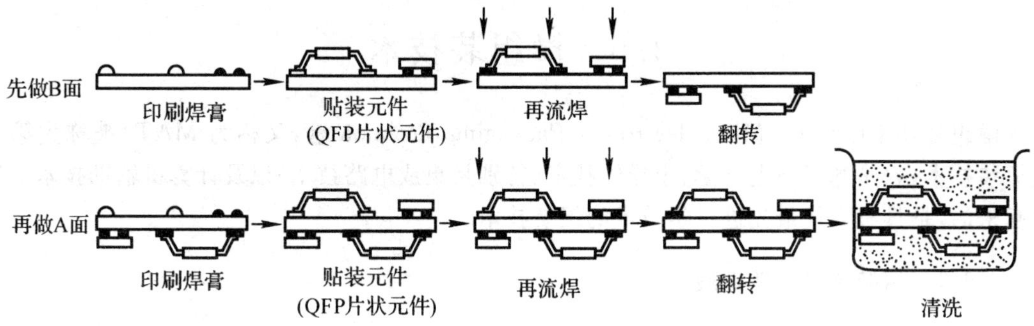

图 4-12 表面贴装再流焊接双面工艺流程图

(1) 制作丝网:根据表面贴装元器件在印制电路板上的位置及焊盘的形状,制作用于漏印焊锡膏的丝网。

(2) 漏印焊膏:将焊膏丝网覆盖在印制电路板上,把焊锡膏从丝网上均匀地漏印在元器件的电极焊盘上。

(3) 贴装元器件:把表面贴装元器件贴装到印制电路板上,它们的端电极就浸入焊膏中。高黏度的焊膏使它们的电极准确定位于各自的焊盘上。

(4) 焊接:使用再流焊接设备进行焊接,在回流焊接过程中,焊料熔化再次流动,充分浸润元器件电极和印制电路板焊盘而形成焊点。

(5) 清洗、检测:在再流焊接的过程中,焊剂不仅会残留在焊接点的附近,还会玷污电路板的表面,因此,必须要注意清洗。通常一般采用超声波清洗机,把焊接后的电路板浸泡在无机溶液或去离子水中,用超声波搅拌清洗,可以得到良好的效果。最后进行电路检测。

4.4.5 表面贴装混合焊接工艺

表面贴装混合焊接工艺流程如图 4-13 所示。

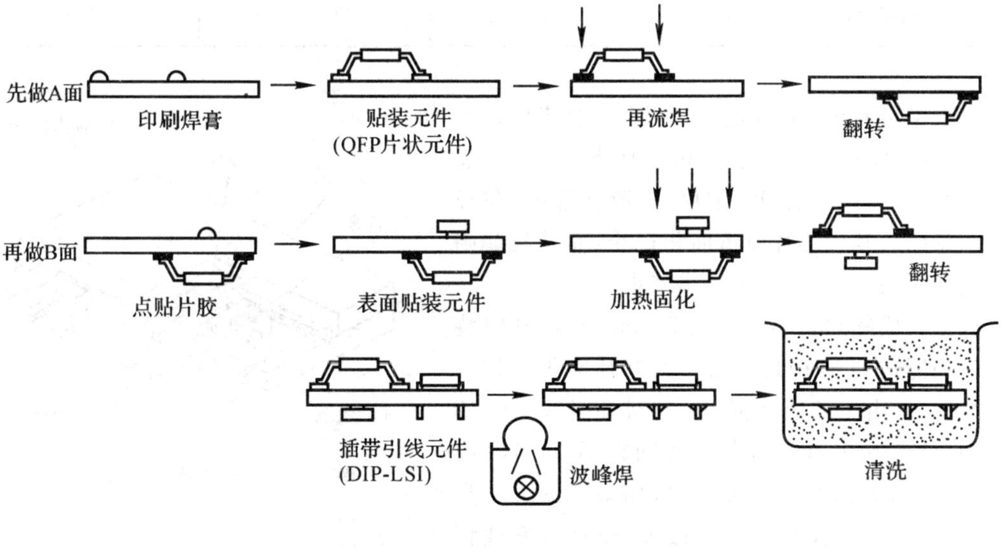

图 4-13 表面贴装混合焊接工艺流程图

4.5 微组装技术

微组装技术(MPT—Microelectronics Packaging Technology,又称为 MAT)被称为第五代组装技术,它是基于微电子学、半导体技术(特别是集成电路技术)以及计算机辅助技术而发展起来的,是具有当代最先进科学技术的组装技术。

4.5.1 组装技术的新发展

集成电路和组装技术的不断发展是实现电子产品微小型化的两大支柱。

20 世纪 70 年代以来,集成电路进入高速发展时代,大规模(LSI)、甚大规模(VLSI)、超大规模(ULSI)集成电路的不断发展,一片 IC 取代几十片、几百片乃至上千片中小规模 IC 已不鲜见,表 4-5 列出近年来集成电路发展概况。

表 4-5 集成电路发展概况

年代分类	1975	1980	1985	1990	1995	2000
规模	MSL	LSI	VLSI	VLSI—2	ULSI	ULSI
技术	TTL	NMOS	CMOS	CMOS	CMOS	混合
特征尺寸/μm	4	2	1	0.5	0.35	<0.18
门数	1 K	5 K	50 K	200 K	800 K	>2 M
时钟/min	1	10	25	60	125	>250
工作电压/V	5	−5/+12	5	5	5/3.5	3.5/2.5 或更低
最大 I/O 数	40	120	300	500	800	1 000~1 600
功耗/W	0.4	1	2	4	8	>12

由表中可看出,20 世纪 90 年代 IC 技术已进入亚微米阶段(特征尺寸小于 1μm),但外封装并不能相应缩小,图 4-14 是 IC 芯片(一般称管芯)与外封装示意图。其中芯片所占面积很小,而外封装则受引线间距的限制,难以进一步缩小。

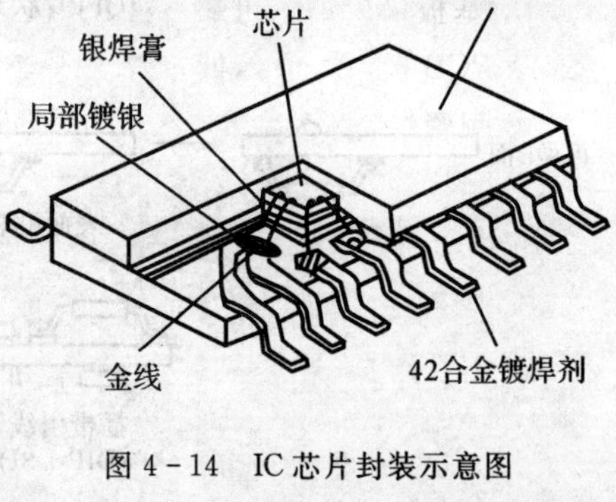

图 4-14 IC 芯片封装示意图

以当代成熟封装小间距 0.5 mm 而言,其封装效率也只能达到 5%(封装效率为芯片面积与封装面积之比)。由于功能增强,IC 的对外引线 I/O 还在增加,就单片 IC 而言,若引线间距不变,I/O 线增加 1 倍,封装面积将增加 4 倍,如果试图进一步减小引线间距,不仅技术难度极大,而且可靠性将降低。

因此,进一步缩小体积的努力,就放在芯片的组装上。芯片组装,即通常所说的裸片组装。将若干裸片组装到多层高性能基片上形成电路功能块乃至一件电子产品,这就是微组装技术。

4.5.2 MPT 主要技术

MPT 已不是通常安装的概念,用普通安装方法是无法实施微组装的。它是以现代多种高新技术为基础的精细组装技术,主要有以下基本内容:

1. 设计技术

微组装设计主要以微电子学及集成电路技术为依托,运用计算机辅助设计系统进行系统总体设计、多层基板设计、电路结构及散热设计以及电性能模拟等。

2. 高密度多层基板制造技术

高密度多层基板有很多类型,从塑料、陶瓷到硅片,原膜及薄膜多层基板,混合多层及单层多次布线基板等,涉及陶瓷成型、电子浆料、印刷、烧结、真空镀膜、化学镀膜、光刻等多种相关技术。

3. 芯片贴装及焊接技术

除表面贴装所用组装、焊接技术外,还要用到丝焊、倒装焊、激光焊等特种焊接技术。

4. 可靠性技术

主要包括在线测试、电性能分析、检测方法等技术,以及失效分析等。

4.5.3 MPT 的发展

当前 MPT 主要有以下三个层次的技术:

1. 多芯片组件(MCM)

多芯片组件是由厚膜混合集成电路发展起来的一种组装技术,可以简单理解为集成电路的集成(二次集成),其主要特征是:

(1) 所用 IC 为 LSI/VLSI。

(2) IC 占基板面积$>20\%$。

(3) 基板层数>4。

(4) 组件引线 I/O 线数>100。

所用基板依产品的可靠性要求,有三种类型:

(1) PCB 板,低成本,低密度。

(2) 陶瓷烧结板,高成本,较高密度,厚膜工艺。

(3) 半导体片,以硅片为基板,半导体工艺,高密度,薄膜工艺。

例如由 MCM 技术制造的超级计算机,以 78 层厚膜,8 层薄膜组成基板,装上 100 个 2 万门 VLSI 芯片,引线 11 540 根,功耗 3 kW,运算速度达 55 亿次/s,若不采用 MCM 技术是无法达到的。

由于 MCM 技术难度大,投资高,成品率低,因而造价高,目前限于要求高可靠的领域。

2. 硅大圆片组装(WSI/HWSI)

为进一步增大安装密度而采用硅大圆片作为安装基板,将芯片组装到硅大圆片上而形成电子组件。

WSI(硅大圆片)：按 IC 工艺制成互连功能的基片，将多片 IC 芯片安装到基片上形成新组件。

HWSI(混合大圆片)：硅片上沉淀有机或无机薄膜，多层互连，组装多片 IC 裸片(>25 个)。这种技术难度大，成品率低。

3. 三维组装(3D)

将 IC，MCM，WSI 进行三维叠装，进一步缩短引线，增加密度。

4.5.4 微电子焊接技术

微组装焊接技术是实施 MPT 的核心技术，就技术本身而言，它同 SMT 所用焊接技术是相同的。但由于微组装更为精细，要求相应精细的焊接方法。

1. 倒装焊

倒装焊是 MCM 组装中的关键技术，又称面键合技术。图 4-15 是传统装焊与倒装焊方法示意图。

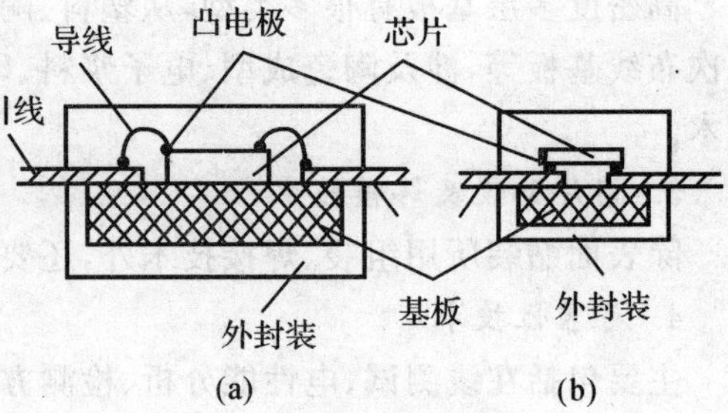

图 4-15 普通装焊与倒装焊示意图

(a)普通焊；(b)倒装焊

倒装焊特征：

(1) 芯片电极面朝着基板。

(2) 凸点对准基板上焊区，凸点可做在芯片上，也可做在基板上，也可同时做。

(3) 通过再流焊实现连接。

优点：

(1) 焊点分布在全表面，点小密度高。

(2) 连线短。

(3) 可焊性好，可靠性高。

(4) 可返修。

2. 激光再流焊

激光能量集中，能使很小的区域迅速加速，热影响区小。

聚焦直径一般可达 $\phi 0.1 \sim 1.5$ mm。这种光束为可见光，可采取脉冲、连续等多种方式，使焊膏迅速熔化实现再流焊。

用于再流焊的激光器可用 CO_2 激光器(发射波长为 10.6 mm)或 YAG 激光器(工作波长为 1.06 mm)。由于金属对波长短的激光吸收率高，因此 YAG 激光器更适合精密再流焊。

由于激光束能量集中且陶瓷等绝缘材料对激光吸收很小，所以激光再流焊对器件和 PCB 板的影响很小，并且由于激光加热一停止就立即发生空气冷却淬火，焊点金属结构良好，提高了焊接质量。

利用光导纤维分割激光束，可进行多点同时焊接。如果再配合红外探测器监视加热过程，通过计算机控制自动调整焊接过程参数就可以实现自动化和智能化。

3. 免清洗充氮再流焊

采用免洗焊膏和全封闭充氮方式实现再流焊，如图 4-16 所示，可以减少氧化，提高焊接质量，达到精密装焊要求。

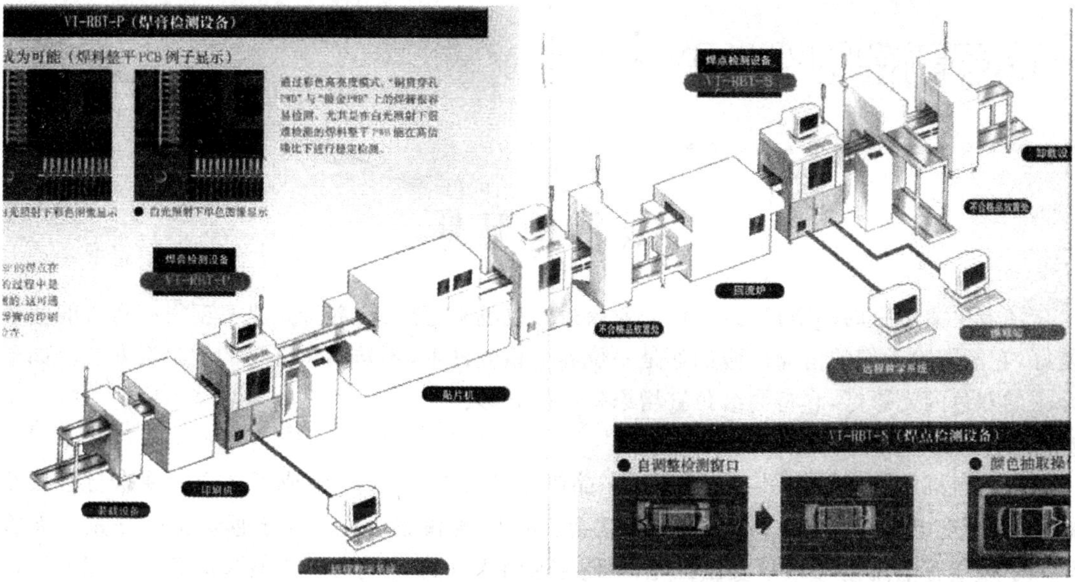

图 4-16　全自动全封闭充氮气再流焊生产线

此外，在微组装技术中还采用自动丝焊技术和带载自动链合技术(TAB)以及导电胶黏结技术等各种连接技术来满足高精度组装的要求。

电子制作园地(四)

双色鱼缸灯

随着生活水平的不断提高,人们的业余爱好也越来越广泛,养金鱼是一项很有意义的业余爱好,它能陶冶人们的情操。假如你是一位养金鱼爱好者,不妨给鱼缸里的假山石安装上如下介绍的双色闪光彩灯,它将会给鱼缸增添艳丽的光彩!

1. 工作原理

双色鱼缸灯的电路如图 4-17 所示。晶体三极管 VT_1,VT_2组成了一个无稳态自激振荡器,只要合上电源开关 SA,VT_1与 VT_2就会交替导通和截止。VT_1导通时变色发光二极管 VD 的 R 端有电流输入,VD 发出红光;VT_2导通时 VD 的 G 端有电流输入,VD 发出绿光。随着电路的振荡,VD 便自动交换色彩,发出红、绿两种不同的色光来。电路中,振荡器的振荡周期决定了 VD 的闪光速度,它由电阻器 R_1,R_2和电容器 C_1,C_2的数值大小来确定。如按图选用元件,则 VD 的闪光周期约为 1.4 s。

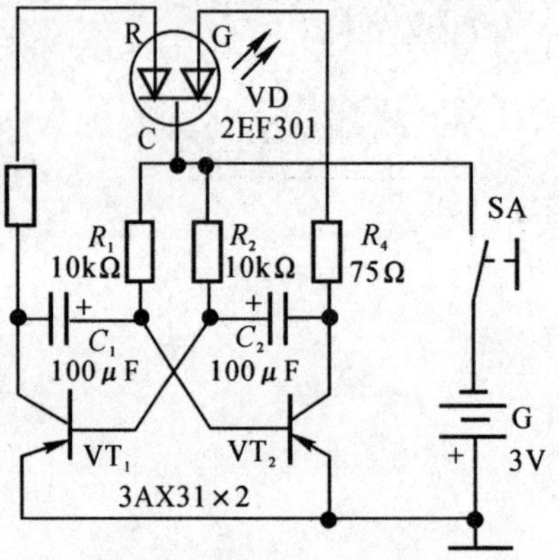

图 4-17　双色鱼缸灯电原理图

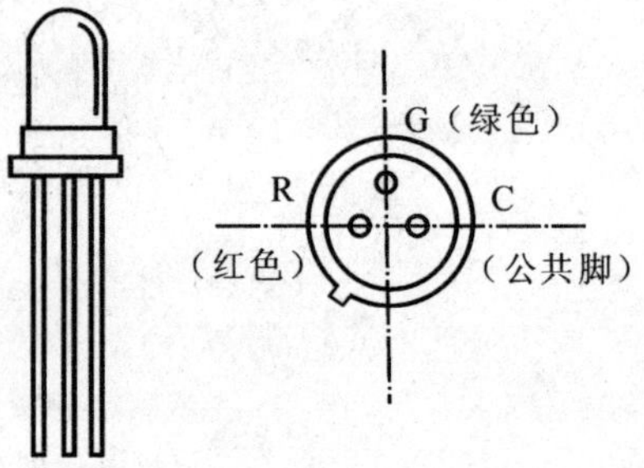

图 4-18　2EF301 型变色发光二极管

2. 元器件选择

VD 采用 2EF301 型变色发光二极管,它内部集成了红色(R)和绿色(G)两个发光二极管芯,其外形及引脚排列如图 4-18 所示。VT_1,VT_2选用 3AX31 型锗 PNP 小功率晶体三极管,要求电流放大倍数 $\beta>50$,穿透电流 I_{CEO}尽可能小些,并保持两管参数基本上一致。$R_1 \sim R_4$均用 RTX—1/8W 型碳膜电阻器。C_1,C_2均用 CD11—10V 型电解电容器。SA 用小型单刀单掷开关,亦可用磷铜皮自行弯制。G 用两节 5 号干电池串联(配塑料电池架)而成,电压 3V。

3. 制作与调试

如图 4-19 所示为该鱼缸灯的印制电路板接线图,除 VD 外,其余元件均安装在绝缘小盒内。VD 通过三根塑料软导线引入鱼缸进行装饰,接头处应用蜡或快干漆封固,以免水下漏电。调节 R_1,R_2 或 C_1,C_2 的数值,可改变 VD 的闪光速度;调节 R_3,R_4 阻值,可改变 VD 的发光亮度。

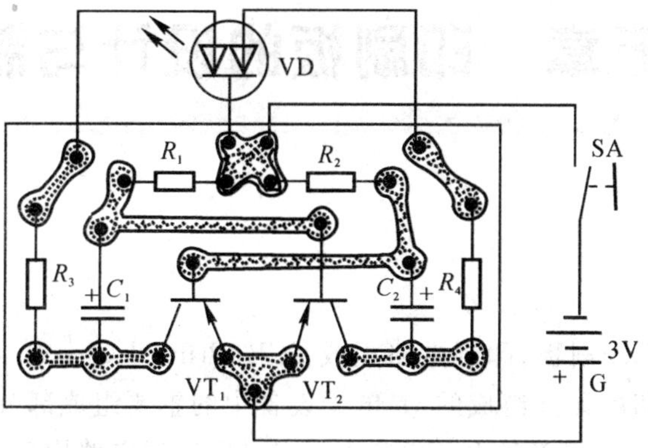

图 4-19　双色鱼缸印刷板装配电路图

第五章 印刷板的设计与制作

印刷电路板亦称为印刷板、印制电路板或PCB(Printed Circuit Board)。它是由绝缘基板、印刷导线、焊盘和印刷元件组成的，是电子设备中的重要组成部分，被广泛地用于家用电器、计算机、手机、航空航天等各种电子设备中。它可以实现电路中各个元器件之间的电气连接，代替复杂的布线，可为电路中各种元器件的固定、装配提供机械支撑，为元器件插装、检查、维修提供识别字符和图形。由于同类印刷板具有良好的一致性，可以采用标准化设计，有利于装备生产的自动化，保证了产品的质量，提高了劳动生产率，降低了成本。毫不夸张地说，没有印刷板的发展就没有现代电子信息产业的高速发展。

随着电子产品向小型化、轻量化、薄型化、多功能和高可靠性的方向发展，对印刷电路板的设计提出了越来越高的要求。不断发展的印刷电路板制作技术使电子产品设计、装配走向了标准化、规模化、机械化和自动化的时代。熟悉印刷板的基础知识，掌握印刷电路板的基本设计方法和制作工艺，了解生产过程是学习电子工艺技术的基本要求。

5.1 印刷电路板基础知识

印刷电路板最早使用的是单面纸基覆铜板，自从半导体晶体管出现以来，对印刷电路板的需求量急剧上升。特别是集成电路的迅速发展及其广泛应用，使电子设备的体积越来越小，电路布线密度及难度越来越大，对覆铜板的要求越来越高。覆铜板也由原来的单面纸基覆铜板发展到环氧覆铜板、聚四氟乙烯覆铜板。新型覆铜板的出现，使印刷电路板不断更新，结构和质量不断提高。

5.1.1 常用覆铜板的种类

印刷板是由绝缘、隔热、不容易弯曲的基板和印刷线路构成的。而制造印刷电路板的主要材料是覆铜板。所谓覆铜板，就是经过黏结、热挤压工艺，使一定厚度的铜箔牢固地覆着在绝缘基板上，是用减成法制造印刷板的原料。所用基板材料及厚度不同，铜箔与黏合剂也各有差异，制造出来的覆铜板在性能上就有很大差别。

1. 常用覆铜板的种类及特性

常用覆铜板的种类及特性如表5-1所示。

表 5－1　常用覆铜板的种类及特性

名称	标准厚度/mm	铜箔厚度/μm	特点	应用
酚醛纸覆铜板	1.0，1.5，2.0，2.5，3.0，3.2，6.4	50～70	价格低，阻燃强度低，易吸水，不耐高温	中低档民品如收音机、录音机等
环氧酚醛纸质覆铜板	同上	35～70	价格高于酚醛纸覆铜板，机械强度低，耐高温和潮湿性较好	工作环境好的仪器仪表及中档以上民用电器
环氧玻璃布覆铜板	0.2，0.3，1.0，1.5，2.0，3.0，5.0，6.4	35～50	价格较高，性能优于环氧酚醛纸板且基板透明	电子工业、军用设备、计算机等高档电器
聚四氟乙烯覆铜板	0.25，0.3，0.5，0.8，1.0，1.5，2.0	35～50	价格高，介电常数低，截止损耗低，耐高温，耐腐蚀	微波、高频、电器、航天和航空、导弹、雷达等
聚酰亚胺柔性覆铜板	0.2，0.5，0.8，1.2，1.6，2.0	35	可挠性，重量轻	民用及工业电器计算机、仪器仪表等

2. *覆铜板的机械焊接性能*

前面已经讲述了几种不同基板材料覆铜板的种类及特性，因此，在选择覆铜板时应注意以下几点：

(1) 抗剥强度：铜箔与基板之间的结合力，取决于黏合剂及制造工艺。

(2) 抗弯强度：覆铜板承受弯曲的能力，取决于基板材料和厚度。

(3) 翘曲度：覆铜板的平直度，取决于板材和厚度。

(4) 耐焊性：覆铜板在焊接时（承受熔融态焊料高温）的抗剥能力，取决于板材和黏合剂。

5.1.2　印刷板的分类

通常情况下，印刷电路板按基材的性质可分为刚性印刷板和挠性印刷板两大类；按布线层次可分为单面板、双面板和多层板。表 5－2 列出了印刷板的分类。

刚性印刷板具有一定的机械强度，用它装成的部件具有一定的抗弯能力，在使用中处于平展状态。一般电子设备中使用的都是刚性印刷板。

挠性印刷板是以软层状塑料或其他软质绝缘材料为基材而制成。它所制成的部件可以弯曲和伸缩，在使用中可根据安装要求将其弯曲。挠性印刷板一般用于特殊场合，如某些手机的显示屏或某些液晶显示器是可以旋转的，其内部往往采用挠性印刷板。

单面板：在绝缘基板上仅一面具有导电图形（如印刷导线、焊盘等）的印刷电路板。它通常采用层压纸板和玻璃布板加工制成。单面板的导电图形比较简单，大多采用丝网漏印法制成。

双面板：在绝缘基板的两面都具有导电图形（如印刷导线、焊盘等）的印刷电路板。它通常采用环氧纸板和玻璃布板加工制成。由于两面都有导电图形，所以一般采用金属化孔使两面的导电图形(如印刷导线、焊盘等)连接起来。双面板一般采用丝印法或感光法制成。

表 5-2　印刷板的分类

分类方法	基板材料	基板强度	制作工艺	导电结构	孔制作工艺
印刷电路板	有机材料印刷板	刚性板	减成法	单面板	非孔化板
				双面板	非孔化板
					孔化板
				多层板	孔化板
			加成法	双层板	孔化板
				多层板	孔化板
		柔性板	减成法	单面板	非孔化板
				双面板	非孔化板
				多层板	孔化板
		刚柔性板	减成法	双面板	孔化板
				多层板	孔化板
	无机材料印刷板	刚性板	减成法	单面板	非孔化板
				双面板	孔化板
			加成法	双面板	孔化板

多层板：在三层或三层以上的绝缘基板上具有导电图形(如印刷导线、焊盘等)的印刷电路板。多层板内层导电图形与绝缘黏结片叠合压制而成，外层为敷箔板，经压制成为一个整体。为了将夹在绝缘基板中间的印刷导线引出，多层板上安装元件的小孔需经金属化处理，使之与夹在绝缘基板中的印刷导线连接。其导电图形的制作以感光法为主。多层板具有以下特点：

(1) 与集成电路配合使用，可使整机小型化，减少整机重量。

(2) 提高了布线密度，缩小了元器件的间距，缩短了信号的传输路径。

(3) 减少了元器件焊接点，降低了故障率。

(4) 由于增设了屏蔽层，电路的信号失真减少。

(5) 引入了接地散热层，可减少局部过热现象，提高了整机工作的可靠性。

(6) 防止电子产品及设备被仿制，从而提高了知识产权的保护力度。

实际电子设备中所使用的印刷电路板有很大的差别，最简单的可以只有几个焊点或几根导线，一般的电子产品中印刷板焊点数在数十个到数百个，焊点数超过 600 个的印刷电路板属于较为复杂的印刷板，如计算机主板。

5.1.3　印刷电路的制作工艺

由于印刷线路工艺技术的飞速发展，制造方法多样，分类也很复杂，但从基本制造工艺来看，可分为两大类，即减成法和加成法。

1. 减成法

这是最普遍采用的方法，即在覆铜板上，通过热转印或光化学法，网印图形转移或电镀图形抗蚀层，然后蚀刻掉非图形部分的铜箔，或者采用机械方式除去不需要部分铜箔而制成印刷电路板的一种方法，包括蚀刻法、雕刻法等。它的最大优点是工艺成熟、稳定、可靠，但环境污染和资源浪费比较严重。

(1) 蚀刻法：采用化学腐蚀方法减去不需要的铜箔，这是目前最主要的制造方法。

(2) 雕刻法：用机械加工方法除去不需要的铜箔，在单件试制或业余条件下可快速制出印刷电路板。

2. 加成法

在未覆铜箔的基材上，有选择性地沉积导电材料而形成导电图形的一种方法。它包括丝印电镀法、粘贴法等。其优点如下：

(1) 由于加成法避免大量蚀刻铜，以及由此带来的大量蚀刻溶液处理费用，大大降低了印刷板生产成本。

(2) 加成法工艺比减成法工艺的工序减少了约 1/3，简化了生产工序，提高了生产效率。尤其避免了产品档次越高，工序越复杂的恶性循环。

(3) 加成法工艺能达到齐平导线和齐平表面，从而能制造 SMT 等高精密度印刷板。

(4) 在加成法工艺中，由于孔壁和导线同时化学镀铜，孔壁和板面上导电图形的镀铜层厚度均匀一致，提高了金属化孔的可靠性，也能满足高厚径比印刷板和小孔内镀铜的要求。

5.2　印刷电路板设计

印刷电路板作为电子设备中一个重要的支撑部件，其设计是整机工艺设计过程中不可缺少的环节。印刷电路板设计不像电路原理设计那样需要严谨的理论和精确的计算，排版布局也没有统一的固定模式，但在设计过程中存在着一定的规范和原则。电子工程技术人员必须掌握这些基本规范和设计原则，以保证元器件之间准确无误的连接，并防止干扰。尽量做到：元器件布局合理、装配和焊接可靠、调试和维修方便，否则将直接影响整机的技术指标与性能。

5.2.1　印刷电路板设计基础

1. 印刷电路板设计中一些常用术语介绍

(1) 元件面：印刷电路板上大多数元件都安装在其上的一面。对单面板而言，即为无印刷图形的一边。

(2) 焊接面(也称印刷面)：与元件面相对的一面。

(3) 丝印层：它是印刷在元件面上的一种不导电的图形，这些图形一般是元件和器件的符号和标号，用于标注元器件的安装位置，通过丝印方法，将绝缘白色涂料印刷在元件面上。

(4) 阻焊图：它是为了防止不需要焊接的印刷导线被焊接而绘制的一种图形，在制板的过程中，可根据阻焊图的要求将不需要焊接的地方涂上一层阻焊剂，只露出需要焊接的部位。

(5) 焊盘：用于连接或焊接元件引脚的导电图形。

(6) 金属化孔：通过化学处理使孔壁沉积有金属的孔，用于板上元件的焊接安装以及层间导电图形的电气连接。

(7) 通孔(也称中继孔)：用于导线转接的一种金属化孔。通孔一般只用于电气连接，不用于焊接元件。

(8) 坐标网格：两组等距离平行正交的网格。用于元器件在印刷电路板上的定位，一般要求元器件的引脚位于网格的交点上，而导线并不一定按网格定位。

2. 印刷板设计前的准备工作

(1) 熟悉电路原理。了解电路工作原理和组成，各电路的功能、工作频段，同其他部件的电连接及信号的流向，找出电路在工作时可能产生的各种干扰源和容易受外界干扰的敏感元器件。

(2) 了解印刷电路板的工作环境。要考虑工作环境及温度对印刷板的影响，其中是否有腐蚀性气体以及印刷电路板是连续工作还是断续工作等。

(3) 掌握电路工作时的主要参数。即印刷电路板在工作中的最高工作电压、最大工作电流及工作频率等。

(4) 熟悉原理图中所用的各类元器件。掌握元器件和部件的型号、外形尺寸、封装形式、引脚排列、功能及形状，了解这些元器件的市场状况，是否容易购置，是否能保证批量供应，必要时应取得样品或产品样本等。

(5) 确定印刷板材的各种参数。即依据整机的整体要求，选择覆铜板材、板的厚度、印刷板形状及尺寸大小等。

3. 印刷板设计前需要的图纸

为了能够正常地进行生产，提高生产效率，印刷电路板在设计前需要完成四张图纸，以保证顺利完成整个制作过程。

(1) 印刷线路布线图(又称印刷线路坐标尺寸图)。此图是印刷线路板设计的关键，它充分体现了设计人员的设计思想、设计方法和设计技巧，是其他图纸设计的依据，其设计质量将直接影响整机的电气性能。

(2) 印刷线路照相底图(又称黑白图)。它是用于产生照相原版或底版的图形结构，来源于印刷线路布线图。一般按照 2∶1 或 4∶1 的比例绘制实际版面尺寸的放大底图。简单线路的印刷板，底图可以与实际版面尺寸相同。高精度、高密度的印刷板，通常情况下都需要适当扩大，照相制版时再缩回到实际尺寸，以保证胶片的精度。

(3) 印刷板机械加工尺寸图。用于标明印刷板外形尺寸、孔位、孔径及形位公差等机械加工的图纸，并标明所用材料、工艺要求以及其他说明。该图要严格按照机械加工图的标准绘制，尺寸公差应符合国家标准，一般采用和印刷板线路图形相同的比例。

(4) 印刷线路装配图。该类图纸是用来表示各个电子元器件的安装位置及跨接导线走向、指导装配以及日后维修用的图纸。

4. 印刷板设计的基本要求

一般地，对于印刷电路板的设计要求，通常要从正确性、可靠性、工艺性、经济性四个方面进行考虑。

(1) 正确性:这是印刷电路板设计中最基本、最重要的设计要求。元器件和印刷导线的连接关系必须符合印刷板的电气原理图,避免出现“短路”和“断路”的现象。

(2) 可靠性:这是PCB设计中较高一层的设计要求。连接正确的印刷板可靠性不一定好。影响印刷板可靠性的因素很多,其中有基板材料、制板加工和装配连接工艺等多方面的因素。从印刷板的类型来说,单面板、双面板和多层板的可靠性是由高到低的,多层板的层数越多,可靠性越低。从可靠性的角度来看,结构越简单,使用元件越少,板层数越少,可靠性越高。

(3) 合理性:这是PCB设计中更深一层,更不容易达到的设计要求。一个印刷板组件,从印刷板的制造、检验、装配、调试到整机装配、调试,直到投入使用的全过程是否能顺利进行,都与印刷板设计的合理与否息息相关。设计中没有绝对合理的设计,只有不断合理化的过程。它需要设计者的责任心和严谨的工作作风,并在实践中不断总结、积累经验。

(4) 经济性:这是一个不难达到又不易达到,但必须达到的目标。通常希望印刷板的制造成本在整机成本中只占很小的比例。

5. *印刷板设计的基本原则*

为了能使电子设备正常工作,不影响电子产品的可靠性,设计印刷板时,必须遵守一定的原则。

(1) 印刷导线的布线原则。

1) 印刷导线的宽度要满足电流的要求且布设应尽可能短,能走捷径就不要绕远。在高频电路中更应如此。

2) 印刷导线的拐弯应成圆角。直角或尖角在高频电路和布线密度高的情况下会影响电气性能。

3) 高频电路应采用岛形焊盘,并采用大面积接地布线。

4) 当两面同时布线时,两面的导线可相互垂直、斜交或弯曲走线,避免相互平行,以减小寄生耦合。

5) 电路中的输入及输出印刷导线应尽量避免相邻平行,以免发生干扰,在这些导线之间最好加接地线。

6) 印刷导线的公共地线不应闭合,以免产生电磁感应,而且尽可能地将地线布置在印刷板的最边沿。

7) 充分考虑印刷导线可能产生的干扰,并同时采取相应的抑制措施。良好的布线方案是仪器可靠工作的重要保证。

8) 为增加焊盘抗剥强度,可根据安装工艺要求设置工艺线,但不承担导电作用。

(2) 元器件的布局原则。

1) 优先确定特殊元器件的位置。如高频元器件之间的连线应尽可能缩短,以减少它们的分布参数和相互间的电磁干扰,但切记易受干扰的元器件之间不能距离太近。

2) 操作性能对元器件的位置要求。如带高压的元器件应尽量布置在调试时手不易触及的地方。对可调元器件的布局应考虑整机的结构要求,其位置布设应方便调整及维修。

3) 重量较大的元器件,安装时应加支架固定,或应装在整机的机箱底板上。对一些发热元器件应考虑散热方法,热敏元件应远离发热元件。

4) 在印刷板上应留出定位孔及固定支架所占用的位置。

5) 对一般元器件进行立式安装或卧式安装,规则排列或不规则排列时,都应遵循以下原则：

①在保证电性能合理的条件下，元器件布局应相互平行或相互垂直，且在整个板面上应分布均匀、疏密一致。如在高频电路中相邻电感应相互垂直，决不允许平行（两耦合电感除外），以防止电磁耦合而影响电路的正常工作。

②元器件不要布满整个板面，注意板边四周要留有一定空间。且空间的大小要根据印刷板的面积和固定方式来确定，位于印刷电路板边上的元器件，距离印刷板的边缘至少应该大于3 mm。

③通常情况下，元器件应该布设在印刷板的元件面，并且每个元器件的引出脚要单独占用一个焊盘。

④元器件的安装高度要尽量低，一般元件体和引线离开板面不要超过5 mm，过高则承受振动和冲击的稳定性变差，容易倒伏或与相邻元器件碰接。

⑤根据印刷板在整机中的安装位置确定元件的轴线方向。规则排列的元器件，应使体积较大的元器件轴线方向在整机中处于竖立状态，从而提高元器件在板上固定的稳定性。

⑥元器件两端焊盘的跨距应该稍大于元器件的轴向尺寸，且引线不要齐根弯折，应留有一定的距离（至少2 mm），以免损坏元器件。

⑦元器件布设时不能上下交叉，相邻元器件之间应保留一定间距，不得过小或碰接。如相邻元器件之间的电位差较高时，则更应注意保留间隙，一般环境中安全间隙电压为200 V/mm。

(3) 整机电路的布线原则。

1) 把整机电路按照功能模块划分成若干个单元电路，依照从左到右（左输入、右输出）或从上到下（上输入、下输出）的信号流向，分别安排各个单元电路在板上的位置。

2) 以每个单元电路的核心元器件为中心，围绕它来进行布局。同时要考虑每个元器件的形状、尺寸、极性及引脚数目，通过调整它们的位置与方向，达到缩短连线的目的。

5.2.2 焊盘与印刷导线的设计

元器件在印刷板上的固定，是靠元器件的引脚焊接在焊盘上而实现的。而印刷电路中元器件彼此之间的电气连接则依靠印刷导线。因此，设计合理的焊盘与印刷导线显得尤为重要。

1. 焊盘的设计

焊盘也叫连接盘，在印刷电路中起到固定元器件和连接印刷导线的作用。特别是金属化孔的双面印刷板，连接盘要使两面印刷导线，以保证良好导通。焊盘的尺寸、形状将直接影响焊点的外观与质量。

(1) 焊盘的尺寸。连接盘的尺寸与钻孔设备、钻孔孔径、最小孔环宽度有关。为了便于加工和保持连接盘与基板之间有一定的黏附强度，应尽可能增大连接盘的尺寸。但是，对于布线密度高的印刷电路板，若其连接盘的尺寸过大，就得减小导线宽度与间距。例如，引线中心距离为2.5 mm（或2.54 mm）的双列直插式集成电路的连接盘，当连接盘之间要通过一条0.3～0.4 mm宽的印刷导线时，连接盘的尺寸为$\phi 1.5 \sim 1.6$ mm，如果通过两条或三条印刷导线时，连接盘的尺寸也不能小于$\phi 1.3$ mm，一般焊盘的环宽不小于0.3 mm。表5-3列出了建议使用的不同钻孔直径所对应的最小连接盘直径。

表 5－3 钻孔直径与最小连接盘直径

钻孔直径/mm		0.4	0.5	0.6	0.8	0.9	1.0	1.3	1.6	2.0
最小连接盘直径/mm	Ⅰ级	1.2	1.2	1.3	1.5	1.5	2.0	2.5	2.5	3.0
	Ⅱ级	1.3	1.3	1.5	2.0	2.0	2.5	3.0	3.5	4.0

(2) 焊盘的形状。

1) 岛形焊盘：如图 5－1(a)所示。焊盘与焊盘之间的连线合为一体，犹如水上小岛，故称为岛形焊盘。岛形焊盘常用于元器件的不规则排列，特别是当元器件采用立式安装时更为普遍。这种焊盘适合于元器件密集固定，可大量减少印刷导线的长度与数量，在一定程度上能抑制分布参数对电路造成的影响。此外，焊盘与印刷导线合为一体后，铜箔的面积加大，可增加印刷导线的抗剥强度。

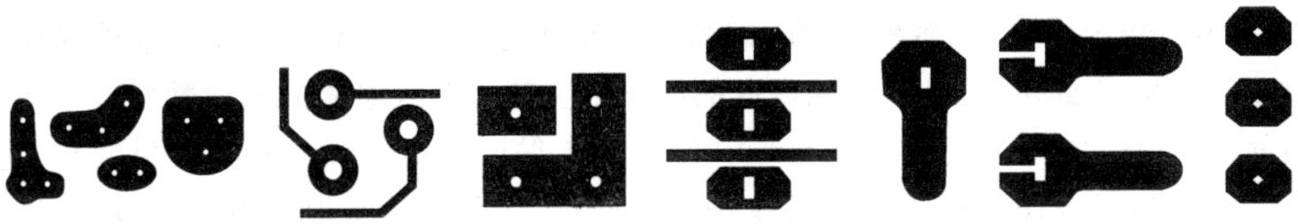

(a) (b) (c) (d) (e) (f) (g)

图 5－1 各种形式焊盘

2) 圆形焊盘：由图 5－1(b)可见，焊盘与引线孔是同心圆。其外径一般为 2～3 倍孔径。设计时，如板面允许，应尽可能增大连接盘的尺寸，以方便加工制造和增强抗剥能力。

3) 方形焊盘：如图 5－1(c)所示，当印刷板上元器件体积大、数量少且印刷线路简单时，多采用方形焊盘。这种形式的焊盘设计制作简单，精度要求低，容易制作。手工制作常采用这种方式。

4) 椭圆焊盘：如图 5－1(d)所示，这种焊盘既有足够的面积以增强抗剥能力，又在一个方向上尺寸较小，利于中间走线，常用于双列直插式器件。

5) 泪滴式焊盘：如图 5－1(e) 所示 ，这种焊盘与印刷导线过渡圆滑，在高频电路中有利于减少传输损耗，提高传输速率。

6) 钳形(开口)焊盘：如图 5－1(f)所示，钳形焊盘上钳形开口的作用是为了保证在波峰后，使焊盘孔不被焊锡封死，其钳形开口应小于外圆的 1/4。

7) 多边形焊盘和异形焊盘：如图 5－1(g)所示，矩形和多边形焊盘一般用于区别某些焊盘外径接近而孔径不同的焊盘。

(3) 孔的设计。

印刷电路板上孔的种类主要有：引线孔、过孔、安装孔和定位孔。

1) 引线孔：引线孔即焊盘孔，有金属化和非金属化之分。引线孔有电气连接和机械固定双重作用。引线孔过小，元器件引脚安装困难，焊锡不能润湿金属孔；引线孔过大，容易形成气泡等焊接缺陷。若元器件引线直径为 d_1，引线孔直径为 d，则有

$$d_1+0.2<d\leqslant d_1+0.4(\mathrm{mm})$$

2）过孔：也称连接孔。过孔均为金属化孔，主要用于不同层间的电气连接。一般电路过孔直径可取 0.6～0.8 mm，高密度板可减小到 0.4 mm，甚至用盲孔方式，即过孔完全用金属填充。孔的最小极限受制板技术和设备条件的制约。

3）安装孔：安装孔用于大型元器件和印刷板的固定，安装孔的位置应便于装配。

4）定位孔：定位孔主要用于印刷板的加工和测试定位，可用安装孔代替，也常用于印刷板的安装定位，一般采用三孔定位方式，孔径根据装配工艺确定。

2. 印刷导线设计

印刷导线用于连接各个焊点，是印刷电路板最重要的部分，印刷板设计都是围绕如何布线来进行的。因为印刷导线具有一定的电阻，当电流通过时，要产生热量和一定的压降，因此，选用合适的印刷导线是非常重要的。

(1) 印刷导线的宽度。在印刷电路板中，印刷导线的宽度主要由铜箔与绝缘基板之间的黏附强度和流过导线的电流决定，导线宽度应以能满足电气性能要求而又便于生产为宜，它的最小值依承受的电流大小而定，但最小不宜小于 0.5 mm。根据经验值，印刷导线的载流量可按 20 A/mm^2（电流/导线截面积）计算，即当铜箔厚度为 0.05 mm 时，1 mm 宽的印刷导线允许通过 1A 电流，因此可以确定，**导线宽度的毫米数值等于负载电流的安培数值**。对于集成电路的信号线，导线宽度可以选 0.5～1 mm，但是为了保证导线在板上的抗剥强度和工作可靠性，线不宜太细，只要印刷板的面积及线条密度允许，应尽可能采取较宽的导线，特别是电源线、地线及大电流的信号线更要适当加宽，可能的话，线宽应大于 2～3 mm。表 5－4 给出了印刷导线宽度与它们允许通过的最大工作电流的关系。

表 5－4 印刷导线最大工作允许电流

导线宽度/mm	1	1.5	2	2.5	3	3.5	4
导线面积/mm^2	0.05	0.075	0.1	0.125	0.15	0.175	0.2
最大允许电流/A	1	1.5	2	2.5	3	3.5	4

(2) 印刷导线的间距。印刷导线之间的距离将直接影响电路的电气性能，导线之间间距的确定必须能满足电气安全要求，印刷导线越短，间距越大，则绝缘电阻按比例增加。当频率不同时，间距相同的印刷导线，其绝缘强度也不同。频率越高时，相对绝缘强度就会下降。导线间距越小，分布电容就越大，电路稳定性就越差。当布线密度较低时，信号线的间距可适当地加大，对高、低电平悬殊的信号线应尽可能的短且加大间距。因此，为了保证产品的可靠性，设计者在考虑电压时应尽可能争取使导线间距不小于 1 mm。表 5－5 给出了导线间距与允许通过的最大工作电压之间的关系。

表 5－5 印刷导线间距最大允许工作电压

导线间距/mm	0.5	1	1.5	2	3
最大工作电压/V	100	200	300	500	700

(3) 印刷导线走向与形状。印刷电路板布线是按照原理图要求的，将元器件通过印刷导

线连接成电路，布线时“走通”是最起码的要求，“走好”是经验和技巧的表现。由于印刷导线本身可能承受附加机械应力及局部高电压引起的放电作用，因此在实际设计中，要根据具体电路选择不同的导线走向，且遵循以下几条原则：

1）导线以短为佳，能走捷径就不要绕远。

2）走线以平滑自然为佳，避免急拐弯和尖角出现。

3）导线与焊盘的连接处要平滑过渡，避免出现小尖角。

4）公共地线应尽量布置在印刷板的边缘，并尽可能多地保留铜箔，以形成环路或网状。

5）为增加焊盘抗剥强度，根据安装工艺需要可设置一些工艺线（即延长焊盘导线），注意它不担负导电的作用。

6）印刷板上大面积铜箔应镂空成栅形，导线宽度超过 3mm 时中间应留槽，以利于印刷板涂覆锡铅焊料及波峰焊。

7）印刷导线应尽量避免交叉。对于双面板的设计相对比较容易实现，而对单面板的设计相应就要困难一些。因此，在设计单面板时应取绝缘导线跨接交叉点的方法来实现，但这种跨接线应尽可能少。

图 5－2 给出了优先选择的印刷导线走向与形状。

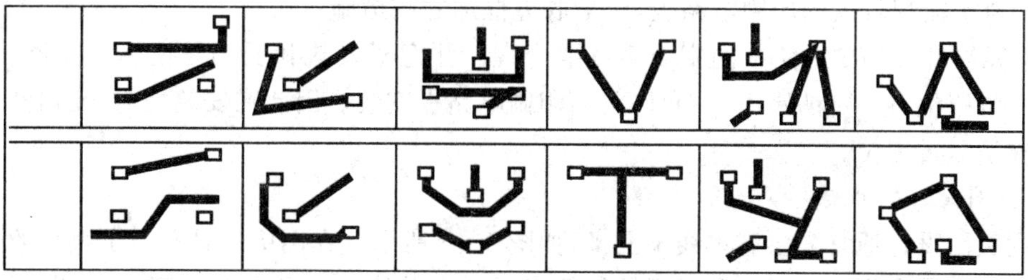

图 5－2　印刷导线的走向与形状

（4）导线的布局顺序。印刷导线设计是在布局基本完成后进行的，布线设计时如果发现布局不合理或布线困难，应及时调整布局，如改变某个元件的布设方向，加大某两个元件的距离等。因此，一般情况下布线和布局有几次反复是很正常的，有些复杂电路要反复很多次才能获得比较满意的效果。具体布线时要考虑以下几点：

1）先设计公共通路的导线。公共通路导线主要指电源线和地线。这些线要连接每个单元电路，走线距离最长，应先设计它们，然后再考虑信号线的布设。

2）按信号流向进行布线。设计导线时，一般按信号流向逐个设计各个单元电路的导线。

3）走线要简捷。设计导线时，应尽可能使导线的长度最短。除了电源线和地线之外，导线的宽度和线距应整齐、均匀、美观。

4）双面板布线要求。双面板的导线设计一般要求同一层面上的导线方向尽可能一致，元件面的导线与焊接面的导线相互垂直，两个层面的导线连接必须通过通孔。

5.2.3　印刷板图的设计

所谓板图，是指能够准确反映元器件在印刷板上的位置与连接的设计图，是送交专业制板厂家的依据。在板图中，要求焊盘的位置及间距、焊盘间的相互连接、印刷导线的走向及形状、整板的外形尺寸等均按照印刷板的实际尺寸(或按一定比例)绘制出来。在板图设计完成之后,送到专业制板厂家,由那里的技术人员按照它完成后续生产过程。

绘制板图是把印刷板设计图形化的关键和主要的工作,设计过程中考虑的各种因素都要在板图上体现出来。电子工程技术人员应该全面掌握设计印刷板的原则,才能设计出成功的板图。现在,采用计算机设计印刷电路板已经非常普及,虽然可以不用在纸上设计板图,直接在计算机上绘制电路板图,但设计的一般原则仍然要体现在CAD软件的应用过程中。

1. 板图设计的原则

(1) 元器件在印刷电路板上的分布应尽量均匀,密度一致,排列应整齐美观,一般应做到横平竖直排列,不允许斜排,不允许立体交叉和重叠排列。

(2) 不论单面印刷电路板还是双面印刷电路板,所有元器件都应布置在同一面,对特殊情况下的个别元器件可布置在焊接面。

(3) 导线的安全间隙一般不应小于0.5 mm,且元器件的电压每增加200 V时,间隙增加1 mm。对易于受干扰的元器件加装金属屏蔽罩时,应注意屏蔽罩不得与元器件或引线相接触。

(4) 在特殊的情况下,元器件需要并排贴紧排列时,必须保证元器件外壳彼此绝缘良好。

(5) 对于面积较大的印刷电路板,应采取边框加固的措施。

(6) 元器件在印刷电路板的安装高度要合理。注意对发热和受热易损坏的元器件,外壳应与印刷电路板有一定的距离,不允许紧贴印刷电路板安装。因此在安装之前,元器件的引线应弯曲成型后再定位。

2. 板图设计的步骤

印刷板图设计通常先绘制单线不交叉,如图5-3所示。在图中将具有一定直径的焊盘和一定宽度的直线分别用一个点和一根单线条表示。在单线不交叉图基本完成后,即可绘制正式的板图,此图要求板面尺寸、焊盘的尺寸与位置、印刷导线宽度、连接与布设、板上各孔的尺寸位置等均需与实际板面相同并明确标注出来,同时应在图中注明印刷板的各项技术要求,图的比例可根据印刷电路板上图形的密度和精度要求而定,可以采用1∶1,2∶1,4∶1的比例绘制。

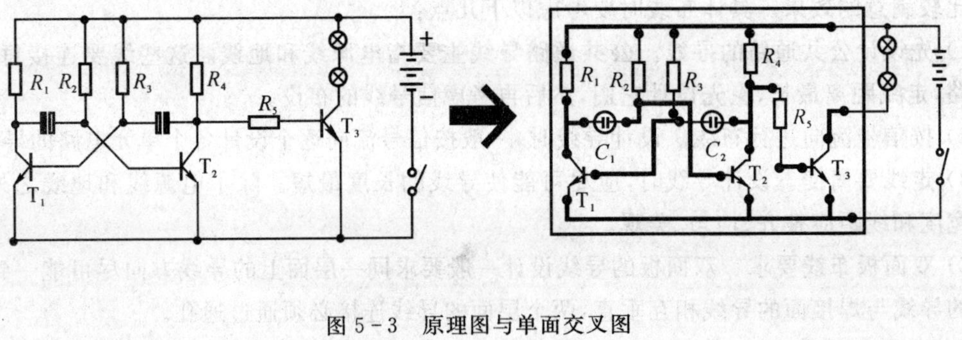

图5-3 原理图与单面交叉图

板图绘制的步骤如下:

(1) 按板图尺寸选取网格纸或坐标纸,在纸上按板图尺寸画出板面外形尺寸,并在边框尺寸下面留出一定空间,用于标准技术要求的说明,如图5-4(a)所示。

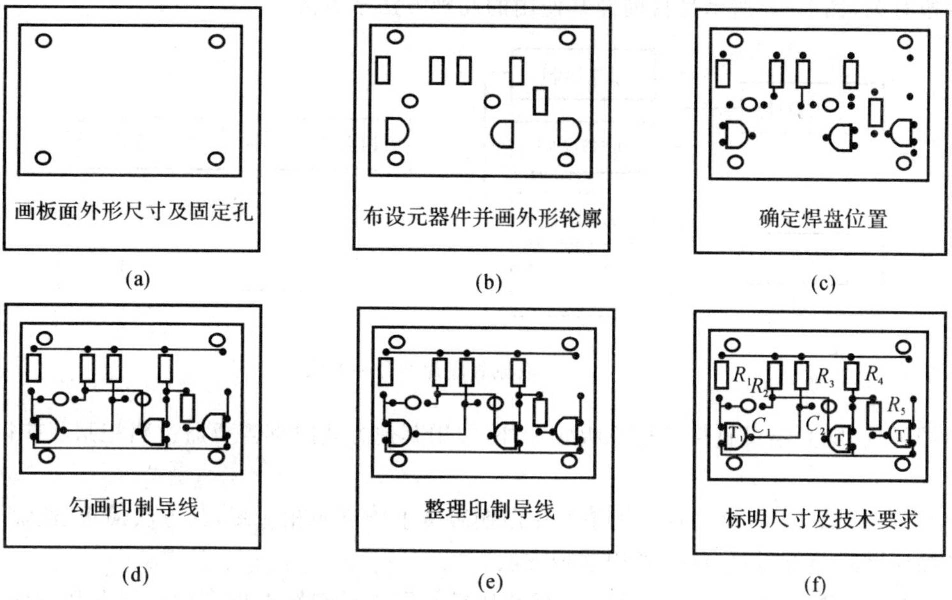

图 5－4　印刷板图绘制的步骤

(2) 在单线不交叉网上均匀、整齐地排列元器件，并用铅笔画出各元器件的外形轮廓，元器件的外形轮廓应与实物相对应，如图 5－4(b)所示，使用较多的小型元器件可不画轮廓。

(3) 确定并标出各焊盘位置，有精度要求的焊盘要严格按尺寸标出，布置焊盘的位置时，不要考虑焊盘的间距是否整齐一致，而要根据元器件的大小形状确定，保证元器件在装配后分布均匀，排列整齐，疏密适中，如图 5－4(c)所示。

(4) 为简便起见，勾画印刷导线，只需要用细线标明导线走向及路径即可，不需按导线的实际宽度画出，但应考虑导线间距离，如图 5－4(d)所示。

(5) 将铅笔绘制的单线不交叉图反复核对无误后，再用铅笔重描焊点和印刷导线，元器件用细实线表示，如图 5－4(e)所示。

(6) 标注焊盘尺寸及线宽，注明印刷板的技术要求，如图 5－4(f)所示。

特别注意对于双面板设计，还应考虑以下几点：

1) 元器件应布设在板的一面(TOP 面)，主要印刷导线布设在元件面(BOT 面)，两面印刷导线避免平行布设，应尽量相互垂直，以减少干扰。

2) 两面印刷导线最好分别画在两面，如在一面绘制，应用两种颜色以示区别，并注明在哪一面。

3) 印刷板两面的对应焊盘和需要连接印刷导线的通孔要严格地一一对应。可采用扎针穿孔法将一面的焊盘中心引到另一面。

4) 绘制元器件面的导线时，注意避免元器件外壳和屏蔽罩可能产生短路的地方。

3. 制板底图绘制

制板底图也称为黑白底图，它是依据预先设计的布线板图绘制而成的，是为生产提供照相使用的黑白底图。印刷板图设计完成后，在投产制造前必须将黑白图转换成符合生产要求的 1∶1 原版底片。因此，黑白底图的绘制质量将直接影响印刷板的生产质量。获取原版底片与设计手段有关,图 5 - 5 所示是目前经常使用的几种方法示意图。

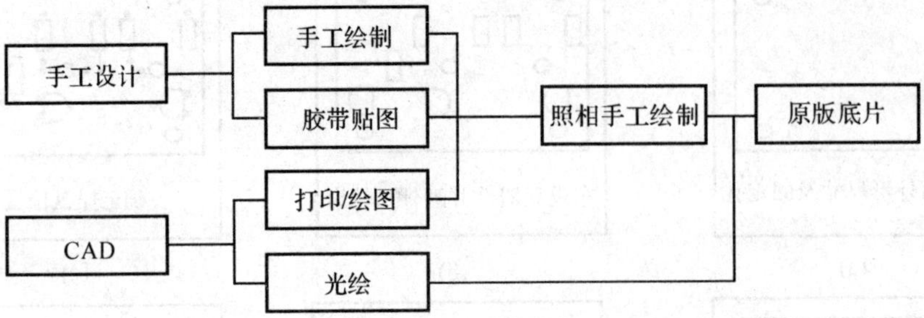

图 5 - 5 制取原版底片的几种方法

由图可见,除光绘可直接获得原版底片外,采用其他方式时都需要通过照相制版获得整版底片。

(1) 手工绘图:手工绘图就是用墨汁在白铜版纸上绘制照相底图,其方法简单、绘制灵活。在新产品研制或小批量试制中,常用这种方法。

(2) 手工贴图:利用不干胶带和干式转移胶粘盘可直接在覆铜板上粘贴焊盘和导线,也可以在透明或半透明的胶片上直接贴制 1∶1 黑白图。

(3) 计算机绘图:利用计算机辅助电路设计软件设计印刷板图,然后采用打印机或绘图机绘制黑白图。

(4) 光绘:使用计算机和光绘机,直接绘制出原版底片。

4. 制版工艺图

制作一块标准的印刷板,根据不同的加工工序,应提供不同的制版工艺图。

(1)机械加工图。它是供制造工具、模具及加工孔和外形(包括钳工装配)用的图纸。图上应注明印刷板的尺寸、孔位和孔径及形位公差、使用材料、工艺要求等。图 5 - 6 所示是采用 CAD 绘图的机械加工图。

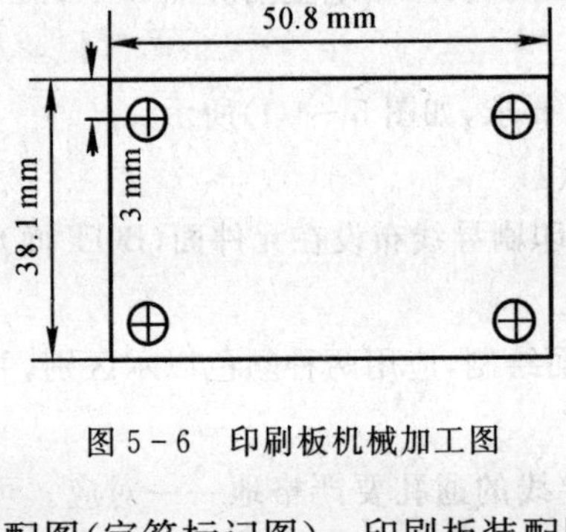

图 5 - 6 印刷板机械加工图

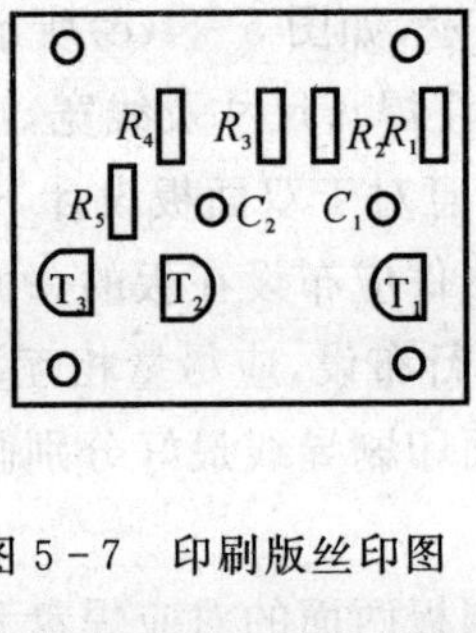

图 5 - 7 印刷版丝印图

(2) 装配图(字符标记图)。印刷板装配图要清楚地表示各电子元器件的安装位置及连接导线的走向,以便进行安装和维修。通常把元器件的安装面作为正视图,在正视图中表示出元器件的安装情况,并且在正视图上绘制元器件标记、图形或字符。由于该图常采用丝印的方法获得,所以也称丝印图,如图 5 - 7 所示。

丝印图字符,可通过制版照相或光绘获得底片。丝印图的比例、绘图要求与线路图相同。丝印图不仅印在元件面上,也可两面都印。一些机械装配情况可用局部视图在图纸空白处标明。有些不能在正视图上表达的如电阻器、电容器引出线上加套管等的情况，可另加附注说明。

5. 阻焊图

采用机器焊接印刷板时，为防止焊锡在非焊盘区桥接而在印刷板焊点以外的区域印刷一层阻止锡焊的涂层（绝缘耐锡焊涂料）或干膜，这种印刷底图称为阻焊图，与印刷板上全部焊点的形状对应，略大于焊盘的图形，如图 5-8 所示。阻焊图可手工绘制，采用 CAD 绘图时可自动生成标准阻焊图，获得底片方式与印刷板图一致。

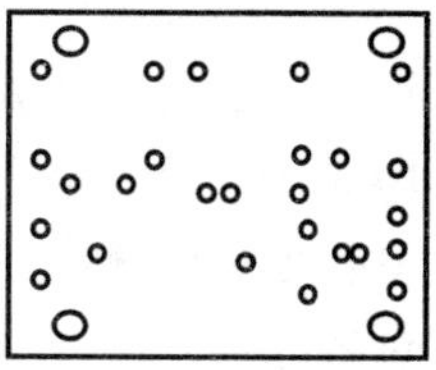

图 5-8　印刷板阻焊图

5.3　印刷电路板制造工艺

由于电子工业的飞速发展，特别是微电子技术和集成电路的飞速发展，对印刷板的制造工艺和精度也不断提出新的要求。印刷板种类从原来的单面板、双面板发展到多层板和挠性板，印刷板的线条也越来越细，现在印刷导线可做到 0.2mm 以下宽度的高密度印刷板。但应用最广泛的还是单面印刷板和双面印刷板。

5.3.1　印刷电路板制造过程的基本工序

随着印刷电路板的制造工艺的飞速发展，不同类型和不同要求的印刷电路板采取不同制作工艺。基本上可以分为减成法和加成法两大类。其中减成法工艺，就是在覆满铜箔的基板上按照设计要求，采用机械的或化学的方法除去不需要的铜箔部分来获得导电图形的方法。如丝网漏印法、光化学法、胶印法、图形电镀法等。加成法工艺，就是在没有覆铜箔的基板上采用如丝网电镀法、粘贴法等覆设所需的导电图形的方法。但目前在生产工艺中用得较多的方法是减成法。其基本生产工序如下：

1. 绘制照相底图

在电路图设计完成后，就要绘制照相底图。绘制照相底图是印刷板生产厂家的第一道工序，可由设计者采用手绘或计算机辅助设计（CAD）完成，可按 1∶1，2∶1 或 4∶1 比例绘制。它是制作印刷板的依据。

2. 底图胶片制版

底图胶片（原版底片）确定了印刷电路板上要配置的图形。获得底图胶片有两种基本途径：一种是利用计算机辅助设计系统和激光绘图机直接绘制出来；另一种是先绘制黑白底图，再经过照相制版得到，如图 5-9 所示。

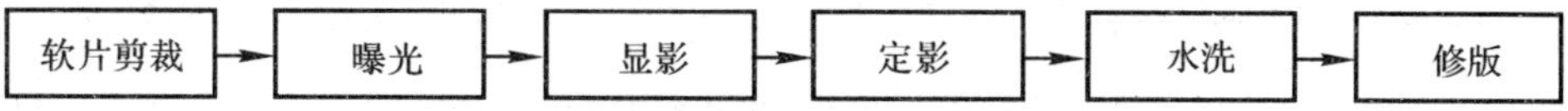

图 5-9　照相制版流程图

3. 图形转移

把照相底版制好后，将底版上的电路图形转移到覆铜板上，称为图形转移。具体方法有丝网漏印、热转印法、光化学法（直接感光法和光敏干膜法）等。

4. 蚀刻钻孔

蚀刻就是利用化学方法去除板上不需要的铜箔，留下组成图形的焊盘、印刷导线与符号等。图 5－10 所示为蚀刻流程图。

钻孔是对印刷板上的焊盘孔、安装孔、定位孔进行机械加工，可在蚀刻前或蚀刻后进行。除用台钻打孔以外，现在普遍采用程控钻床钻孔。

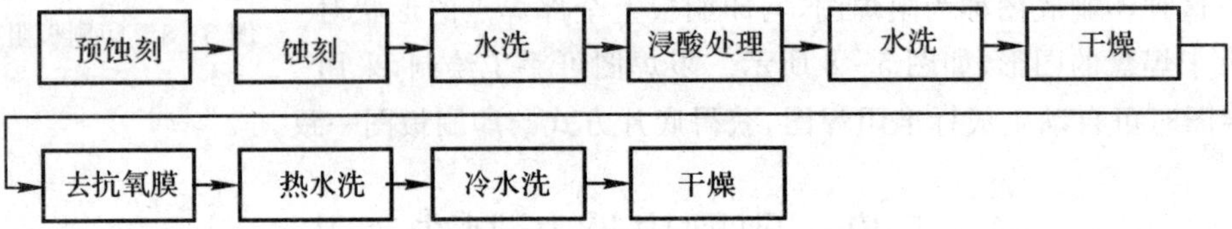

图 5－10 蚀刻流程图

5. 孔壁金属化

双面印刷板两面的导线或焊盘要连通时，可通过金属化孔实现，即把铜沉积在贯通两面导线或焊盘的孔壁上，使原来非金属的孔壁金属化。在双面和多层板电路中，这是一道必不可少的工序。

6. 金属涂覆

为提高印刷电路的导电性、可焊性、耐磨性、装饰性，延长印刷板的使用寿命，提高电气的可靠性，在印刷板上的铜箔上涂覆一层金属便可达到目的。金属镀层的材料有金、银、锡、铅锡合金等，方法有电镀和化学镀两种。

7. 涂助焊剂与阻焊剂

印刷板经表面金属涂覆后，为方便自动焊接，可进行助焊和阻焊处理。

5.3.2 印刷板的生产工艺流程

1. 单面印刷板

单面板的生产工艺流程如图 5－11 所示。

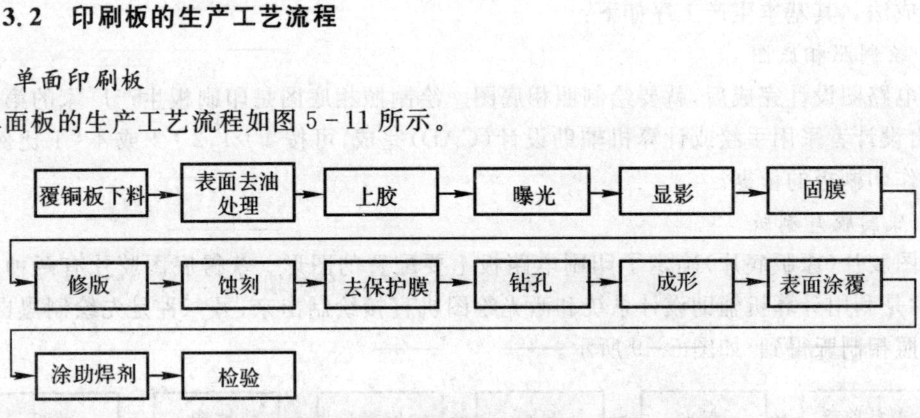

图 5－11 单面板的生产工艺流程

单面印刷板的生产工艺简单，质量容易得到保证。但在进行焊接前还应进行检验，内容如下：

(1) 导线焊盘、字与符号是否清晰、有无毛刺，是否有桥接或断路。

(2) 镀层是否牢固、光亮，是否喷涂助焊剂。

(3) 焊盘孔是否按尺寸加工，有无漏打或打偏。

(4) 板面及板上各加工的孔尺寸是否准确，特别是印刷板插头部分。

(5) 板厚是否合乎要求，板面是否平直无翘曲等。

2. 双面印刷板生产工艺流程

双面板与单面板生产的主要区别在于增加了孔金属化工艺，即实现了两面印刷电路的电气连接。由于孔金属化工艺很多，相应双面板的制作工艺也有多种方法。概括分类有先电镀后腐蚀和先腐蚀后电镀两大类。先电镀的有板面电镀法、图形电镀法、反镀漆膜法；先腐蚀的有堵孔法和漆膜法。图 5－12 所示为常用的图形电镀工艺流程图。

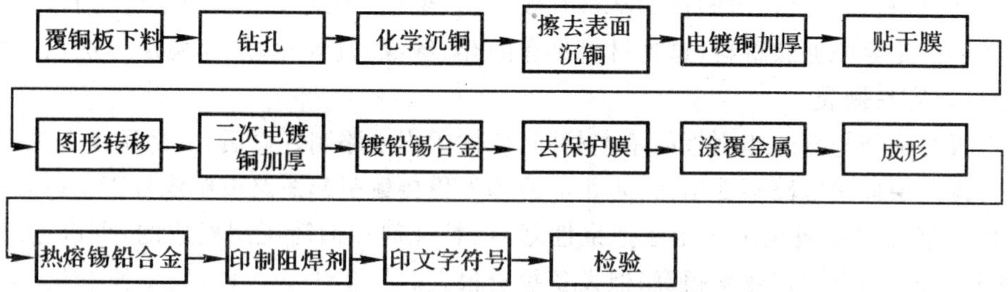

图 5－12　电镀法生产双面印刷板工艺流程

3. 多层印刷板生产工艺流程

多层板是在双面板的基础上发展起来的，除了双面板的制造工艺外，还有内层板的加工、层定位、层压、黏合等特殊工艺。目前多层板的生产多以 4～6 层为主，如计算机主板、工控机 CPU 板等，在巨型机等领域内，有可达几十层的多层板。其工艺流程如图 5－13 和图 5－14 所示。

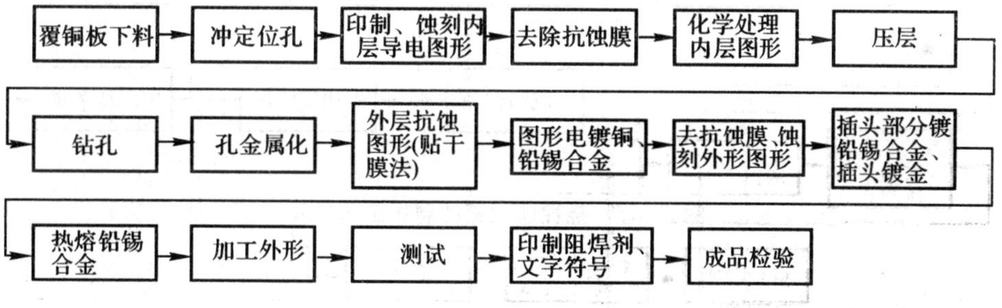

图 5－13　多层印刷板生产工艺流程图

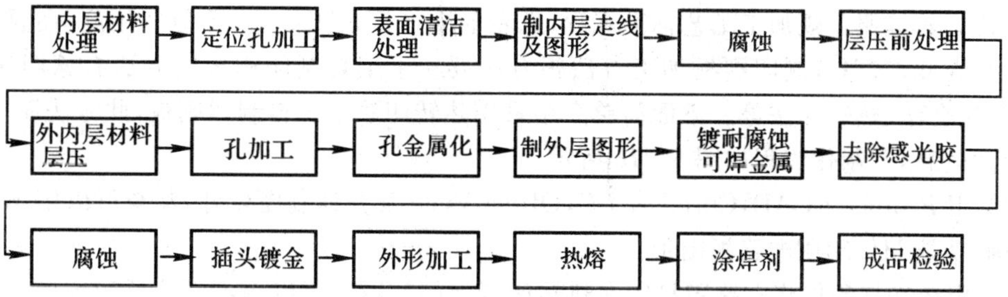

图 5－14　较复杂多层印刷板生产工艺流程图

4. 挠性印刷电路板

随着电子产品向高密度、小型化的发展，挠性印刷板开始被多种产品广泛应用，特别是像高档电子产品，如笔记本电脑、手提电话、数码照相机、军事仪器设备等。挠性印刷电路板又称软性印刷板，与一般印刷板相同，也分为单面板、双面板和多层板。它的显著特点是能够弯曲、卷缩、折叠，可以沿着 x，y 和 z 三个平面移动或盘绕，软性板连接可以伸缩自如 7×10^5 次而不断裂；在三维空间里实现立体布线，体积小，质量轻，装配方便，使用更加灵活，容易按照电路要求成形，提高了装配密度和板面利用率。

(1)挠性板材料。挠性印刷板的基材有氟塑料、聚酯、聚酰亚胺及其复合材料。目前国内外应用较多的是聚酰亚胺材料，这种材料具有耐热、绝缘、抗老化、尺寸稳定等优点，缺点是稍脆，在缺口处容易撕裂。

挠性板的铜箔与普通印刷板的基本相同，挠性印刷电路制好以后，表面用涂有黏合剂的薄膜覆盖。覆盖层能使电路不受玷污，防止电路和外界接触引起短路或绝缘性能下降，并能起到加固作用。挠性覆铜板是用滚压法把挠性基材、黏合剂和铜箔压制而成的，可以连续压制成卷，长达几十米，所以生产效率很高，但设备投资很大。

(2)挠性印刷板的制作工艺过程。挠性印刷电路板的制作工艺过程基本与普通印刷板相同，主要不同是需要压制覆盖层。其制作过程如图 5-15 所示。

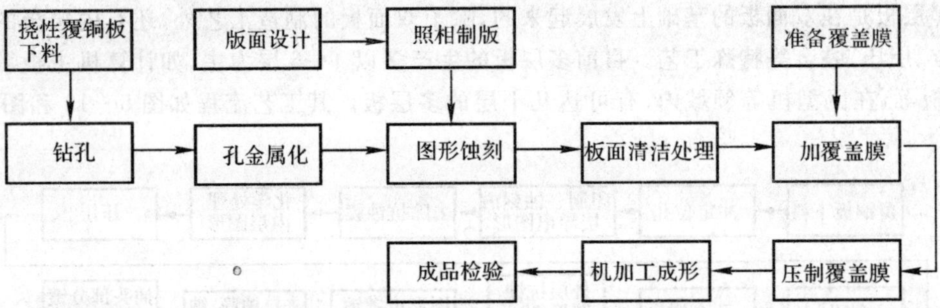

图 5-15 挠性印刷板的制作工艺过程

5.3.3 手工自制印刷板

在样机尚未定型试制阶段或在科技创新活动中，往往需要制作少量的印刷电路板供实验、调试使用。若按照正规加工工艺标准规程，送专业生产厂加工制造，不但费用高，而且加工时间较长。因此，掌握自制印刷板加工方法很有必要。手工自制印刷板的方法有漆图法、贴图法、铜箔黏合法、热转印法等。下面简单介绍采用热转印法手工自制印刷板，此方法简单易行，而且精度较高，其制作流程如图 5-16 所示。

(1) 用 Protel，OrCAD，CorelDRAW，Office Visio 及其他制图软件，甚至可以用 Windows 的"图画"功能制作印刷电路板图形。

(2) 用激光打印机将电路图打印在热转印纸上(若没有，可以用不干胶反印纸代替)。

(3) 按照产品设计需要确定覆铜板材、尺寸、形状等。

(4) 用细砂纸磨平覆铜板及四周，将打印好的热转印纸覆盖在覆铜板上，送入照片塑封机

（温度调到180～200℃）来回压几次，使碳粉完全粘贴在覆铜板上（用电熨斗往复熨烫也能实现）。

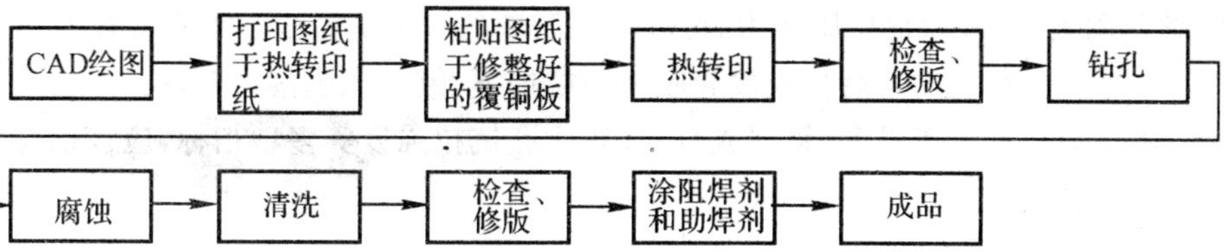

图5-16　手工制作印刷板工艺流程图

（5）等到覆铜板冷却后（或用吹风机吹冷），揭去热转印纸，检查焊盘与导线是否有遗漏。如有，用调和好的油漆将图形和焊盘描好。

（6）在焊盘上冲样打孔。注意打孔时钻床转数应调到高速位置，钻头刀刃应磨锋利，进刀时不宜过快，以免将铜箔挤出毛刺。

（7）将印好电路图的覆铜板放入装有浓度为28%～42%的三氯化铁水溶液（或双氧水＋盐酸＋水，比例为2∶1∶2混合液）的腐蚀箱中进行腐蚀。注意将印刷板全部浸入溶液后，轻轻摇动腐蚀桶，待完全腐蚀后，取出印刷板并用水清洗。

（8）将腐蚀液清洗干净后，用碎布蘸少量去污粉反复在印刷板面上擦拭，除去铜箔上的氧化膜，露出铜的金属光泽。冲洗晾干后应立即涂助焊剂（松香或松香水），整个生产过程完成。

5.3.4　印刷板检验

印刷板作为基本的重要电子部件，制成后必须通过必要的检验，才能进入装配工序。尤其是批量生产中，对印刷板进行检验是产品质量和后续工序顺利进展的重要保证。

1. 目视检验

目视检验简单易行，借助简单工具如直尺、卡尺、放大镜等，对要求不高的印刷板可以进行质量把关。主要检验内容如下：

（1）外形尺寸与厚度是否在要求的范围内，特别是与插座导轨配合的尺寸。

（2）导电图形是否完整和清晰，有无短路和断路、毛刺等现象。

（3）表面质量：有无凹痕、划伤、气泡、针孔及表面是否粗糙等。

（4）焊盘孔与其他孔的位置及孔径，是否有漏打或打偏现象。

（5）镀层质量：镀层是否平整光亮，有无凸起缺损。

（6）涂层质量：助焊剂、阻焊剂是否均匀牢固，位置是否准确。

（7）板面是否平整，有无明显翘曲现象。

（8）字符标记是否清晰、干净，有无渗透、划伤、断线等。

2. 电气性能检验

（1）连通性能：一般可以使用万用表对导电图形的连通性能进行检验，重点是双面板的金属化孔和多层板的连通性能。对于大批量生产的印刷板，制板厂在出厂前采用专门的工装、仪器进行检验。

（2）绝缘性能：检测同一层不同导线之间或不同层导线之间的绝缘电阻，以确认印刷板的绝缘性能。检测时应在一定温度和湿度下,按照印刷板标准进行。

3. 工艺性能检验

(1) 可焊性:检验焊料对导电图形的润湿性能。

(2) 镀层附着力:检验镀层附着力,可以采用简单的胶带试验法。将质量好的透明胶带粘到要测试的镀层上,按压均匀后快速掀起胶带一端扯下,镀层无脱落为合格。

此外,还有铜箔抗剥离强度、镀层成分、金属化孔抗拉强度等多项指标,应该根据对印刷板的要求选择检测内容。

5.4 印刷板的计算机辅助设计

印刷板的设计与制作,是电子技术人员和业余爱好者都应该掌握的一项基本能力。随着计算机的普及和计算机辅助设计(CAD)软件的发展,为印刷电路的设计与生产开辟了新的途径。通过计算机绘图,可以随心所欲地按照自己的初步设想直接布局、连线,等有了初稿以后,再统观全局,酌情修改。这样,可以很方便地将电路原理图转换成印刷板布线图,并可通过光绘机直接绘制成制板使用的板图胶片,大大提高了生产效率。

5.4.1 用 CAD 软件设计印刷板的一般步骤

由于目前的应用软件很多,功能各异,因此用计算机设计印刷板图的操作方法及方便程度也有很大差异。但一般软件的操作步骤大体如下:

(1) 向计算机输入电路原理图,由计算机根据原理图生成电路的连接逻辑网络。

(2) 在计算机上确定元器件的物理封装,即确定每个元器件在印刷板上占用的体积大小和引线焊盘的位置、大小、孔径(孔径应比引线的实际直径大约 0.2 mm)。

(3) 为电路原理图中每个元器件的逻辑符号指定它的物理封装。

(4) 根据整机的结构和元器件的数量,确定印刷板的尺寸和形状,同时规定导线之间及线与焊盘之间的最小距离。

(5) 把已经生成的电路逻辑网络加载到印刷板设计图上,元器件的封装与它们的逻辑网络一起出现在屏幕上,如果上述步骤都正确无误,这时每一个元器件的引脚都应该带有网络标号。

(6) 根据版面的布局设计摆放每一个元器件的位置,根据逻辑网络的提示调整元器件的位置与方向,使网络提示代表的连接导线最短。

(7) 大多数 CAD 辅助设计软件都具有自动布线的功能,根据连接逻辑网络进行不交叉排线,如果是单面板,在焊接面根据逻辑网络的提示连接印刷导线;如果是双面板,在焊接面和元件面同时布线,两面的导线用过线孔(制板时制成金属化孔)连接。

(8) 布线后,审查走线的合理性,并对不理想的布线进行修改(包括改变印刷导线的方向、路径、宽度等)。

5.4.2 印刷板 CAD 典型软件简介

印刷板 CAD 辅助设计软件有多种,常用的软件主要有 Protel,OrCAD 和 EWB(Electronics Work Bench)等几种。其中以 Protel 应用最为广泛。下面对 Protel 的功能及特点进行简单的介绍。

1. Protel99 的功能

Protel 99 是一个基于 Windows 平台的 32 位 EDA 印刷板设计系统，其中包括原理图设计系统（Advanced Schematic）和印刷板设计系统（Advanced PCB）两大功能模块，具有如下功能：

（1）使用设计管理器。Protel 99 使用了设计管理器窗口界面，可以方便地联系设计工具和设计窗口。

（2）文档统一管理。Protel 99 采用设计数据库文件来存放所有的文档文件。

（3）方便调用设计工具。Protel 99 为方便用户使用，提供了多种设计工具。例如，编辑原理图时，可以方便地调用相关的连线、画图、电源等工具栏。

（4）同步设计。Protel 99 智能同步设计，使得保持原理图和 PCB 图之间的一致性变得更加容易。用户不经过网络表，就可以直接在原理图和 PCB 图之间传递修正信息。

（5）电路仿真器信号分析。Protel 99 包含了一个全新的与 SPICE 3f5 兼容的模拟/数字仿真器，这使得模拟和数字信号电路仿真成为可能。

2. 利用 Protel 99 设计 PCB 的流程

（1）电路原理图的设计流程。电路原理图的设计主要是利用 Protel 99 的 Advanced Schematic 来绘制一张电路原理图，它是整个电路设计的基础。在这一过程中，要充分利用Protel 99所提供的各种绘图工具及各种编辑功能。它的设计合理与否直接决定了后续工作的进展。其流程图如图 5-17 所示。

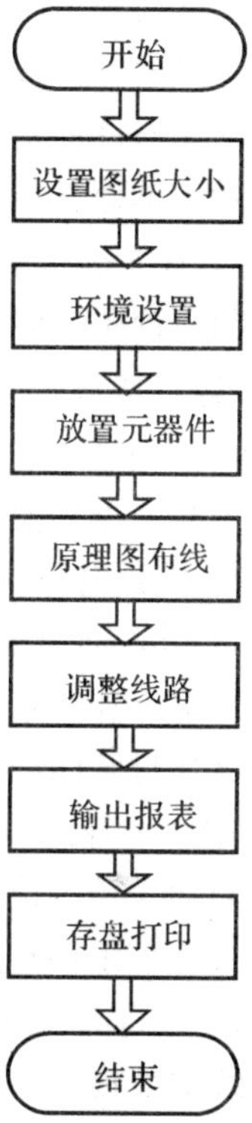

图 5-17　原理图设计流程

1）启动 Protel 99 电路原理图编辑器。

2）设置电路图纸尺寸以及版面。用户可以设置图纸的尺寸、方向、网格大小以及标题栏等。

3）在图纸上放置设计需要的元器件。这个阶段，用户根据实际电路的需要，从元器件库里取出所需元器件放置到工作平面，并对元器件在工作平面上的位置进行调整、修改。

4）对所放置的元器件进行布局布线。将工作平面上的器件用有电气意义的导线、符号连接起来，构成一个完整的电路原理图。

5）对布局布线后的元器件进行调整，以保证原理图的美观和正确。这就需要对元器件位置进行重新调整，对导线位置进行删除、移动，更改图形尺寸、属性及排列等。

6）保存文档并打印输出。

（2）产生网络表。网络表是电路原理图设计与印刷电路板设计之间的一座桥梁。网络表可以从电路原理图中获得，也可以从印刷电路板中提取。

1）产生网络表。Protel 99 在产生网络表之前，可以用软件来测试用户设计的电路原理图，执行电气法则的测试工作，以便能找出人为的疏忽。在执行完测试后，生成测试报告并在有错误的地方做好标记，以便用户分析和修改错误。检查电路图中是否有电气特性不一致的情况，ERC 会按照用户的设置以及问题的严重性分别给出错误或警告信息来提醒用户注意。

2）网络表。在 Advanced Schematic 所产生的各种报告中，以网络表（Netlist）最为重要。绘制电路图的主要的目的就是为了将设计电路转换出一个有效的网络表，以供其后续处理程序（例如 PCB 程序或仿真程序）使用。由于网络表是纯文本文件，所以用户可以利用一般的文本编辑程序自行建立或是修改已存在的网络表。当用手工方式编辑网络表时，保存文件必须以纯文本格式来保存。

（3）印刷电路板的设计流程。在印刷板 CAD 中，一般采用双面板或多层板，设计时每一层的功能区分都很明确。在多层结构中元器件的封装有两种情况，一种是针式封装，即焊点的导孔是贯穿整个电路板的；另一种是 STM 封装，其焊点只限于表面层，元器件的跨距指成型后的元器件的端子之间的距离。因此，在计算机辅助设计中，多层板相对于单面板、双面板来说要复杂得多。其流程图如图 5－18 所示。

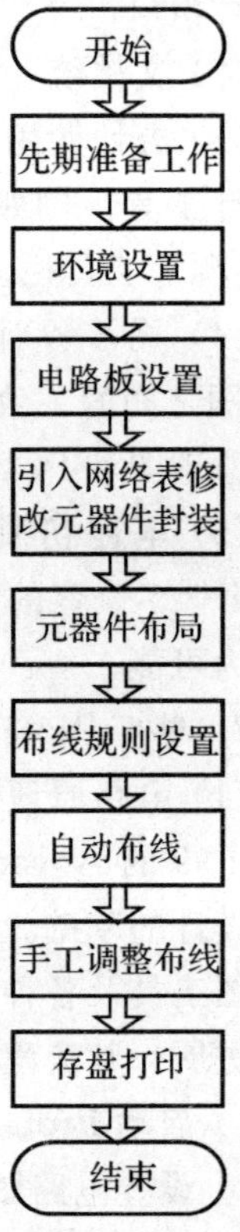

图 5－18　PCB 设计流程

1）首先进行 PCB 设计的先期准备工作，包括：利用原理图设计软件绘制原理图，然后生成网络表。当然，如果是一个非常简单的电路图，可以直接进行 PCB 的设计。

2）进入 PCB 设计系统，设置好 PCB 设计系统的环境参数，如格点的大小和类型、光标的大小和类型等，一般采用系统的默认值。

3）设置电路板的有关参数，如电路板的尺寸、电路板的层数等。

4）引入前面生成的网络表，并对网络表引入过程中出现的错误信息进行检查和修正。特别注意的是在电路原理图设计中，一般不会涉及元器件封装问题。但在 PCB 设计中，元器件封装是必不可少的。因此，引入网络表时，必须根据实际情况指定或修改元器件封装。

5）布置各元器件封装的位置。可以利用系统的自动布局功能，并对其进行手工调整。

6）进行布线规则设置，包括线距、导线类型等。注意这是进行自动布线的前提。

7）进行自动布线。虽然 Protel 99 的自动布线功能比较完善，一般的电路都是可以布通的，但有些线的布置并不令人满意，需要进行手工调整。

8）存盘打印。完成整个电路板的布线后，保存完成的线路图文件，然后利用各种图形输出设备，如打印机或绘图仪输出电路板的布线图。整个设计工作完成。

5.4.3　应用实例

为了能对 PCB 整个设计过程有一个完整的了解，下面通过一个循环彩灯的简单实例，介绍如何实现 PCB 设计。

1. 绘制原理图

（1）图纸大小设置。打开 Protel 99 SE 后，新建项目，并新建原理图。选择 A4 纸，系统默认 B 号纸。点击“设置”菜单栏，选择“文档选项”，屏幕出现如图 5－19 所示对话框，在“Standard Style”项选择 A4 纸即可。

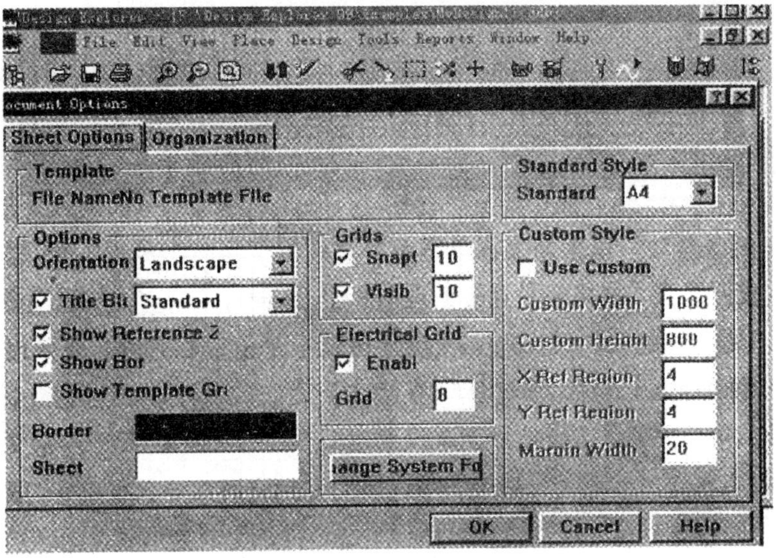

图 5－19　设置图纸对话框

(2) 添加元器件库、放置元器件并连线。设置好图纸后，就可以添加元器件库，如图 5－20 所示，用鼠标左键点击元器件管理器上的“添加/删除”按钮，找到所需要的元器件库，就可以在库内选取元器件并放置到当前窗口。调整布局并连线就可得到图 5－21 所示的原理图。

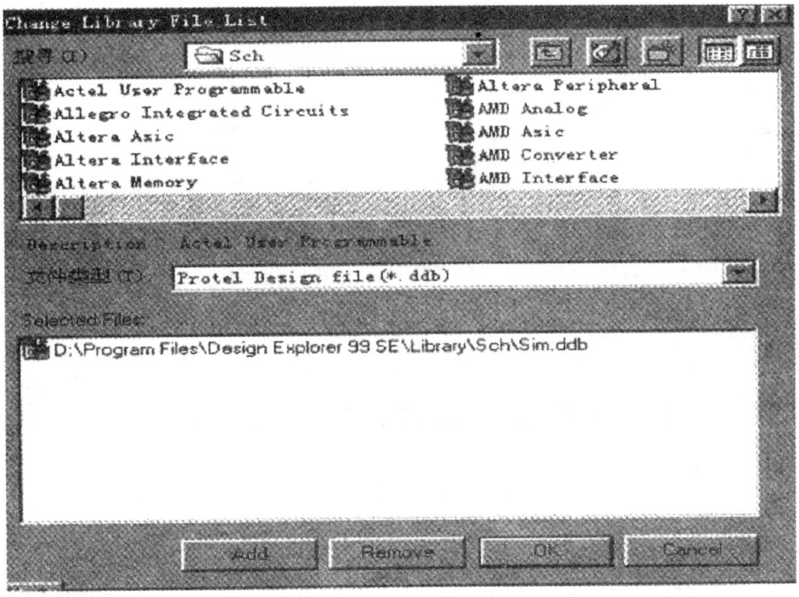

图 5－20　元器件管理器

(3) 设置元器件封装形式。以发光二极管为例加以说明。双击二极管，出现其属性对话框，在 Footprint 栏里添加“DIODE0.4”然后点击“OK”按钮即可，这样封装形式就设置好了，如图5－23所示。其余元器件将可依此类推，这样可以用修改后的原理图再次生成网络表。

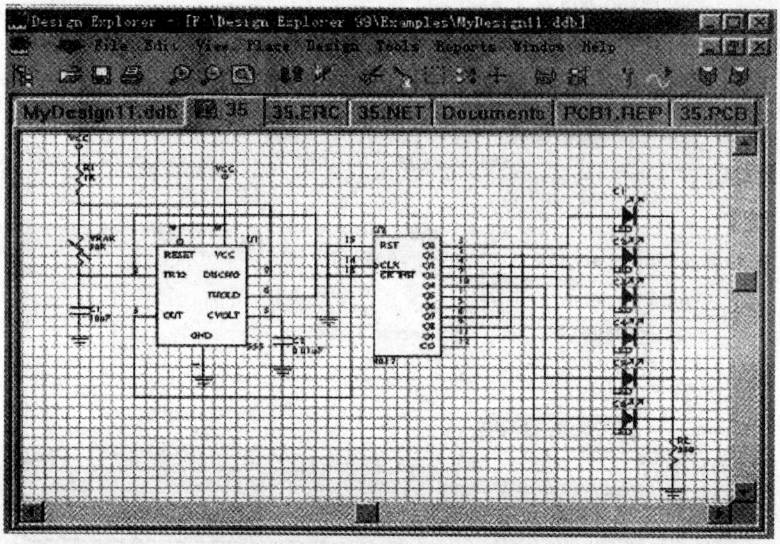

图 5-21 电路原理图

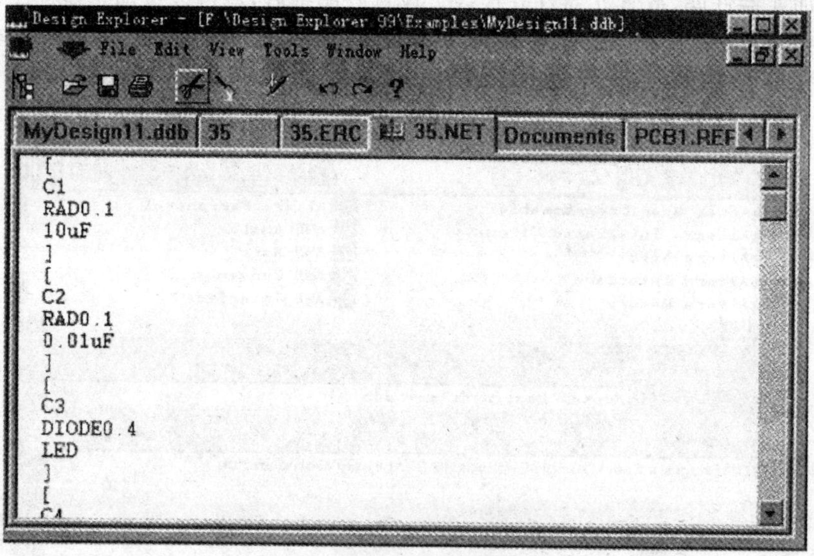

图 5-22 生成网络表

3. 引入网络表与元器件布局

网络表的引入是印刷板设计的关键一步。首先用鼠标左键单击位于设计窗口下方的板层标签栏中的"Top"标签,然后选择"设计"菜单栏中的"引入网络表"选项,弹出如图 5-24 所示的对话框。在中间的编辑框中显示了引入的网络表文件。由于没有设置,因此为空。

点击"浏览",寻找本设计数据库中所需要的网络表文件,然后点击该文件,就可以确定网络表文件。在引入网络表文件以后,所有的组件都将出现在电路板中。然后进行自动布局(Auto Place),其方法是使用"工具"菜单下的"自动布局"功能,屏幕将出现一个如图 5-25 所示的对话框，设置自动布局参数，即使用“默认”就可以了。在完成以后，用鼠标左键点击“OK”按钮关闭对话框，再关闭自动布局界面，系统会提示是否将自动布局的结果存盘并使用，点击“OK”按钮即可。如果对布局的结果不太满意，可以进行手工调整。布局结果如图 5-26 所示。

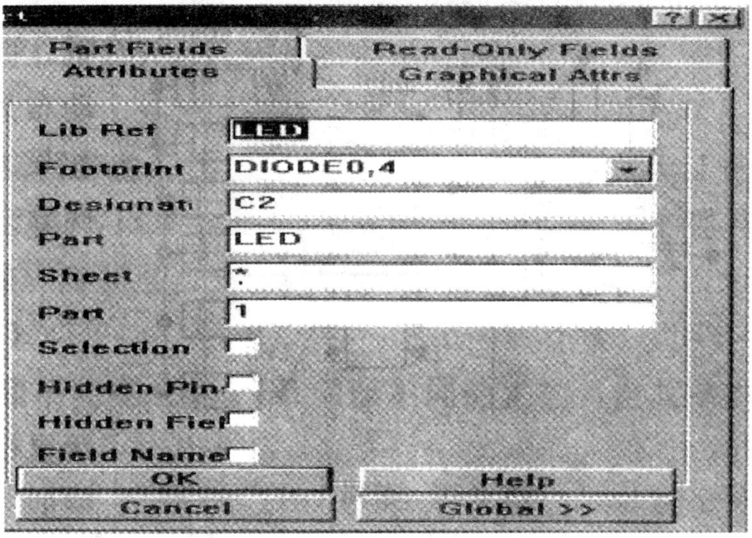

图 5-23　设置元器件的封装形式

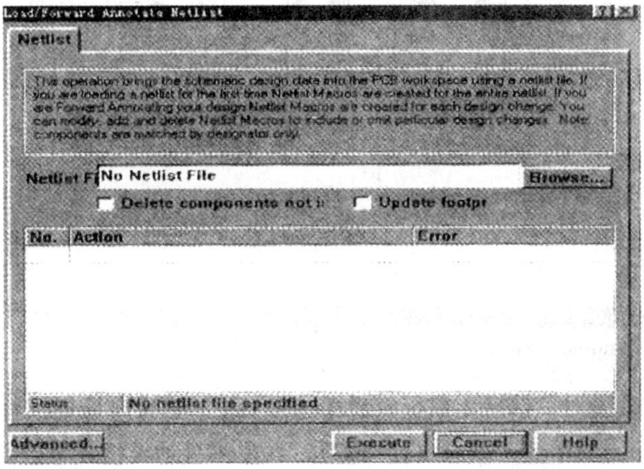

图 5-24　引入网络表

4. 规则设置与布线

首先，应该对自动布线的一些规则进行设定。用鼠标单击菜单中的“自动布线”(Auto Route)中的“设置”(Setup)选项，将出现如图 5-27 所示的对话框。

使用系统的默认设置，然后用鼠标左键单击“OK”按钮确定设置。再选择菜单中的“自动布线(Auto Route)”中的所有选项，系统将自动根据设置进行布线。布线结果如图 5-28 所示。

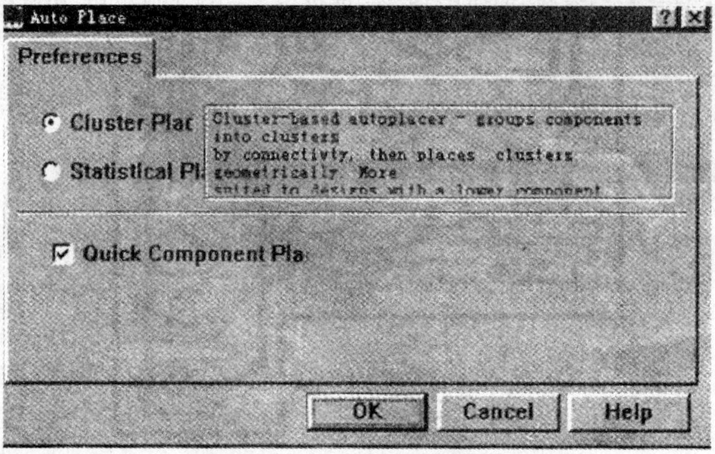

图 5-25 设置自动布线

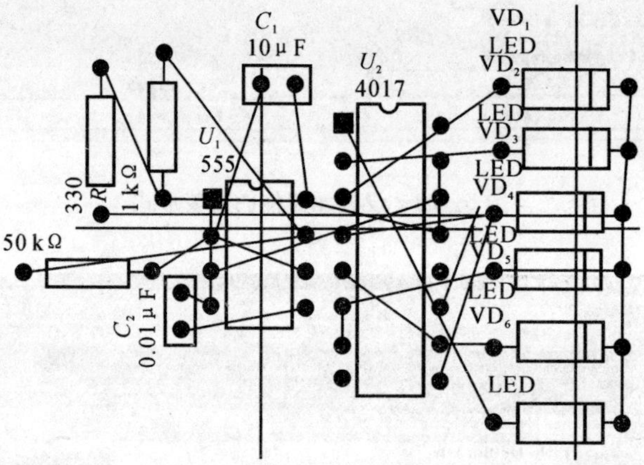

图 5-26 布局结果

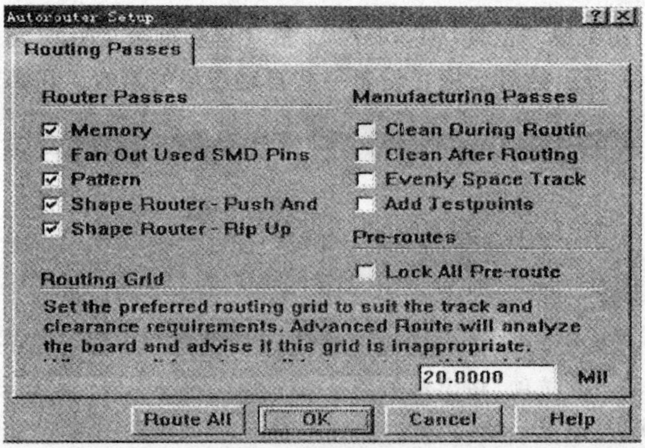

图 5-27 布线设置

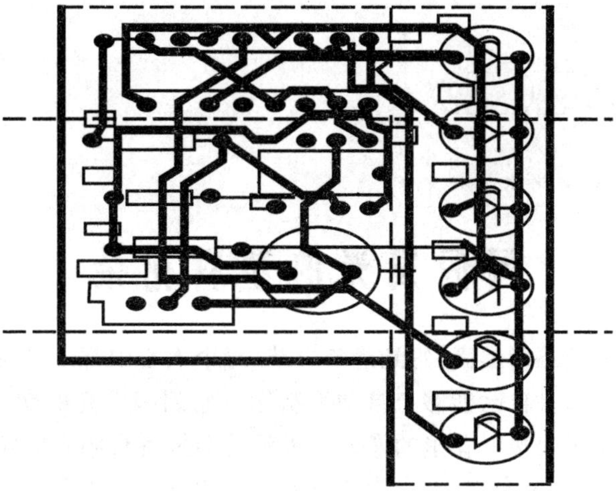

图 5-28　布线结果

电子制作园地(五)

闪闪发光的塑料花朵

随着人们生活水平的不断提高,每到逢年过节,每个人心中都不可避免会有将自己的生活环境装饰一番的想法。如果自己能够亲自动手制作一盆闪闪发光的塑料花朵,在全家人团聚的晚上,接通电源,藏在每朵塑料花里的发光二极管就会按各自固有的频率闪烁,此起彼伏,华光四射,那种感觉别提会有多高兴,也会为节日的气氛增添不少光彩。

1. 工作原理

闪闪发光的塑料花电路如图 5-29 所示。新型闪烁发光二极管 VD_3,VD_6,VD_9,VD_{12} 和其余的普通发光二极管构成了四路闪光发生电路。闭合电源开关 SA,电池 G 即向闪光发生电路供电,四个闪烁发光二极管 VD_3,VD_6,VD_9,VD_{12} 便会按各自固有的频率闪光,与之串联的普通发光二极管也跟随闪光,从而给人以整体色光变化、多彩多姿之感。

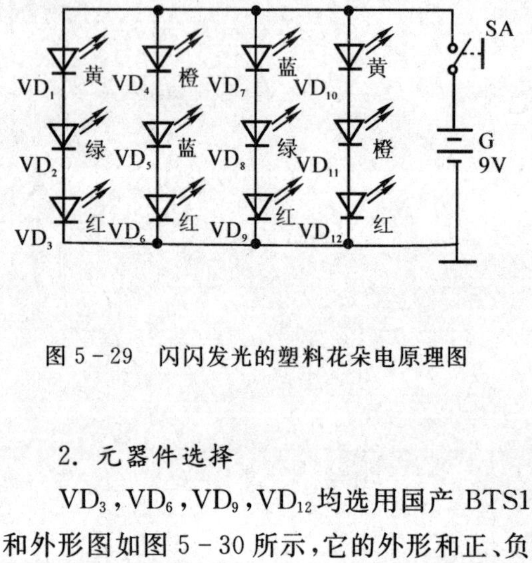

图 5-29 闪闪发光的塑料花朵电原理图

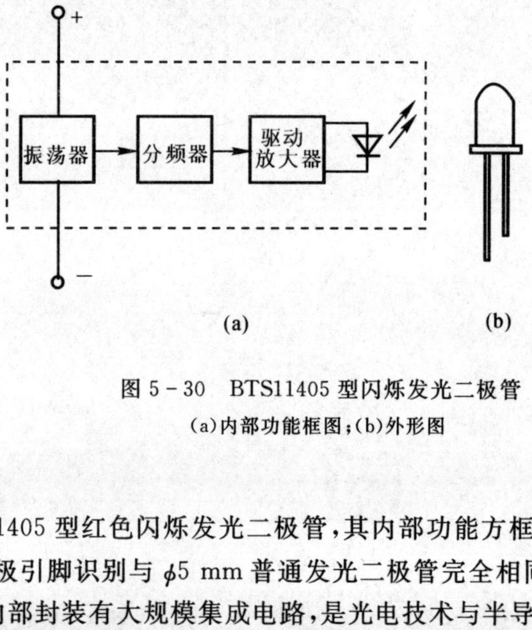

图 5-30 BTS11405 型闪烁发光二极管

(a)内部功能框图;(b)外形图

2. 元器件选择

VD_3,VD_6,VD_9,VD_{12} 均选用国产 BTS11405 型红色闪烁发光二极管,其内部功能方框图和外形图如图 5-30 所示,它的外形和正、负极引脚识别与 ϕ5 mm 普通发光二极管完全相同。这种新型闪烁发光二极管的最大特点在于:内部封装有大规模集成电路,是光电技术与半导体集成工艺相结合的新产品;当外加一定电压时,内部振荡器便产生一定频率的方波脉冲,经分频器变换为超低频脉冲,再通过驱动放大器推动发光二极管闪烁发光。BTS11405 型红色闪烁发光二极管的主要参数为:工作电压 5 V,工作电流≤35 mA,闪烁频率 1.3～5.2 Hz,开关占空比 33%～67%,发光强度 0.8 mcd。

普通发光二极管的选择对形状和尺寸要求都不严格,但接入电路时应按图 5-29 所示将各种颜色搭配连接。SA 用 1×1 小型拨动开关。G 用六节 5 号干电池串联而成,电压 9 V;如用 6F22—9V 型叠层干电池也行，只是使用寿命相对要短些。

3. 制作与调试

首先，从商店选购一盆塑料鲜花，要求花朵小些，且透光性较好。然后，将电池 G(配塑料电池架)置于花盆内，在花盆合适位置处开孔安装电源开关 SA，所有发光二极管则用与花杆颜色相同的细塑料外皮电线无顺序地引入到各花蕊中间(多余的引入花叶间)即成。当夜幕降临时，闭合电源开关 SA，朵朵塑料鲜花便发出赏心悦目的闪烁光。当闪烁光变暗时，说明电池电能不足，应及时更换新的同规格干电池。

第六章 电子产品的调试与检测

电子产品的调试与检测是电子产品生产过程中不可缺少的一个重要环节，但要对电子产品进行调试，电路分析又是一个不可缺少的步骤。

在电子产品的生产过程中，难免会出现各种各样的错误，而调试是为了使产品的各项指标达到设计要求，检测是为了能够很快地分析和排除所出现的故障。对在校学生来说，实习产品的焊接装配是培养学生动手能力、创新能力的最好训练。它不但要求操作者具有一定的焊接基础知识和焊接技能，而且还要求掌握一些常用的电子仪器仪表和了解一些常用的电子元器件，同时还要求对电子电路图具有一定的分析能力，最终达到排除故障的目的。

6.1 电子电路图的基础知识

电子电路图是人们为了研究和工程的需要，用约定的符号或图形绘制的一种表示电路结构的图形。通过电子电路图可以知道实际电路的情况。这样，我们在分析电路时，就不必搬动实物，而只需要一张图纸就可以了；在设计电路时也可以从容地进行，确认完善后再进行实际安装，通过调试、改进，直至成功。现在，我们更可以使用先进的计算机辅助软件来进行电路设计，并进行虚拟仿真，大大提高了工作效率。

6.1.1 电子电路图的分类

一般地，常用的电子电路图有电路原理图、电路方框图、电路装配图和电路印刷板图等。

(1)原理图。原理图就是用来体现电子电路工作原理的一种电路图，又被称做“电原理图”，可参见第八章有关内容。由于这种图直接体现了电子电路的结构和工作原理，因此一般用在设计、分析电路中。分析电路时，通过识别图纸上所画的各种电路元件符号、元器件之间的连接方式及信号的传输方向，就可以了解电路的实际工作情况。

(2)方框图(框图)。方框图是一种用方框和连线来表示电路工作原理和构成概况的电路图，如图 6-1 所示。从根本上说这也是一种原理图，不过在这种图纸中，除了方框和连线以外几乎没有别的符号。它和上面的原理图主要区别在于原理图上详细地绘制了电路的全部元器件和它们之间的连接方式，而方框图只是简单地将电路按照功能模块划分为几个部分，然后将每一个部分描绘成一个方框，在方框中加上简单的文字说明，最后在方框间用连线(有时用带箭头的连线)说明各个方框之间的关系。所以方框图只能用来体现电路的大致工作原理，而原理图除了详细地表明电路的工作原理之外，还可用来作为采集元件、制作电路的依据。

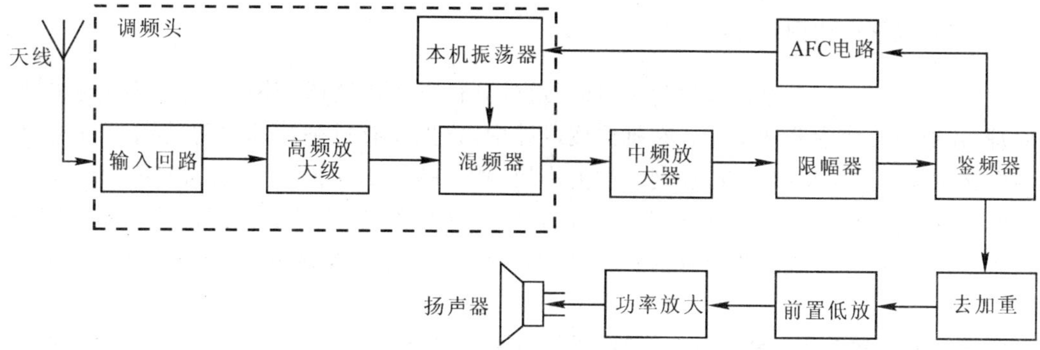

图 6－1　调频收音机工作原理方框图

(3)装配图。装配图是为了进行电路装配而采用的一种图纸,图上的符号往往是电路元件的实物的外形结构。装配者只要照着图上画的符号,依葫芦画瓢地把一些电路元器件连接起来就能够完成电路的装配。这种电路图一般是供初学者使用的。装配图可参见第八章内容。

(4)印刷板图。印刷板图又称为印刷电路板图或印刷线路板图,它和装配图其实属于同一类,都是供装配实际电路使用的。印刷板图可参见第八章内容。

印刷电路板是在一块绝缘板上先覆上一层金属箔,再将电路不需要的金属箔腐蚀掉,剩下的金属箔作为电路元器件之间的连接线,然后将电路中的元器件安装在这块绝缘板上,利用板上剩余的金属箔作为元器件之间导电的连线,完成电路的连接。由于这种电路板的一面或两面覆的金属是铜皮,所以印刷电路板又叫"覆铜板"。印刷板图的元件分布往往和原理图中大不一样,这主要是因为在印刷电路板的设计中,主要考虑所有元器件的分布和连接是否合理,要考虑元器件的体积大小、散热效果、抗干扰能力、抗耦合能力等诸多因素,综合这些因素设计出来的印刷电路板,从外观看很难和原理图完全一致,而实际上却能更好地实现电路的功能。

6.1.2　电子电路图的组成

一般地,常用的电子电路图主要由元器件符号、电路连线、电路结点、电路注释四大部分组成。

(1)元器件符号。元器件符号表示实际电路中的元器件,虽然它的形状与实际的元件不一定相似,甚至完全不一样,但是它一般都表示出了元器件的特点,而且引脚的数目都和实际元件保持一致。

(2)电路连线。电路连线表示的是实际电路中的导线。在原理图中虽然是一根线,但在常用的印刷电路板中往往不是线而是各种形状的铜箔块,就像收音机原理图中的许多连线在印刷电路板图中并不一定都是线形的,也可以是一定形状的铜膜。

(3)电路节点。电路节点表示几个元件引脚或几条导线之间相互的连接关系。所有和节点相连的元件引脚、导线,不论数目多少,都是导通的。

(4)电路注释。电路注释在电路图中是十分重要的,电子电路图中所有的文字都可以归入注释一类。细看以上各图就会发现,在电子电路图的各个地方都有可能存在注释,它们被用来说明元件的型号、名称等。

6.1.3 电子电路图的分析方法

通常在电器维修、电路设计过程中，都要通过分析电子电路原理图，了解电器的功能和工作原理，才能得心应手开展工作。在维修或设计中，首先要有过硬的基本功，要能对有技术参数的电路原理图进行总体分析，能划出功能模块，找出信号的流向，确定元器件作用。若不知电路的作用，可先分析电路的输入和输出信号之间的关系，如信号变化规律及它们之间的关系、相位问题是同相位或反相位，电路和组成形式是放大电路、振荡电路、脉冲电路还是解调电路等。

要学会维修和设计电路，就必须熟练掌握各单元电路的原理。会划分功能模块，能按照不同的功能把整机电路的元器件进行分组，让每个功能模块形成一个具体功能的元器件组合，如基本放大电路、滤波电路、开关电路、波形变换电路等。下面介绍几种电子电路图分析方法，以供参考。

(1)交流等效电路分析法。首先画出交流等效电路，再分析电路的交流状态，即：电路有信号输入时，电路中各环节的电压和电流是否按输入信号的规律变化，是放大、振荡，还是限幅削波、滤波、整形、鉴相等。

(2)直流等效电路分析法。画出直流等效电路图，分析电路的直流系统参数，搞清晶体管静态工作点和偏置性质、级间耦合方式等。分析有关元器件在电路中所处状态及所起的作用。例如：三极管的工作状态处于饱和、放大还是截止区，二极管处于导通还是截止等。

(3)频率特性分析法。主要看电路本身所具有的频率特性是否与它所处理信号的频谱特性相适应。粗略估算它的中心频率，上、下限频率和频带宽度等。例如：各种滤波、陷波、谐振、选频等电路。

(4)时间常数分析法。主要分析由 R，L，C 及二极管组成的电路、性质。时间常数是反映储能元件上能量积累和消耗快慢的一个主要参数。若时间常数不同，尽管它的形式和接法相似，但所起的作用不同。常见的有耦合电路、微分电路、积分电路、退耦电路、峰值检波电路等。

最后，将实际电路与基本原理对照，根据元件在电路中的作用，按照以上所述方法一步步分析，就不难看懂。当然，要真正融会贯通还需要坚持不懈地学习。

6.2 电路图的读图方法

所谓“读图”，就是对电路进行分析。而读图的过程是综合运用已学过的知识，分析问题和解决问题的过程。读图能力体现了对所学知识的综合应用能力。通过读图，可以提高评价电子产品性能优劣的能力和系统集成的能力，为电子电路在实际工程中的应用提供有益的帮助。通常电子电路图包括电原理图和印刷板图两种，电原理图可以帮助我们识别一部电子设备的构造，了解它的工作原理；而印刷板图是电子产品装配时的依据。因此，掌握电子电路图的读图方法是必不可少的。

6.2.1 读电子电路图应掌握的基本知识

(1) 熟悉并掌握一些常用电子元器件的图形符号。由于在电路图中用各种图形符号表示各种电子元器件，所以要读懂图纸，首先要了解电路中各种图形符号代表什么电子元器件。

(2) 熟悉并掌握各种常用电子元器件的用途、性能、规格型号等。各种基本单元电路都是由这些常用的电子元器件组成的，要掌握各种基本单元电路的工作原理，就必须首先掌握各种电子元器件。

(3) 熟悉并掌握一定的基本单元电路，了解其典型的电路形式、工作原理及电路中各元器件的作用。各种电子设备的电路看起来似乎五花八门，但它们都不外乎是由一些基本单元电路搭接而成。如超外差收音机，它是由变频电路、中放电路、检波电路、低放电路、功放电路及输入电路、自动增益控制电路这些基本单元电路组成。比较高级的收音机还有高放电路、音调控制电路等。

(4) 了解不同图纸的不同功能，掌握读图的基本规律。不同的图纸起的作用不同，功能不同，因而读图方法也不同。如可以根据电路元器件的性能、特点和用途展开读图，也可以结合典型电路进行读图等。

6.2.2　读图的基本方法

1. 读电路原理图的基本方法

(1) 弄清用途，化繁为简。拿到一个电路图后，首先要了解这个电路的用途，并把整个电路分成若干个基本单元电路，弄清每一部分单元电路的组成及主要功能，以达到化繁为简的目的。

(2) 抓住两头，找出电源。抓住两头是指要抓住被分析电路的输入、输出两头，分析信号输入电路和最后输出的控制对象。找出电源是指搞清楚各部分所用电源及它们的来源。

(3) 以管为主，找出通路。以管为主是指以晶体三极管、集成电路为中心，结合辅助电路，分析各个管子在整个电路中的作用，找出各单元电路中的通路(直流、交流、反馈等通路)，画出等效电路图。注意分析电路时，要从左到右，逐级分析信号的传递和变换过程。

(4) 分析电位，抓住联系。在上述等效电路的基础上分析各点的电位，并抓住其联系。注意在分析各点电位时必须找出一个基准电位作参考。一般是以“公共地线(零线)”为基准。最后通过上述几步分析，综述各单元电路之间的联系。

2. 读印刷板图的基本方法

印刷板图又称为装配图，是用以表示各元器件在实际电路板上的具体方向、位置、体积大小。它能将电原理图和实际电路板之间沟通起来，使检修者很快找到需要检测的元器件，相应地印刷板图不像电原理图中元器件排列那样有规律，所以读起来不如电原理图方便。读印刷板图可采用以下方法：

(1) 了解用途，化整为零。拿到一张装配图时，首先通观全局，了解用途，并在原理图的基础上把整个装配图分成若干模块，弄清各模块使用的元器件，以达到化繁为简的目的。

(2) 板图结合，确定方向。在印刷板图与印刷板相结合的基础上，可在印刷板和印刷板图上各画一个读图方向，以便在拿到印刷板图时，能与印刷板有个一致的读图方向。

(3) 抓住关键，各个击破。在各个模块的基础上，抓住关键元器件(如集成电路、晶体三极管、开关件等元器件)为读图开端，以便对各个模块进行组装。

(4) 寻找通路，抓住联系。根据印刷板图上的功能电路与地线之间的关系寻找通路，找出各单元模块之间的联系。注意印刷板上大面积铜箔是地线，且电路板上的地线是相通的。开关件的金属外壳也是地线。

6.3 电子产品调试与检测

电子产品是由众多的元器件组成的，由于各元器件性能参数具有很大的离散性，电路设计的近似性，以及生产过程中其他随机因素的影响，使得装配完的产品在性能方面有较大的差异。因此，整机在装配完毕后必须进行调试才能达到预期的目标。

6.3.1 调试的目的与分类

1. 调试的目的

调试的目的主要有两个方面：

(1) 发现设计的缺陷和安装的错误，并改进与纠正，或提出改进建议。

(2) 通过调整电路参数，避免因元器件参数或装配工艺不一致，而造成电路性能的不一致或功能和技术指标达不到设计要求的情况发生，确保产品的各项功能和性能指标均达到设计要求。

2. 调试过程分类

调试的过程分为通电前的检查和通电调试两大类。

(1) 通电前的检查。在电路板安装完毕进行测试之前，必须在没有通电的情况下，对电路板进行认真细致的检查，以便发现和纠正比较明显的安装错误，避免盲目通电可能造成的电路损坏。重点检查的项目有：

1) 电源的正、负极是否接反，有无短路现象，电源线、地线是否接触可靠(可用万用表的欧姆挡进行检查)。

2) 元器件的型号(参数)是否有误、引脚之间有无短路现象，有极性的元器件，如二极管、晶体管、电解电容、集成电路等的极性或方向是否正确。

3) 连接导线有无接错、漏接、断线等现象。

4) 电路板各焊接点有无漏焊、桥接短路等现象。

5) 用万用表的欧姆挡，测量电源的正负极之间的正反向电阻值，以判断是否存在严重的短路现象。

(2) 通电调试。通电调试包括测试和调整两个方面。测试的目的是了解电路实际工作状态，获得电路各项主要性能指标的数据，提供调整电路的依据。调整的目的是使电路性能达到设计要求。

较复杂的电路调试通常采用先分块调试，然后进行总调试。通电调试一般包括通电观察、静态调试和动态调试。

1) 通电观察。将符合要求的电源正确接入被调电路，观察有无异常现象，如发现电路冒烟、有异常气味以及元器件发烫等现象，应立即切断电源，检查电路。排除故障后，方可重新接通电源进行测试。

2) 静态调试。静态调试是指在不加输入信号(或输入信号为零)的情况下，进行电路直流工作状态的测量和调整。如模拟电路的静态测试就是测量电路的静态直流工作点；数字电路的静态测试就是输入端设置成符合要求的高、低电平，测量电路各点的电位值及逻辑关系等。

静态测试通常利用万用表或直流电流(压)表，采用直接测量或间接测量的方法来测量电流或电压的大小进行调试。通过静态测试,可以及时发现已损坏的元器件,判断电路工作情况并及时调整电路参数,使电路工作状态符合设计要求。

3）动态调试。动态调试就是在电路的输入端接入适当频率和幅度的信号,沿着信号的流向逐级检测电路各测试点的信号波形和有关参数,并通过计算测量的结果来估算电路性能指标,必要时进行适当的调整,使指标达到要求。若发现工作不正常,应先排除故障,然后再进行动态测量和调整。

通过波形或频率特性的测试来判断如何进行调试。

特别注意动态调试必须在静态调试合格的情况下进行。

6.3.2　调试与检测

1. 整机调试的工艺流程

整机调试是在单元部件调试的基础上进行的。各单元部件通过综合调试合格后装配成整机或系统,以便进行最后调试。其调试工艺流程如图 6－2 所示。

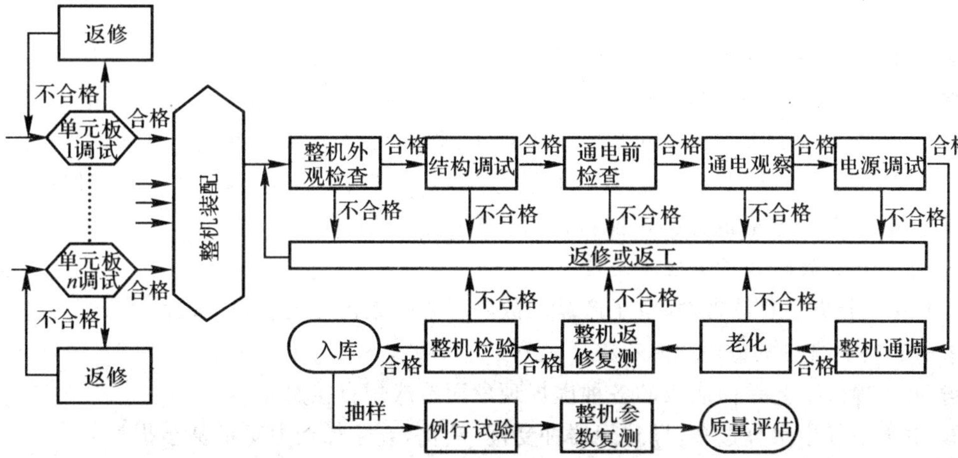

图 6－2　整机产品调试工艺流程图

(1) 外观检查。检查项目按工艺文件而定,如放音机,一般检查紧固螺钉、电池弹片(簧)、电源开关、旋钮按键、插座、有无机内异物、四周外观等项。检查顺序是先外后内。

(2) 结构调试。主要目的是检查整机装配的牢固性、可靠性及机械传动部分调节的灵活性和到位性,并且还要检查各类元器件是否符合工艺文件要求并进行调整等。

(3) 通电前检查。通电前首先检查供电系统是否符合供电要求,电源极性是否正确连接,输出电压大小是否合适等。其次检查被调试的各个单元、各类部件或整机有无短路、断路现象,观察有无元器件相接触,印刷电路板上有无错误连接,并应检查各连接线、控制开关位置是否正确,整机是否接好负载或假负载等。一切正常后方可通电。

(4) 通电后检查。通电后应观察被测试件有无打火、放电、冒烟或异味等现象。若有异常应立即断电,设法排除故障,并注意如有高压大容量电容,应先设法放电后再检查。

(5) 电源调试。电源调试的一般步骤如下：

1）空载初调：为了避免未经调试就加载电源而引起某些电子元器件的损坏。通常先在空载状态下对电源电路进行调试，即切断电源的所有负载。测量通电后电源有无稳定的数值，波形是否符合指标要求。注意，有些开关型电源不允许空载工作，必须接假负载进行调试。

2）加载细调：初调正常后加额定负载或假负载，测量并调整电源的各项性能指标，如输出电压值、稳压系数等，使其符合指标要求，当达到最佳状态时，锁定有关调整元件。

(6) 整机统调。调试好的单元部件装配成整机之后，其性能参数会受到一些影响，因此，装配好整机后应对其单元部件再进行必要的调试，使其功能符合整机要求。

(7) 整机技术指标测试。按照整机技术指标要求及相应的测试方法，对已调整好的整机进行技术指标测试，判断它是否达到质量要求的技术水平。必要时应记录测试数据，分析测试结果，写出调试报告。

(8) 老化。老化是模拟整机的实际工作条件，使整机连续长时间工作，使部分产品存在的故障隐患暴露出来，避免带有隐患的产品流入市场。

(9) 整机技术指标复测。经老化后的产品，由于部分元器件参数可能发生变化，甚至出现失效现象，造成产品的某些技术指标发生偏差，达不到设计要求，甚至使整机出现故障，不能正常工作。

(10) 例行试验。例行试验属于产品质量检验的范畴，测试只是为判明产品质量水平的依据。例行试验是生产企业按惯例必须进行的试验，包括环境试验和寿命试验。电子整机一般要进行环境试验，以判断产品的可靠性。但由于例行试验对产品是有破坏作用的，可能直接影响产品的使用寿命。所以，例行试验不采用全验方式，只按要求从合格的产品中抽取一小部分样品进行试验，且试验后的样品不能再作为合格产品出售。

2. 电子产品故障分析与检测处理

(1) 故障分析。总体来说，电子产品的故障不外乎是由于元器件、线路和装配工艺三方面的因素引起的。常见的故障大致有如下几种：

1）由于焊接工艺差而造成的各种虚焊现象而造成焊点接触不良。

2）由于空气中水分过多，导致元器件受潮、氧化，或绝缘能力降低甚至损坏。

3）元器件筛选不严格而造成的使用不当或超负荷工作而失效。

4）开关、接插件或可调元件接触不良而造成开路现象。

5）连接导线接错、漏焊或由于机械损伤、化学腐蚀等造成的断路现象。

6）由于电路板布局不当及焊接时出现的各种桥接点等，使元器件相接触而造成短路现象。

7）焊接导线时，绝缘层剥离过多或外绝缘层受热萎缩，而与其他元器件或机壳相接触引起的短路现象。

8）由于电路设计不完善、元器件参数变动范围过窄而使电路不能正常工作。

引起电路故障的原因很多，以上列举的只是电子产品的一些常见故障，因此，分析电路故障时，应根据具体情况而定。

(2) 检测原则。由于电子产品出现的故障千奇百怪，因此，检测时掌握一定的原则对正确、顺利判断故障十分有益，可避免在检测过程中出现盲目性。

1）先调研、后动手。在动手检测之前，首先要详细了解故障发生的原因。将有关情况了解清楚，必要时可做标记，这样有助于准确地判断故障，避免盲目的拆卸而使故障复杂化。

2）先电源、后机器。对于电子产品，首先要保证电源工作正常，而电源电路的正常工作是电子产品正常工作的前提。使用电池的电子产品要检查电池是否有电，用万用表的直流电压挡和电流挡检测电池的端电压和短路电流。使用交流电供电的电子产品要检查经整流、稳压后的输出电压是否正常。只有确定电源电路正常之后方可检查其他电路。

3）先外部、后内部。“外部”是指印刷板上以外的元器件，如面板开关、旋钮，电源插孔，耳机插孔，外接天线等。“内部”是指印刷板及板上的电子元器件。检查应从外部元器件查起，将错位、松动、脱焊的情况及时修好，然后再仔细检查机器内部的各个部分。

4）先静态、后动态。“静态”是指无输入信号时各级放大器的直流工作状态，其中主要包括静态工作电压和静态工作电流，也就是常说的静态工作点。通过检测放大器的静态工作点是否合适，确定各级晶体管放大电路工作是否正常。

“动态”是指有输入信号时，各级放大器晶体管工作的电压、电流的情况，它是工作在“静态”的基础之上，所以，首先要保证各级放大器晶体管的直流静态工作正常。

5）先简单、后复杂。电子产品产生故障的原因多种多样，往往一种故障现象，原因产生于几个不同方面，或者几种故障连环套在一起，互相牵制，相互影响，这就容易给检测者带来不少障碍，这种情况下就要按照先简单、后复杂的原则细心检查，故障就不难排除。

例如放音机无声，这是最常见的故障，原因也很多，但只要根据电路原理从简到繁，按顺序去查，先查电源和开关，再查扬声器和输出、输入部分，再进一步查功放电路，最后检查低放电路和前级电路，从后向前逐级查故障之所在。

6）先通病、后疑难。“通病”一般指电子产品的常见故障，像放音机无声、电机不转等。其次由于电子产品电路设计上的不合理和生产工艺存在问题，使电子产品某几个元器件或某部分电路出现故障的频率较高，检修这类电子产品时，首先针对出现故障频率高的电路和元器件进行检查，可以很快消除故障。

“疑难”是指平时很少见、排除比较困难的故障。如收音机灵敏度低、存在啸叫声、杂音大、声音失真等。检测时应先排除一般性故障，再解决疑难故障。

（3）排除故障的检测方法。电子电路的故障检测方法很多，其中包括调试前的检测和调试后的检测。因此，检测时应根据不同的情况与条件分别选择不同的检测方法，也可将几种检测方法结合起来使用，有助于迅速查出故障点，找出解决问题的方法。下面介绍几种常见检测电子电路故障的方法，以供参考。

1）观察法。观察法是通过人体感觉系统（看、听、摸、闻）发现电子线路故障的一种方法，是最简单、最基本、最安全的一种方法，也是各种电子设备通用的检测手段之一。其中包括通电观察（动态）与不通电观察（静态）两种情况。

首先在不接通电源的情况下，打开产品外壳进行观察。用直观的办法或使用万用表电阻挡检测有无断线、脱焊、短路、接触不良等现象，并检测电子产品的绝缘性、保险丝通断、变压器好坏等。注意：只有在不通电观察没有发现问题时，才可以采用通电检测的方法。

其次，进行通电观察，有时可以直接发现故障的原因。如是否有冒烟、烧断、烧焦、打火、发热等现象。如遇到这些情况，必须立即切断电源分析原因，再确定检修部位。如果一时观察不清，可重复开机几次；但每次时间不要过长，以免扩大故障。必要时，断开可疑的部位再进行试验，看故障是否消除。

2）测量法。测量法就是利用万用表或各种测量设备测量电路中的各种参数来判断故障的一种方法，是检测电子产品故障使用的最广泛、最有效的一种检测方法。根据测量参数特性可分为电流（直接测量/间接测量）法、电压（直流/交流）法、电阻（在线/离线）法、静态工作点法、逻辑状态法和波形法等。

3）替代法。替代法就是利用性能良好的元器件、部件或电路来替代整机可能产生故障的相应部分，从而判断故障所在的一种检测方法，也是电路调试、检测中最常用、最有效的方法之一。其中包括元器件替代、单元电路替代、部件替代等。

4）比较法。用正常的相同机型或部件，与待测的产品通过各种测量手段测量所需参数后进行比较的一种方法。这种方法与替代法比较相似，只是测量比较的范围更大一些。其中包括整机比较、调整比较、旁路比较、排除比较等。

5）分割测试法。逐级断开各级电路的隔离元件或逐块拔掉各块印刷电路板，使整机分割成多个相对独立的单元电路，测试其对故障现象的影响。例如，从电源电路上切断它的负载并通电观察，然后逐级接通各级电路测试，这是判断电源本身故障还是某级负载电路故障的常用方法。

6）加热法与冷却法。加热法是利用电烙铁或加热设备对被怀疑的元器件进行加热，使故障提前出现来判断故障原因与部位的方法。这种方法特别适合于刚开机工作正常，工作一段时间后才出现故障的整机检测。

冷却法与加热法相反，是利用酒精或易于散热的设备对被怀疑的元器件进行冷却降温，使故障消失，从而判断故障的原因与部位的方法。冷却法特别适合于刚开机工作还正常，工作很短一段时间（几十秒或几分钟）就出现故障的整机检修。

使用加热法与冷却法应注意的事项：

① 这类方法主要用于检查“时间性”故障（“时间性”故障是指故障的出现与时间有一定的关系）和元器件温升异常的故障。应用时，要特别注意掌握好时间和温度，否则容易造成故障扩大。

② 这类方法操作过程中，由于电路通电工作，且酒精又是易燃品，因此应特别注意安全。

③ 这类方法只能初步判断出故障的大概部位和表面原因，故还应采用其他方法进一步检查和分析，找出故障的根源。

7）信号替代法。利用不同的信号源输入待修产品的有关单元电路，以判断各级电路的工作情况是否正常，从而可以迅速确定产生故障的原因和所在单元。检测的次序是，从产品的输出单元电路开始，逐步移向最前面的单元。这种方法适用于各单元电路是开环连接的情况，缺点是需要各种信号源，还必须考虑各级电路之间的阻抗匹配问题等。

8）调整法。通过调整电子产品中的微调电阻、微调电容、电感磁芯等可调元器件消除故障的一种方法。特别注意，在决定调节这些可调元件的参数以前，一定要对其原来的位置做好记录，以便一旦发现故障原因不是出在这里时，还能恢复到原先的位置上。

电子制作园地(六)

视力保护型台灯

根据多方调查研究表明:青少年视力下降的一个重要因素,就是读书写字持续时间过长,造成用眼过度、视神经疲劳而导致。下面介绍的视力保护型台灯能够通过灯光强弱变化来限制学生夜间持续学习的时间,从而迫使学生每看书写字 1 h 后,休息 10 min。在休息的时间内,学生可做一遍眼保健操或开窗遥望远处灯火、天空星星等,这对保护视力和清醒大脑都很有益处。

1. *工作原理*

视力保护型台灯的电路如图 6-3 所示,它是在普通白炽台灯内部加装了定时变光控制电路制作而成。其中虚线右边为新增电路,虚线左边为台灯原有电路。新增电路的核心器件是一块时基集成电路 A,它与 R_2,R_3和 C_2接成了典型的无稳态工作方式。VD_1,R_1,VD_2和 C_1组成简易电阻降压半波整流滤波电路,输出约 12 V 直流电压,供 A 及其外围元件工作用电。SA_2是功能转换开关。

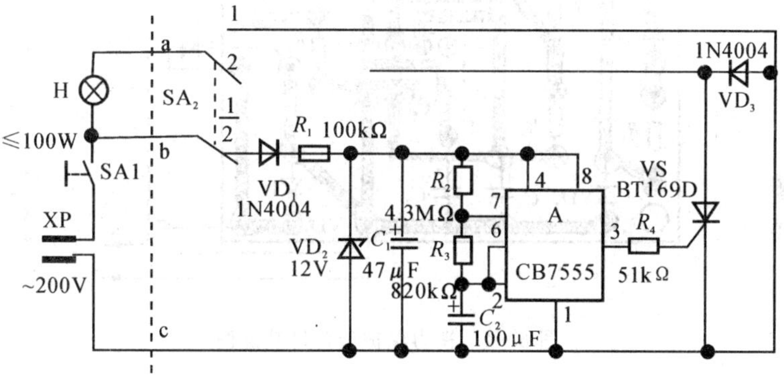

图 6-3　视力保护型台灯原理图

在接通电源后,将 SA_2拨至位置 1 两端,因 220 V 交流电直接加在 H 两端,故新增定时变光控制电路不起作用,台灯工作于正常照明状态。当 SA_2拨向位置 2 两端时,新增定时变光控制电路开始工作。由于电容器 C_2两端电压不能突变,集成电路 A 的第 2 脚为低电平,A 内部电路置位,其第 3 脚输出高电位,所以使得单向晶闸管 VS 通过 R_4获得合适触发电流而导通。交流电正、负半周分别经 VS 和 VD_3加至 H 两端,H 发出正常亮光。此时,12 V 直流电压经 R_2,R_3向 C_2充电,使得 A 的第 6 脚电位不断提高,当电位上升到 $2/3V_{DD}$(V_{DD}指 A 的工作电压)时,A 内部电路复位,其第 3 脚突变为低电平,VS 失去触发电流而在交流电过零时阻断。这时,220 V 交流电仅通过 VD_3加在 H 两端(为半波脉动电压),H 因欠压工作而发出暗光。与此同时,A 内部放电管导通,C_2所储电荷通过 R_3和 A 的第 7,1 脚放电,使第 2 脚电位不断下降。当 C_2 两端电压降至 1/3 V_{DD} 时，A 内部电路又置位，VS 重新导通，H 恢复正常发光，电路又重复上述过程。

电路中，C_2 充电所需时间，即为台灯正常照明时间，可由公式 $t_1=0.693(R_2+R_3)\times C_2$ 来估算；C_2 放电所需时间，即为台灯弱光照明的时间，可由公式 $t_2=0.693\times R_3\times C_2$ 来估算。如按图中元件，则 $t_1\approx60$ min，$t_2\approx10$ min。

2. 元器件选择

A 选用静态功耗很小的 CMOS 时基集成电路，如 CB7555 或 5G7555，CH7555，GLC555 型等。VS 选用 BT169D 或 2N6565 型等小型塑封单向晶闸管，VD_1，VD_3 均用 IN4004 型硅整流二极管；VD_2 用 12 V，0.25 W 普通硅稳压二极管，如 IN4106，2CW60 型等。$R_1\sim R_4$ 均用 RTX—1/8W 型碳膜电阻。C_1，C_2 用 CD11—16V 型电解电容器。C_2 质量好坏直接影响定时精确度，一定要选用漏电小的正品。SA 用 KNX—2W2D 型钮子开关，亦可用 KBB2×2 型拨动开关。

3. 制作与调试

图 6-4 所示为该视力保护型台灯的印刷电路板接线图。焊接好的电路板直接安装在被控台灯的底座腔内，灯座面板开孔固定 SA_2。电路板通过 a，b，c 三根导线与台灯原有电路相接，需要特别指出的是，所改造的台灯一定要选择白炽灯泡的台灯，荧光灯管的台灯切不可改造，以免造成灯具损坏。

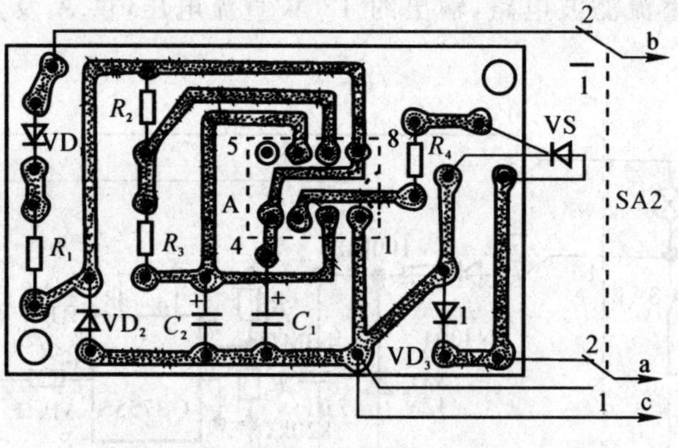

图 6-4 视力保护型台灯装配图

第七章　常用电子仪器仪表的使用

随着电子技术的飞速发展，在生产、科研、教学试验及其他领域，越来越广泛地要用到各种各样的电子仪器仪表。因此，只有熟练地掌握仪器仪表的使用方法，才能安全、准确地测量出各种参数数据。

7.1　指针式万用表

指针式万用表也称三用表或万能表，它集电压表、电流表和电阻表于一体，是测量、维修各种电气设备时最常用、最普通的测量工具。指针式万用表是用指针在表盘上的来回摆动来指示测量数值的万用表，属于一种模拟显示万用表。常用的指针式万用表的类型很多，现以M—500 型指针式万用表为例，如图 7-1 所示，介绍其使用方法及常用元器件的测试。

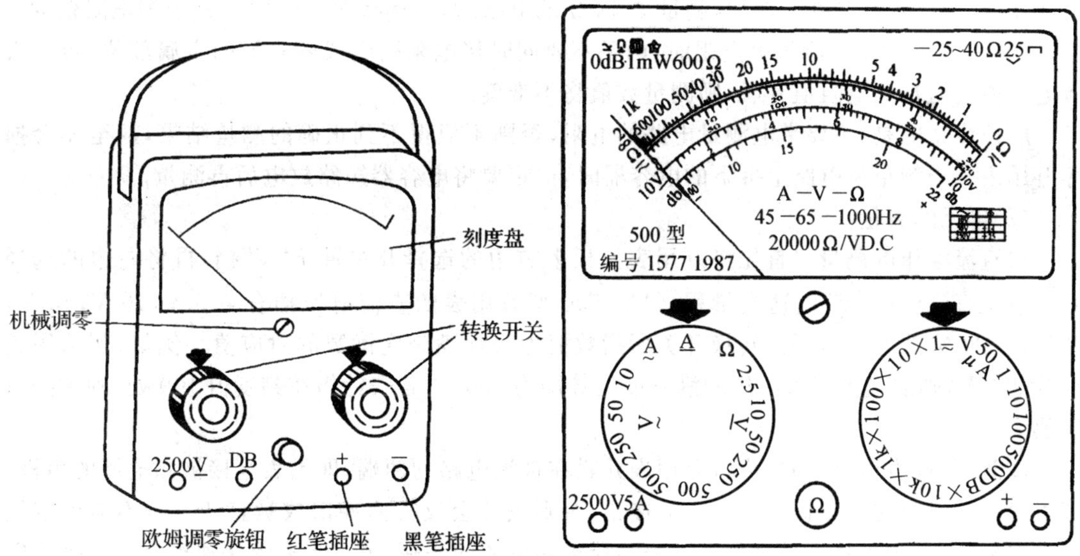

图 7-1　M—500 型万用表外形结构图和面板示意图

(a)外形结构图；(b)面板示意图

1. 指针式万用表的结构组成

指针式万用表通常由表头、表盘、外壳、表笔、转换开关、调零组件、电池、整流器和电阻器等组成。表头一般采用内阻与灵敏度均较高的磁电式微安直流电流表。它是万用表的主要部件，由指针、磁路系统、偏转系统和表盘等组成。

表盘上印有多种符号，如标度R和数值。使用万用表之前，应正确理解表盘上各种符号、字母的含义及各条刻度线的读法。

转换开关是用来选择测量内容和量程的装置。对大部分万用表来说只有1只转换开关，而500型万用表用两只转换开关来配合进行选择测量项目及量程。一定要注意其测量参数的读取方法。

万用表面板中心位置的"一"字形螺钉为机械调零部件，用来调整表头指针静止时的位置，即表针静止时应处于表盘左侧的"0"处。注意调零旋钮只在测量电阻时使用。

万用表有两支表笔，一支为黑表笔，接万用表面板上标有"一"端插孔(在电阻挡时内接表内电池的正极)；另一支为红表笔，接在万用表面板上标有"＋"端插孔(在电阻挡时内接表内电池的负极)或2 500 V电压端插孔、5 A电流端插孔。

2. 指针式万用表的使用方法

(1)电阻的测量。

1)万用表的调零。在测量电阻之前，应进行欧姆调零，即将两表笔短接后，看表的指针是否指在表盘右侧的0 Ω处。若表针偏离0 Ω处，则应调节欧姆调零旋钮，使表针准确地指在0 Ω处。若表针调不到0 Ω处，则应检查表内电池是否电量不足。

2)电阻的测量。测量电阻时，应首先将万用表面板上左边的转换开关置于"Ω"挡，再将右边的转换开关置于电阻挡(Ω)的适当量程，然后进行测量数据。一般的万用表盘上都有$R\times1$，$R\times10$，$R\times100$，$R\times1\text{k}$和$R\times10\text{k}$挡。注意选择量程时，应尽量使万用表的指针指在满刻度的2/3处，读数才更准确。例如，测量1.5 kΩ的电阻时，应选择$R\times100$挡，则被测电阻值$R=15\times100\ \Omega=1.5\ \text{k}\Omega$。测量大电阻时，两手不要同时接电阻两端或两表笔的金属部位，否则人体电阻值会与被测电阻值并联，则测量数值将不准确。

应该注意的是：不要带电测量电路的电阻，否则不但得不到正确的测量结果，甚至还会损坏万用表。当测量从电路上拆下的电容器时，一定要将电容器短路放电后再测量。

(2)电压的测量。

1)直流电压的测量。首先将万用表面板上右边的选择开关置于"$\underset{\simeq}{\text{V}}$"挡，再将左边的选择开关拨至直流电压"$\underline{\text{V}}$"的适当量程。M—500型万用表的直流电压挡有2.5 V，10 V，50 V，250 V，500 V共5个量程。转换开关所指数值为表针满刻度读数的对应值。例如，若选用量程为250 V，则表盘上直流电压的满刻度读数即为250 V；若表针指在刻度值100处，则被测电压值为100 V。

注意，测量直流电压时，应将万用表并联在被测电路的两端，即黑表笔接被测电源的负极，红表笔接被测电源的正极。极性不能接错，否则表针会反方向冲击或被打弯。若不能确定被测电源的极性，则可将万用表的一支表笔接被测电源的一端，另一支表笔快速触碰一下被测电源的另一端。若表针反方向摆动，则应把两支表笔对调后再测量。若不知被测点的电压数值，应先选择最大的量程测一下，再换用适当的量程测量。

2)交流电压的测量。测量交流电压的方法及其读数方法与测量直流电压相似，不同的是，测交流电压时万用表的表笔不分正、负极。首先将万用表面板上右边的选择开关置于"$\underset{\simeq}{\text{V}}$"挡，再将左边的选择开关拨至直流电压"$\underset{\simeq}{\text{V}}$"的适当量程。M－500型万用表的交流电压挡有

10 V,50 V,250 V,500 V 共 4 个量程。

一般的万用表只能测量正弦交流电压,而不能用于测量三角波、方波、锯齿波等非正弦波电压。当被测交流电压中叠加有直流电压值时,应在表笔中串接 1 只耐压值足够大的隔直电容器后再测量。测量交流电压时,还要了解被测电压的频率是否在万用表的工作频率范围(一般为 45～1 500 Hz)之内。若超出万用表的工作频率范围,测量读数值将急剧偏低。

(3)电流的测量。一般地,对电流的测量主要指直流电流的测量。因此,测量直流电流时,万用表的转换开关应置于直流电流挡“A”。M—500 型万用表的直流电流挡有 50 μA,1 mA,10 mA,100 mA,500 mA 共 5 个量程,测量时应将左边的转换开关置于直流电流挡“A”,将右边的转换开关置于直流电流挡“A”的适当量程。

特别注,意测量时应将万用表串入被测电路中,还应注意表笔的极性,红表笔应接高电位端。电流值的读数方法与测直流电压相同。

(4)晶体管放大倍数的测量。对 M—500 型万用表来说,不具有测量晶体管放大倍数的功能,而 M—47 型万用表具有晶体管放大倍数测量功能。测量时,先将转换开关置于 ADJ 挡,两表笔短接后调零,再将转换开关拨至 h_{FE}挡。然后将被测晶体管的 E, B,C 三个电极分别插在 h_{FE}测试插座上的相应电极插孔中(大功率晶体管可用引线将其各电极引出,再插入插座中)。NPN 管插在“N”插座上, PNP 管插在“P”插座上,表针将显示被测管的放大倍数值。

(5)分贝(dB)值的测量。dB 值是功率增益电平的单位。测量 dB 值时,万用表应置于 10 V 交流电压挡。表盘上的 dB 刻度线为－10～22 dB,它是在 10V 交流电压挡的电压范围内画出来的,只适合被测点电压在 10 V 交流电压以下时使用。若被测点电压较高,万用表应置于交流电压挡的 50 V 或 250 V,500 V 量程。若用 50 V 交流电压挡测量 dB 值,则指针读数应加上＋14 dB 即为测量值;若使用 250 V 交流电压挡测量 dB 值,则指针读数应加上28 dB(例如,若测出读数是 10 dB,则实际的绝对电平应为 10 dB＋28 dB＝38 dB);若使用 500 V 交流电压挡测量 dB 值,则指针读数应加上 34 dB。还应注意的是,当测量的阻抗为 600 Ω 时,万用表的 dB 值指示为标准值(500 型万用表的表盘上标注有“0 dB ＝1 mW600Ω”字样,是指测量点的阻抗为 600 Ω 时 1 mW 的基准功率即为零电平)。另外,测 dB 值时,要求被测信号的频率为 45～1 000 Hz 的正弦波。若被测信号频率超过 1 000 Hz,或不是正弦波形,则测出的结果不能认为是电平值。

(6)使用指针式万用表时应注意以下几点:

1)每次拿起表笔测量时,必须看清楚转换开关是否在所测类别的相应量程,表笔是否在相应的插孔内。要养成“测量先看挡,不看不测量”的好习惯。

2)在测量过程中,不能任意拨动转换开关,尤其是在测量高电压大电流时。测量完毕,应将转换开关拨至电压最高挡。有“·”或“ OFF”挡的万用表,应将转换开关旋至此位置。

3)万用表的放置应根据表头的“⊥”(标尺位置为垂直)、“┌─┐”(标尺位置为水平)符号的要求,将万用表垂直或水平放置。若表针不指在刻度尺的起点上(∞处),则应先进行机械零位的调整。

7.2 数字万用表

数字万用表是以数字形式显示测量结果的万用表。它是利用模数(A/D)转换原理,将被测模拟量转换为数字量,经计算、分析、比较后显示测量结果的多功能、多量程测量仪表。与指针式万用表比较,内部结构发生了根本的转变。具有读数直观清晰、测量精度高、分辨力强、测量范围宽、功能齐全等优点。常用数字万用表的显示位数一般分三位半、四位半、五位半,与之相对应的数字显示最大值为 1999,19999 和 199999。现以 UT52 型数字式万用表为例,如图 7-2所示,介绍其使用方法及常用元器件的测试。

1.数字万用表使用技术

(1) 交直流电压(ACV/DCV)测量。由于数字万用表的输入阻抗比指针式万用表高,且可达到 10 MΩ,所以测量时对被测电路的影响较小。因此,测量时将黑表笔插入 COM 测试孔内,红表笔插入 V/Ω/▶| 测试孔内,并把功能开关旋至 V~ 或 V− 位置,然后选择合适的量程后,将两支表笔分别接在被测负载两端,此时显示被测电压值。注意:当测直流电压时同时显示出红表笔所接的极性。

(2) 交直流电流(ACA/DCA)测量。首先将黑表笔插入 COM 测试孔内,若被测电流小于 300 mA,红表笔插入 mA 测试插孔内,如被测电流为 300 mA～10 A,将红表笔插入标有 A 测试孔内。

无论测试交流电流还是测试直流电流,首先要估算被测量的大小,然后将功能开关旋至 ACA/DCA 区间,并选择合适的量程段,当事先不知被测电流的大小时,则应从高量程开始,然后降低量程以取得足够的测量精度。测量时将万用表串接到被测电路中, LCD 显示出电流值和测直流电流时红表笔所接的极性。

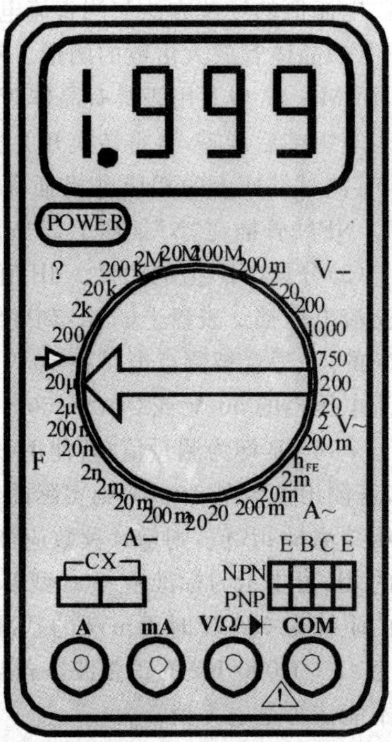

图 7-2　数字万用表面板图

(3) 电阻测量。将黑表笔插入 COM 测试插孔内,红表笔插入 V/Ω/▶|测试插孔内,把功能开关旋至 Ω 区间,选择合适量程,将红、黑两只表笔接到被测电阻两端即可。

(4) 电容 CX 测量。首先将功能开关置于标有 F 的量程区间,选择合适量程。然后将被测电容的两极短路放电后,再将电容插入标有 CX 的小孔中,待 LCD 显示稳定后即可读出被测电容的量值。或者将黑表笔插入 COM 测试插孔内,红表笔插入 V/Ω/▶|测试孔内,选择合适量程后将两支表笔分别接被测电容两端即可进行测量。

(5) 二极管▶|测量。半导体二极管是由一个 PN 结构成,具有单向导电性,且正向导通时呈低阻,反向偏置时呈高阻的电子元器件。因此利用数字万用表的二极管挡可以判定二极管的正、负极性,鉴别锗、硅管,并可测试管子的正向导通电压。注意,测量时将黑表笔插入 COM 测试孔内,红表笔插入 V/Ω/▶|测试孔内。

1）判定正、负极。将数字万用表功能开关旋转至二极管挡▶|，将万用表的红、黑两只表笔分别接在被测二极管的两个电极，若显示值为1 V以下，说明管子处于正向导通，红表笔接的是正极，黑表笔接的是负极。如果显示“1”，则管子处于反向截止状态，黑表笔接的是正极，红表笔接的是负极。

2）区分锗管或硅管。二极管挡的工作原理是：表内基准电压源向被测二极管提供大约1 mA的正向电流，管子的正向电压降 V_f 就作为仪表输入电压 V_{in}。对于锗管应显示0.2～0.3 V，对于硅管应显示0.5～0.7 V。根据管子的正向电压差，可区分锗管与硅管。

（6）三极管 h_{FE} 测量。首先将功能开关旋至 h_{FE} 挡，在确定被测管的类型后将三极管的e，b，c三个极分别插入面板对应的晶体管插孔内，等到LCD显示稳定后即可读出被测管的放大倍数。

2. 数字万用表测量注意事项

（1）使用前首先应熟悉万用表上各个功能开关、按钮、测试插座的功能及用法。

（2）万用表面板上的选挡旋钮旁边标明的数字，代表测量时允许输入的最大值，即测量范围。

（3）测量电压时，数字万用表应与被测电路并联，测电流时应串联接在被测电路中，表本身具有自动转换并显示极性的功能，当测量直流电压和电流时，可不必考虑表笔的接法。

（4）测量高压时应注意安全，当电压超过几百伏时，应该单手操作，即将黑表笔固定在被测电路的公共端，用红表笔去接触测试点。

（5）测量电阻器及检测二极管、检查线路通断时，红表笔应接V/Ω/▶|输入测试插座，此时红表笔带正电，黑表笔接COM插座而带负电，这与指针式万用表欧姆挡极性正好相反，因此，当检测二极管、三极管、发光二极管、电解电容等有极性元件时，必须注意表笔的极性。

（6）数字万用表电阻挡所提供的测试电流很小，测量二极管、晶体管正向电阻时，要比用指针式万用表欧姆挡测量的值高出几倍，甚至几十倍，这时可改用二极管挡来测试PN结正向压降，以获得准确的结果。

（7）严禁在电路带电的情况下，用数字万用表电阻挡去测量电路的阻值。

（8）测量有极性的电解电容器时，应先将电容器放电再测量，以免损坏仪表。

7.3　YB1634型函数发生器/计数器

该仪器是集函数信号发生器、标准TTL脉冲发生器/计数器为一体的精密测试仪器，是科研、教学实验中应用很广泛的一种仪器。

7.3.1　操作面板说明

YB1634型函数发生器/计数器面板操作如图7-3所示。

（1）电源开关（POWER）：将电源开关按键弹出即为“关”位置，将电源线接入，按电源开关以接通电源。

（2）LED显示窗口：此窗口指示输出信号的频率，当“外接”开关按入时，显示外测信号的频率。

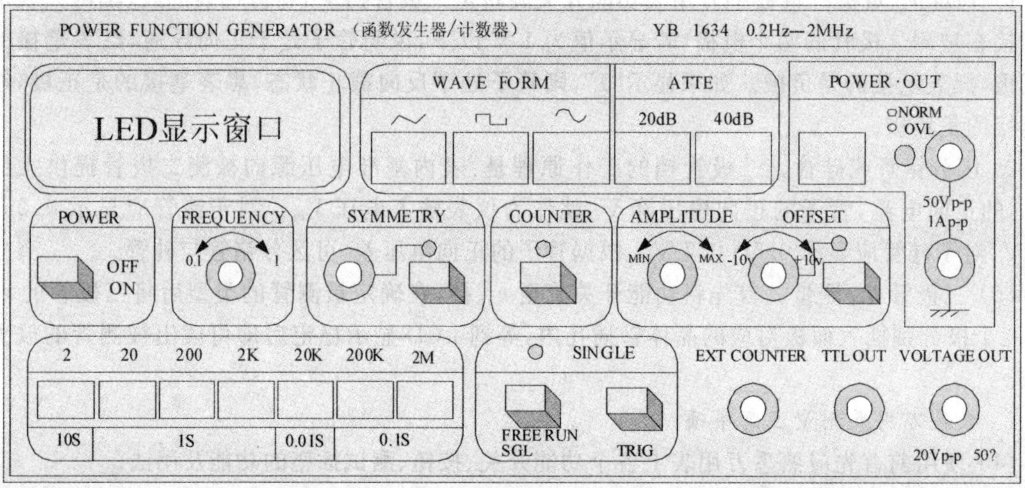

图 7-3 YB1634 型函数信号发生器计数器面板示意图

(3) 频率调节旋钮(FREQUENCY)：调节此旋钮改变输出信号频率，顺时针旋转，频率变大，反之频率变小。

(4) 对称性(SYMMETRY)：对称性开关、对称性调节旋钮，将对称性开关接入，对称性指示灯亮，调节对称性旋钮可改变波形的对称性。

(5) 波形选择开关(WAVE FORM)：按入对应波形的某一键，可选择需要的波形，三只键都未按入，无信号输出，此时为直流电平。

(6) 衰减开关(ATTE)：电压输出衰减开关，两挡开关组合为 20dB，40dB 和 60dB。

(7) 频率范围选择开关(兼频率计数闸门开关)：根据需要的频率，按下其中一键。如 2K，20K，2M 等。

(8) 功率输出开关(POWER OUT)：按下此键，功率指示灯变绿色，如果该指示灯由绿色变为红色，则说明输出短路或过载。

(9) 功率输出端：该输出口为电路负载提供功率输出，负载应为纯电阻，如感性或容性负载。串入 10 W/50 Ω 左右电阻(最大幅度输出时)，如果输出是 $40V_{p-p}$，可选择 40 Ω 左右的电阻。

(10) 直流偏置(OFFSET)：按下直流偏置开关，直流偏置指示灯亮，此时调节直流偏置调节旋钮，可改变直流电平。

(11) 幅度调节旋钮(AMPLITUDE)：顺时针调节此旋钮可增大电压、功率输出的幅度，逆时针调节此旋钮可减小电压、功率输出的幅度。

(12) 外测开关(COUNTER)：此开关按下时 LED 显示窗显示外测信号频率，外测信号由 EXT COUNTER 输出口输入。

(13) 电压输出口(VOLTAGE OUT)：电压由此端口输出。

(14) EXT COUNTER：外测信号输出端口。

(15) TTL OUT 端口：由此端口输出 TTL 信号。

(16) 单次开关(SINGLE)：当“SGL”开关按下时，单次指示灯亮，仪器处于单次状态，每按一次“TRIG”键，电压输出端口输出一个单次波形。

7.3.2　基本操作方法

1. 50 Ω 主函数信号输出

操作步骤如下：

(1) 按动频率范围选择按钮(如 2K)，选择输出函数信号的频段，然后旋转频率调节旋钮(FREQUENCY)，并观察频率显示器 LED 显示的频率，直到调出所需要的频率值。

(2) 按函数输出波形选择按钮(WAVE FORM)，选定输出函数的波形是正弦波、三角波或脉冲波。

(3) 调节函数信号输出幅度旋钮(AMPLITUDE)，同时观察幅度显示器窗口 LED 所显示的幅度值，以确定信号输出的幅度。如果需要对信号幅度进行衰减，那么可分别按下衰减 20 dB 或 40 dB 的按钮。

(4) 如果需要改变输出信号的直流电平，那么可以调节输出信号电平设定旋钮(OFFSET)。

(5) 当要改变输出信号波形的对称性时，可调节输出信号波形对称性旋钮(SYMMETRY)。

(6) 由前面板插座经 50 Ω 匹配器测试电缆输出函数信号。

2. TTL 脉冲信号输出

按照主函数信号输出调节方法的操作步骤(1)，调节所需要的频率即可，标准的 TTL 脉冲信号由插座(TTL OUT)输出。

3. 外部频率的测量

按动扫描计数按钮(SYMMETRY)，选择外扫描方式(EXT COUNTER)。由外部输入插座输入被测信号，被测频率由频率显示器 LED 显示出来。

7.4　直流稳压电源

在调试电子电路及维修电子仪器中，直流稳压电源是不可缺少的常用电子设备。下面以 YB1719 直流稳压电源为例说明其使用方法。图 7－4 所示为直流稳压电源面板图。

7.4.1　操作面板说明

(1) 电源开关(POWER)：按下电源开关，电源接通。

(2) 电压调节旋钮(VOLTAGE)：作为单路直流稳压电源使用时，该旋钮为输出电压粗调旋钮；作为多路直流稳压电源使用时，该旋钮为主路电压调节旋钮。顺时针调节，电压由小变大；逆时针调节，电压由大变小。

(3) 恒压指示灯(C. V)：当主路处于恒压状态时，C. V 指示灯亮。

(4) 显示窗口(左)：作为单路稳压电源使用时，该窗口显示输出电压值；作为多路稳压电源使用时，该窗口显示主路输出电压或电流。

(5) 电流调节旋钮(CURRENT)：作为单路稳压电源使用时，该旋钮为输出电流细调旋钮；作为多路稳压电源使用时，该旋钮为主路电流调节旋钮。顺时针调节，输出电流由小变大；逆时针调节，输出电流由大变小。

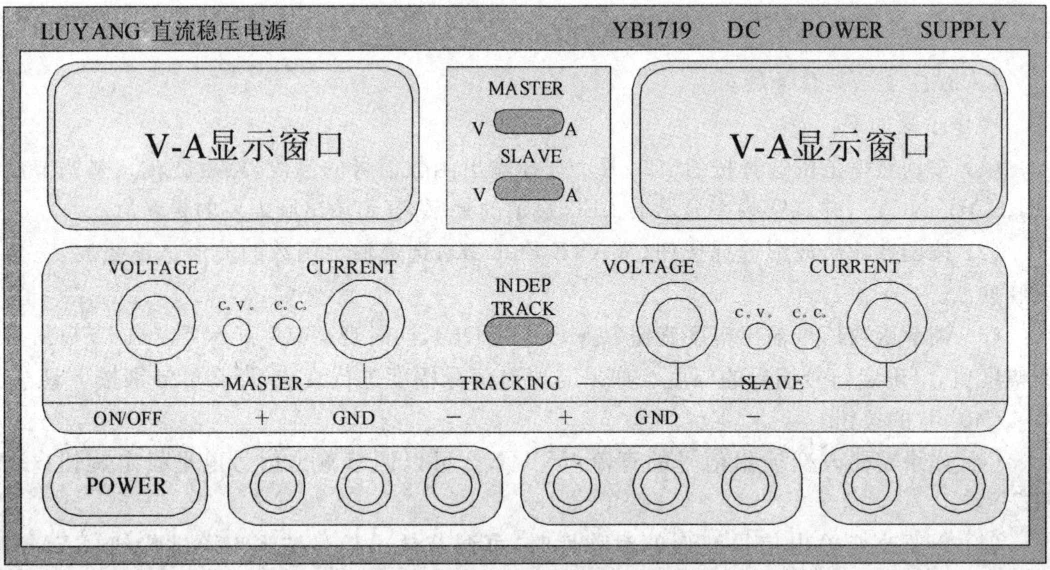

图 7-4 直流稳压电源面板图

(6) 恒流指示灯(C. C):作为单路稳压电源使用时,该指示灯不亮;作为多路稳压电源使用时,当主路处于恒流状态时,该灯亮。

(7) 输出端口(左):作为单路稳压电源时,为输出端口;作为多路稳压电源时,为主路输出端口。

(8) 跟踪(TRACK):作为单路稳压电源使用时,无此功能;作为多路稳压电源使用时,将此开关按入,主路与从路的输出正端相连,为并联跟踪;调节主路电压或电流调节旋钮时,从路的输出电压(或电流)跟随主路变化,主路的负端接地,从路的正端接地,为串联跟踪。

(9) 电压调节旋钮(VOLTAGE):作为单路电源使用时,为电压粗调旋钮;作为多路电源使用时,为从路输出电压的调节旋钮。顺时针调节,输出电压由小变大;逆时针调节,输出电压由大变小。

(10) 恒压指示灯(C. V):作为单路稳压电源使用时,该指示灯不亮;作为多路稳压电源使用时,为从路恒压指示灯,当从路处于恒压状态时,该灯亮。

(11) 电流调节旋钮(CURRENT):作为单路稳压电源使用时,为电流细调旋钮;作为多路稳压电源使用时,为从路电流调节旋钮。顺时针调节,电流由小变大;逆时针旋转,电流由大变小。

(12) 恒流指示灯(C. C):作为单路稳压电源使用时,为恒流指示灯,当输出处于恒流状态时,该灯亮;作为多路稳压电源使用时,为从路恒流指示灯。

(13) 显示窗口(右):作为单路稳压电源使用时,为电流显示窗口;作为多路稳压电源使用时,为从路输出电压(或电流)显示窗口。

(14) 输出端口(右):作为单路稳压电源使用时,无输出;作为多路稳压电源使用时,为从路输出端口。

(15) 主路电压/电流开关(V/I):作为单路稳压电源使用时,该开关无作用;作为多路稳压电源使用时，该开关弹出，无左边窗口显示为主路输出电压值；该开关按入，显示为主路输出电流值。

(16) 从路电压/电流开关(V/I)：作为单路稳压电源使用时，无左边窗口开关；作为多路稳压电源使用时，此开关弹出，左边窗口显示为从路输出电压值；此开关按入，右边窗口显示为从路输出电流值。

(17) 固定 5 V 输出端口：此端口输出固定 5 V 电压。

7.4.2　直流稳压电源的使用方法

1. 使用之前检查步骤

(1) 检查供电电压范围：供电电压范围为 198～242V。

(2) 检查所用的保险丝：为了防止由于过电流引起的电路损坏，应使用规定的保险丝型号。

1) 如果保险丝熔断，仔细检查原因，修理之后换上规定的保险丝。

2) 如果使用的保险丝不当，不仅会导致出现故障，甚至会使故障扩大。因此，必须使用规定的保险丝。

(3) 操作注意。

1) 电流调节电位器调至中心位置。

2) 输出尽量不要短路，以免损坏调整管。

2. 使用方法

(1)打开电源开关前，先将电源线插入后面板上的交流插孔，如表 7－1 所示设定各个控制键。

表 7－1　各控制键设定位置

调节旋钮	设定位置
电源(POWER)	置断开位置
电压调节旋钮(VOLTAGE)	调至中间位置
电流调节旋钮(CURRENT)	调至中间位置
电压/电流开关(V/I)	置弹出位置
跟踪开关(TRACK)	置弹出位置
＋GND－	“－”端接 GND

(2)电压/电流开关按入，表头指示值应为零，当输出端口接上相应的负载时，表头应有指示。顺时针调节电流调节旋钮，指示值由小变大；逆时针调节，指示值由大变小。

(3)跟踪开关按入，主路负端接地，从路正端接地。此时调节主路电压调节旋钮。从路的显示窗口显示应同主路相一致。

(4)固定 5 V 输出端口，应有 5 V 输出。

直流稳压电源的使用方法很简单。使用时，应注意所需直流电压的极性。如果需要输出正电压，则应将直流稳压电源的输出端子“－”接用电设备的“地”，将端子“＋”接所需正电压端。如果需要输出负电压，则上述接线方法正好反过来，通电前应检查输出电压是否符合要求，输出电压的大小，可以观察电压表的读数，最好用万用表复测一下，以防误接高电压而损坏用电设备。

7.5 示 波 器

示波器是电子领域最重要的测试仪器之一，用途非常广泛，能把人们无法直接看到的电信号的变化规律转换成可以直接观察的波形。它可以用来测量各种电信号的电压、电流、周期、频率、相位、失真度等参量，同时也是调试、维修、检验各种电子设备不可缺少的工具；与传感器配合使用，可测量温度、压力、速度、振动、声、光、磁等非电量的参数。

示波器目前的种类和型号很多，它们的用途及特点各异，但大致可分为通用示波器、多束多踪示波器、逻辑示波器、专用示波器等。下面以 YB4325 型双踪示波器为例，介绍面板上各开关及旋钮的作用和常用的测试方法。如图 7－5 所示。

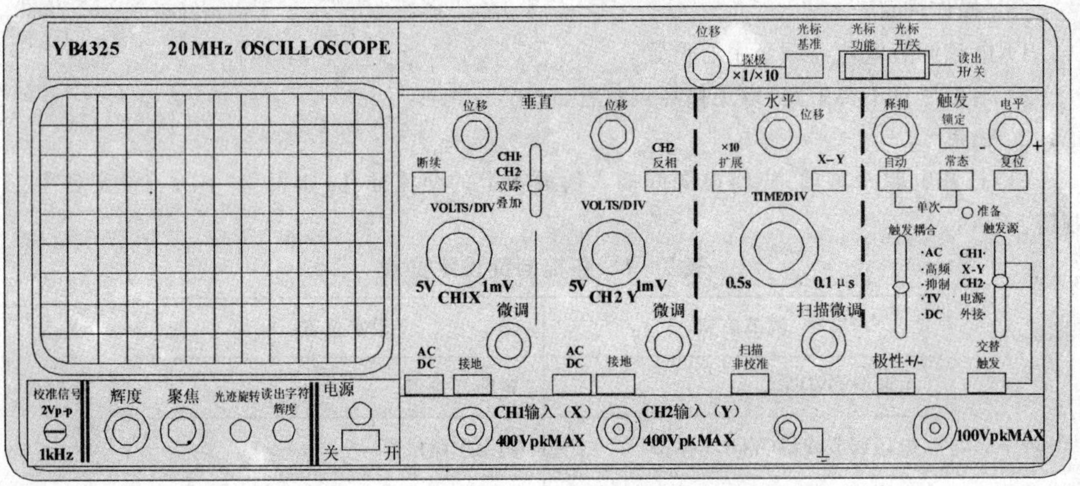

图 7－5 YB4325 型双踪示波器面板示意图

7.5.1 示波器面板说明

1. 电源及示波管控制部分（见图左下角部分）

电源开关：按钮按下则示波器电源接通，弹出则电源关闭。

电源指示灯：示波器电源接通时，指示灯亮。

辉度旋钮：控制光点和扫描线的亮度，顺时针方向旋转，亮度增强；反之亮度减弱。

聚焦旋钮：用辉度控制旋钮将亮度调至合适的标准，然后调节聚焦控制按钮直至光迹达到最清晰的程度。虽然调节亮度时，聚焦电路可自动调节，但聚焦有时也会轻微变化，如果出现这种情况，需重新调节聚焦旋钮。

光迹旋钮：由于磁场的作用，当光迹在水平方向轻微倾斜时，调节该旋钮使光迹与水平刻度平行。

显示屏：仪器的测量显示终端。

校准信号输出端子：提供 1 kHz±2%，$2V_{p-p}$±2%方波作为本机 Y 轴、X 轴校准用。

2. 垂直方向部分(见图右半部分偏左位置)

通道 1 信号输入端(CH1)：该输入端用于垂直方向信号的输入，在 X－Y 方式时，作为 X 轴信号输入端。

通道 2 信号输入端(CH2)：和通道 CH1 一样，但在 X－Y 方式时，作为 Y 轴信号输入端。

交流-直流-接地(AC,DC,GND)：输入信号与放大器连接方式选择开关。

· 交流(AC)：放大器输入端与信号连接由电容器来连接。

· 接地(GND)：输入信号与放大器断开，放大器的输入端接地。

· 直流(DC)：放大器输入与信号输入端直接耦合。

衰减器开关(VOLTS/DIV)：用于选择垂直偏转系数，共 12 挡。如果使用 10∶1 的探极，计算时将幅度乘 10。

垂直微调旋钮：垂直微调旋钮用于连续改变电压偏转系数。此旋钮在正常情况下应位于顺时针方向旋到底的位置。将旋钮逆时针旋到底，垂直方向的灵敏度降低 2.5 倍以上。

断续工作方式开关：CH1，CH2 两个通道按断续方式工作，断续频率为 250kHz，适用于低速扫描。

垂直移位旋钮：调节光迹在屏幕中的垂直位置。

垂直方式工作开关：选择垂直方向的工作方式。

· 通道 1(CH1)选择：屏幕上仅显示 CH1 的信号。

· 通道 2(CH2)选择：屏幕上仅显示 CH2 的信号。

· 双踪选择：屏幕上显示双踪，自动以交替或断续方式同时显示 CH1 和 CH2 上的信号。

· 叠加(ADD)：显示 CHl 和 CH2 输入信号的代数和。

CH2 极性开关：按此开关时 CH2 显示反相信号。

3. 水平方向部分(见图右半部分偏中间位置)

主扫描时间系数选择开关(TIME/DIV)：共 20 挡，在 0.1 μs～0.5 s/Div 范围内选择扫描速率。

X－Y 控制按钮：按下此按钮，垂直偏转信号接入 CH2 输入端，水平偏转信号接入 CHl 输入端。

扫描非校准状态按钮：按下此按钮，扫描时即进入非校准调节状态，此时调节扫描微调有效。

扫描微调控制旋钮：此旋钮以顺时针方向旋转到底时，处于校准位置，扫描由 Time/Div 开关指示。此旋钮逆时针方向旋转到底，扫描降低 2.5 倍以上。当扫描非校准状态按钮未按下时，扫描微调控制旋钮调节无效，即为校准状态。

水平移位旋转旋钮：用于调节光迹在水平方向移动。顺时针方向旋转该旋钮向右移动光迹，逆时针方向旋转向左移动光迹。

扩展控制旋钮：按下去时，扫描因数乘 10，扫描时间是 Time/Div 开关指示数值的 1/10。

接地端子：示波器外壳接地端。

4. 触发系统(见图右半部分偏右位置)

触发源选择开关:通道 1 触发(CH1,X - Y),CHl 通道信号为触发信号,当工作方式在 X - Y方式时,拨动开关应设置于此挡;通道 2 触发(CH2),CH2 通道的输入信号是触发信号;电源触发,电源频率信号为触发信号;外触发,外触发输入端的触发信号是外部信号,用于特殊信号的触发。

交替触发:在双踪交替显示时,触发信号来自于两个垂直通道,此方式可用于同时观察两路不相关信号。

外触发输入插座:用于外部触发信号的输入。

触发电平旋钮:用于调节被测信号在某选定电平触发,当旋钮转向"+"时显示波形的触发电平上升,反之触发电平下降。

电平锁定:无论信号如何变化,触发电平自动保持在最佳位置,不需要人工调节电平。

释抑:当信号波形复杂,用电平旋钮不能稳定触发时,可用"释抑"旋钮使波形稳定同步。

触发极性旋钮:触发极性选择。用于选择信号的上升沿和下降沿触发。

触发方式选择:

· 自动:在自动扫描方式时,扫描电路自动进行扫描。在没有信号输入或输入信号没有被触发同步时,屏幕上仍然可以显示扫描基线。

· 常态:有触发信号才能扫描,否则屏幕上无扫描线显示。当输入信号的频率低于 50Hz 时,用常态触发方式。

· 单次:自动、常态两按钮同时弹出被设置于单次触发工作状态,当触发信号来到时,准备指示灯亮,单次扫描结束后指示灯熄灭,复位按钮按下后,电路又处于触发状态。

7.5.2 示波器的使用

进行电压测量时,一般将 CH1,CH2 垂直微调旋钮置于"校准"位置上(顺时针旋到底),此时可以按衰减器开关(VOLTS/DIV)的指示值直接计算出被测信号的电压值。测量信号频率时,示波器探头用 10∶1 时输入电容小,用来观察高频或快速信号较好。

1. 直流电压的测量

将衰减器开关旋到合适的挡级(确定垂直偏转系数),如不知电压高低则先多衰减一些,然后再根据情况选择合适的挡级,输入信号与放大器连接方式选择开关按下,使放大器输入端接地,触发方式选择按钮置于"自动"。此时显示屏上将显示一条水平的扫描线,调节 Y 轴移位旋钮,使扫描线落在便于观察的水平刻度线上,接入被测直流电压,将输入信号与放大器连接方式选择开关按下。此时看到水平扫描线跳离原来的位置,向上跳说明被测的电压是正压,反之向下跳是负压。读出水平扫描线跳跃的距离 H(格),则被测电压为

$$V=\text{垂直偏转系数}(\text{V/Div})\times H(\text{Div})$$

当被测电压经 10∶1 探头输入时,测得电压值应乘 10。

2. 交流电压的测量

将衰减器开关旋到合适的挡位上,输入信号与放大器连接方式选择开关弹出,从屏幕上读出交流电波形上峰点和下峰点之间的距离 H(格),按测量直流电压的算法,即可算出被测交流电压的峰-峰值 V_{p-p}。

3. 信号周期的测量

首先把垂直微调旋钮置于"校准"位置上(顺时针旋到底)，这样，可以由主扫描时间系数选择开关的指示值直接计算出时基线上被测两点之间距离 D(格)的时间间隔 T 为

$$T=t/\mathrm{Div}\times D(\mathrm{Div})$$

例　主扫描时间系数选择开关置为 2 ms，垂直微调旋钮置于"校准"位置上，显示波形如图 7-6 所示。由图 7-6 可得

$$T=2\ \mathrm{ms/Div}\times 8\ \mathrm{Div}=16\ \mathrm{ms}$$

如果将扩展控制按钮按下，相当于扫描速度加快 10 倍，其计算方法为

$$T=t/\mathrm{Div}\times D/\mathrm{Div}\times 1/10$$

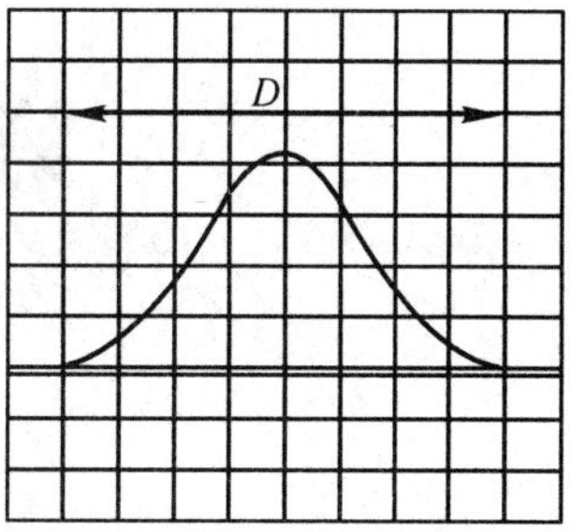

图 7-6　信号周期的测量

4. 频率的测量

对于信号频率的测量，可以按前面测周期的公式先算出每一周期的时间。因为

$$f=1/T$$

所以可以求得所需的频率。

例　信号波形周期为 4Div，主扫描时间系数选择开关置为 1μs，垂直微调旋钮置于"校准"位置上，因此

$$T=1\ \mu\mathrm{s}\times 4=4\ \mu\mathrm{s}$$

$$f=\frac{1}{4\times 10^{-6}}=25\times 10^{4}(\mathrm{Hz})$$

5. 相位的测量

利用示波器的双踪功能，可以很方便地测出两个同频率信号之间的相位差。垂直方式工作开关拨到双踪位置，两个信号由 CH1 和 CH2 输入端子输入，调节主扫描时间系数开关和扫描微调旋钮，以及水平位移旋钮，使其中一个信号波形的周期在水平方向上为 9 格，如图 7-7 所示，这样屏幕上每一格的相位角为 40°，从屏幕上读出超前波形与滞后波形在水平轴的间隔 L(格)，即可算出两个信号之间的相位差为

$$\theta(\text{相位差})=L(\mathrm{Div})\times 40°/\mathrm{Div}=1.5\ \mathrm{Div}\times 40°/\mathrm{Div}=60°$$

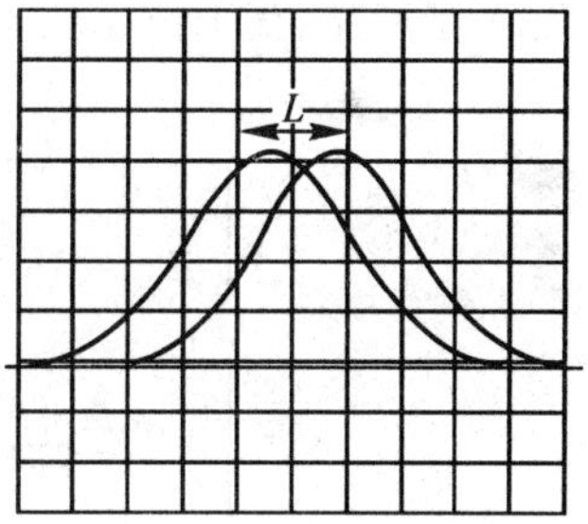

图 7-7　相位的测量

第八章　电子实习产品

随着电子工业及超大规模集成电路的飞速发展，应用电子技术以实用性和趣味性吸引了众多的电子爱好者，特别是一些小规模、实用性强的电子小产品，更是初学者学习电子产品的热点。然而，作为电子产品的装配与制作则是电子工艺训练中一项很重要的内容。它综合了许多学科和电子工艺方面的知识，如电子元器件基础、电子线路的焊接装配工艺、印刷电路板的设计与制作、电子产品的调试与维修等。本章主要介绍以下几种电子实习产品的装配与制作，以加深对电子工艺知识的理解，培养学生对电子学的学习兴趣和创新能力。

8.1　产品一：CF—6789B(改进)型放音机装配与制作

CF—6789B 型放音机是在原来已经使用两年多的教学实践产品 CF—6789A 型的基础上经过技术改进，最终确定为教学实践产品。通过三年多的教学实践和使用，它不管是从音质上，还是从稳定性上其性能都优于原 A 型的产品。为了能和原产品形成对比，首先介绍 CF—6789A 型产品，其工作原理如图 8-1 所示。

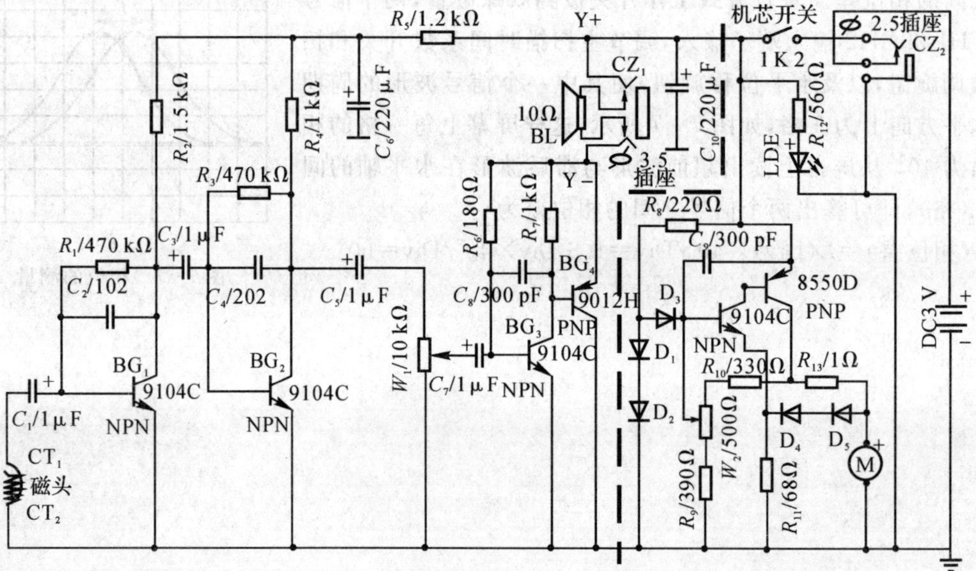

图 8-1　CF—6789A 型放音机电路原理图

从图 8－1 可知，CF—6789A 型放音机电路主要由放音电路和直流电机稳速电路（由分立元件组成）两大部分组成，其中以图中虚线为界，左半部分为放音部分，右半部分为电机驱动部分。由于 A 型产品装配和调试起来相对比较困难，出现的问题也比较多，现已经被淘汰。因此，以下主要以 B 型产品为主，详细介绍其工作原理及装配和制作过程。

1. 电路工作原理

同 A 型产品一样，CF—6789B 型放音机电路也是由放音电路和直流电机稳速电路（由模拟集成电路和外围电路组成）两大部分组成，其工作原理如图 8－2 所示。其中也是以图中虚线为界，左半部分为放音部分，右半部分为电机驱动部分。

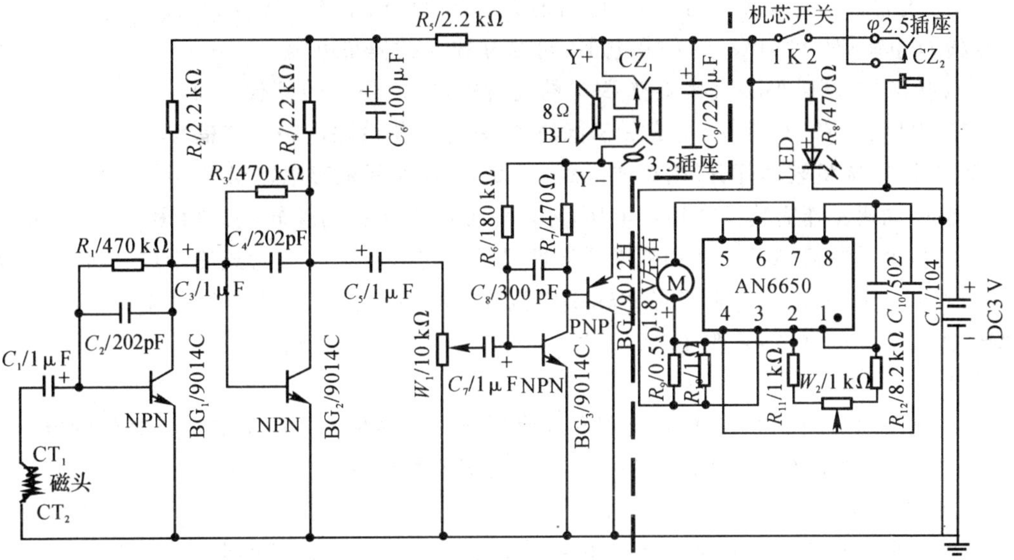

图 8－2　CF—6789B 型放音机电路原理图

第一部分：放音部分（由前置放大、二级放大、功率放大及外围元器件等组成）

CF—6789B 放音机是将记录在磁带上的音频信号通过磁头按照录音时的速度，利用电磁感应原理还原成电信号，然后通过 BG_1，BG_2 的二级电压放大后输送到由 BG_3 和 BG_4 组成的复合管（甲类放大器）进行功率放大而推动喇叭工作。

其中各单元电路中元器件的作用如下：

第一级（前置放大）：由 BG_1（9014）和外围元器件构成前置放大器，其作用是将磁头还原成的电信号进行前置放大。

CT 是放音磁头，其作用是将记录在磁带上的音频信号还原成电信号。

470 kΩ 电阻（R_1，R_3）为偏置电阻，其作用是提供基极偏压，同时起电压并联负反馈的作用。

2.2 kΩ 电阻（R_2，R_4）为集电极负载电阻，其作用是将电流转换成电压输出。

1 μF 电容（C_1，C_3，C_5）为耦合电容，其作用是隔直通交，注意此电容有正负极性。

202pH 电容（C_2，C_4）为消振电容，其作用为消除因自激而产生的干扰信号。

第二级（电压放大）：由 BG_2（9014）和外围元器件构成电压放大器，其作用是将前置放大器输送的电信号再一次放大。

各个元器件作用同第一级。

第三极(BG_3)与第四极(BG_4)组成复合功率管(甲类放大器),其作用是将由二级放大器输送来的电信号进行功率放大,以推动喇叭工作。

复合管的作用是提供更大的电流以推动喇叭工作,其等效电路为前极极性;优点是成本低、电路简单,但有效率低、功率小、易失真、动态范围小等缺点。

10 kΩ 电位器(W_1)为音量调节电位器,用来调节喇叭或耳机音量大小。

1 μF 电容(C_7)为耦合电容,其作用是隔直通交,注意此电容有正负极性。

180 kΩ 电阻(R_6)为偏置电阻,为 BG_3 提供偏置电阻。

300P 电容(C_8)为消振电容,其作用为消除因自激而产生的干扰信号。

470 Ω 电阻(R_7)为 BG_3 的负载电阻,同时为 BG_4 的偏置电阻。

8 Ω 扬声器(喇叭 BL)直接接在 BG_4 的发射极,作为 BG_4 的负载电阻。

辅助电路:由 C_6,C_9 和 R_5 构成 π 型滤波器,其作用是消除电磁干扰信号。

第二部分:电机驱动部分(由集成电路 AN6650 及外围阻容电路组成)

直流电动机工作需要一个稳定电压,才能保证磁带能够匀速转动。由图 8-2 可知,稳速电路由模拟集成电路 AN6650 和外围元器件提供。它适用于 3 V 盒式磁带放音机,其电源电压范围为 1.8～5 V 之间。电机最大输出电流为 800 mA,由于电路静态电流小,因此可通过改变外接 RC(时间常数)来改变电机速度(其中 AN6650 的第 2 脚为 V_{CC},5 脚为 OUT,8 脚为控制脚)。

外围电路通过调节 1 kΩ 电位器(W_2),使驱动芯片 AN6650 的第 2,7 脚之间的电压保持在 1.8 V 左右,磁带才能保证以 4.76 cm/s 的速度匀速转动。

2. 机芯工作原理

机芯的主要功能是完成放音状态下磁带恒速运动(4.76cm/s)的驱动、快速进带/倒带状态时快速卷绕磁带、自停机构的暂停和防误抹音功能。直流电动机为盒式机芯的动力源,含有稳速装置,由稳速电路提供稳定电压,本机选用 3V 电动机。盒式机芯的传动装置有两种:摩擦传动(皮带传动)和齿轮传动。

盒式机芯的基本结构如下:

(1)主导轴装置。主导轴装置的主要任务是完成在放音状态下稳定恒速驱动磁带。本机采用单电机皮带驱动单主导轴方式。其装置如图 8-3 所示。

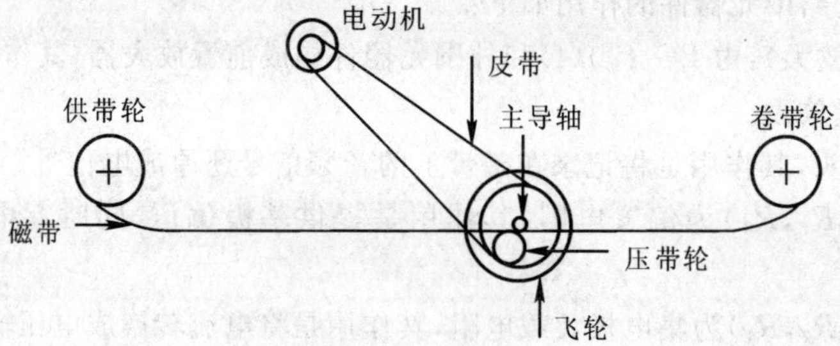

图 8-3　主导轴装置示意图

主导轴装置的动力源是电动机,通过皮带的摩擦传动带动飞轮转动,主导轴装在飞轮轴芯上也同时旋转。压带轮将磁带压在主导轴上,磁带借助摩擦力被驱动,卷带轮及时地收起主导轴和压带轮送来的磁带，供带轮被动地按需释放磁带。

(2)卷带装置。卷带轮收带的工作过程：在放音状态下，电动机转动，皮带1带动飞轮完成磁带恒速驱动。皮带2带动录放小轮，录放小轴与此轮同轴也跟着转动，通过力缘摩擦带动过桥轮，由过桥轮完成换向和变换速度，过桥轮再驱动卷带轮转动完成收带全过程。其装置如图8-4所示。

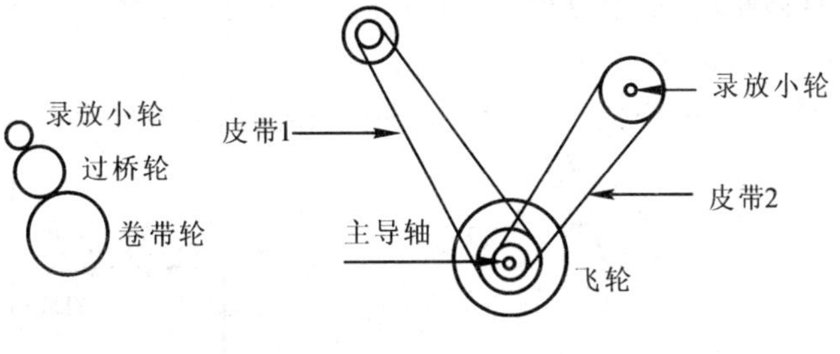

图8-4　卷带轮收带示意图

(3)快速进带/倒带装置。快速进带/倒带装置主要任务是完成磁带快速进带/倒带运动。进带/倒带过程的动力源仍是电动机，电动机转速不变，为400 r/s。通过按下快进键后压带轮远离主导轴，而靠录放小轮与倒带轮和进带轮之间齿轮传动实现快进快倒的。其快进装置如图8-5所示，倒带装置如图8-6所示。

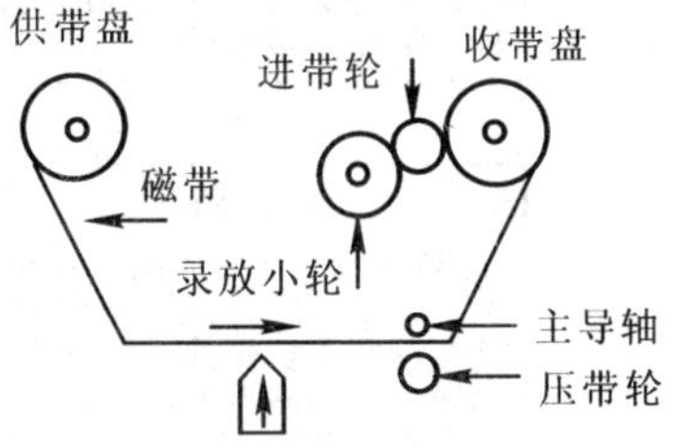

图8-5　快进带装置示意图

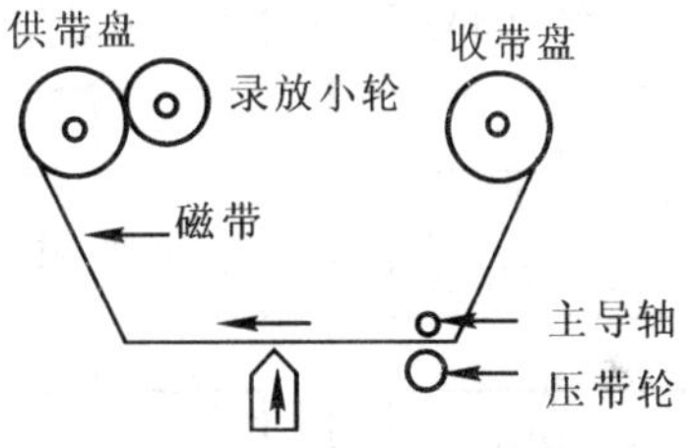

图8-6　快倒带装置示意图

3. 整机工作过程

按下PLAY键，机芯开关接通3 V电源，电机运行。通过皮带传动的作用，使从动轮、过渡轮、主动轮带动磁带运动；按下STOP键，PLAY键释放，机芯开关断电而使电机停止转动；按下快进键，PLAY键释放，机芯开关接通，因磁带失去磁头阻力作用而加速走动。

4. 制作工艺流程

(1)CF—6789B放音机整机装配流程如图8-7所示。

(2)CF—6789B放音机喇叭组合装配流程如图8-8所示。

(3)CF—6789B放音机元器件插装与焊接步骤如图8-9所示。

1)首先插装并焊接装配图中虚线处(— — — — — — —)的短接线。

2)插装12个电阻，根据印刷板上位置大小决定焊接方式，注意用万用表重测后再插装。

3)插装5个瓷片电容，注意此类元件无极性。

4)插装4个三极管，并保持约3 mm的高度，注意三极管三个极性(E,B,C)的方向及型号。

5)插装 6 个电解电容,注意正负极性和容量,且引线离印刷板约 3 mm 的高度以便卧倒。

6)插装电源插座和耳机插座,注意焊接时务必插上耳机再焊接,且采用最远距离进行焊接(即一个焊点距另外一个焊点的最远距离),否则元件易损坏。

7) 插装红色二极管(LED),引线长的一端为正极,注意二极管卧倒时伸出长度与耳机孔保持一致。

8) 插装集成电路插座,且采用对角线焊接,注意焊接时不必将 AN6650 插在插座上,以防局部过热损坏元器件。

9) 插装 10 kΩ 和 1 kΩ 电位器,注意 10 kΩ 电位器的活动臂要弯向焊接面,且焊接时焊点不要受力。

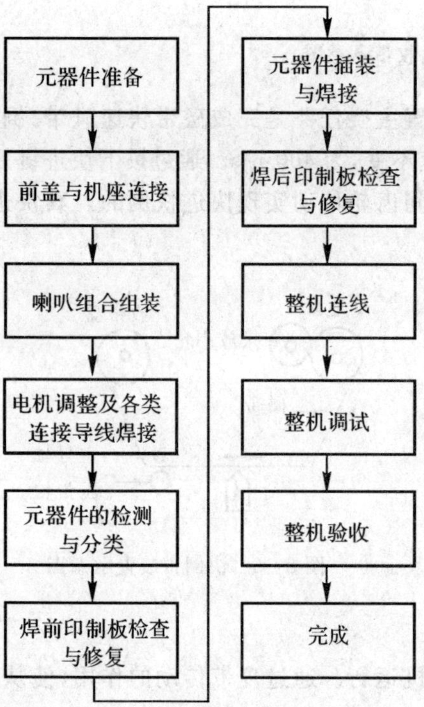

图 8-7　CF—6789B 放音机整机装配流程图

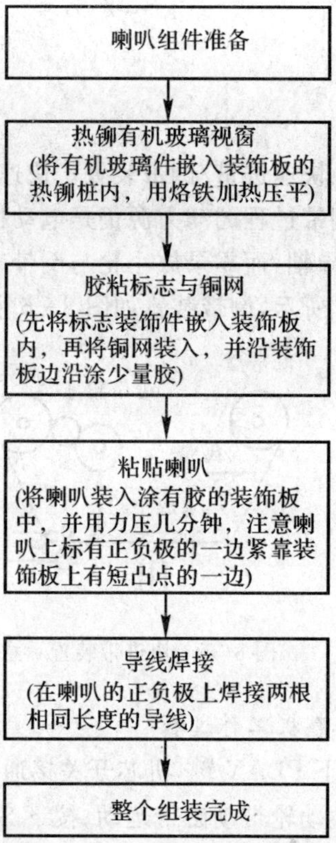

图 8-8　CF—6789B 放音机喇叭组合装配流程图

(4) CF—6789B 放音机整机连线装配顺序如图 8-9 所示。

1) 调整电机位置,使电机引出线方向朝内,并将其从机芯中下方的小孔中穿过,且红“+”,黑“-”。

2) 焊接机芯上的磁头线,并将其卡在卡槽内从机芯顶端拉过来。

3) 焊接机芯开关线,注意焊接要牢固且不要损伤机芯。

4) 焊接喇叭线,并将其从前盖下方的内侧孔和机座下方的内侧孔中同时穿过。

5) 焊接电源正负极片线,并将其装入后盖中,注意不要损坏后盖。

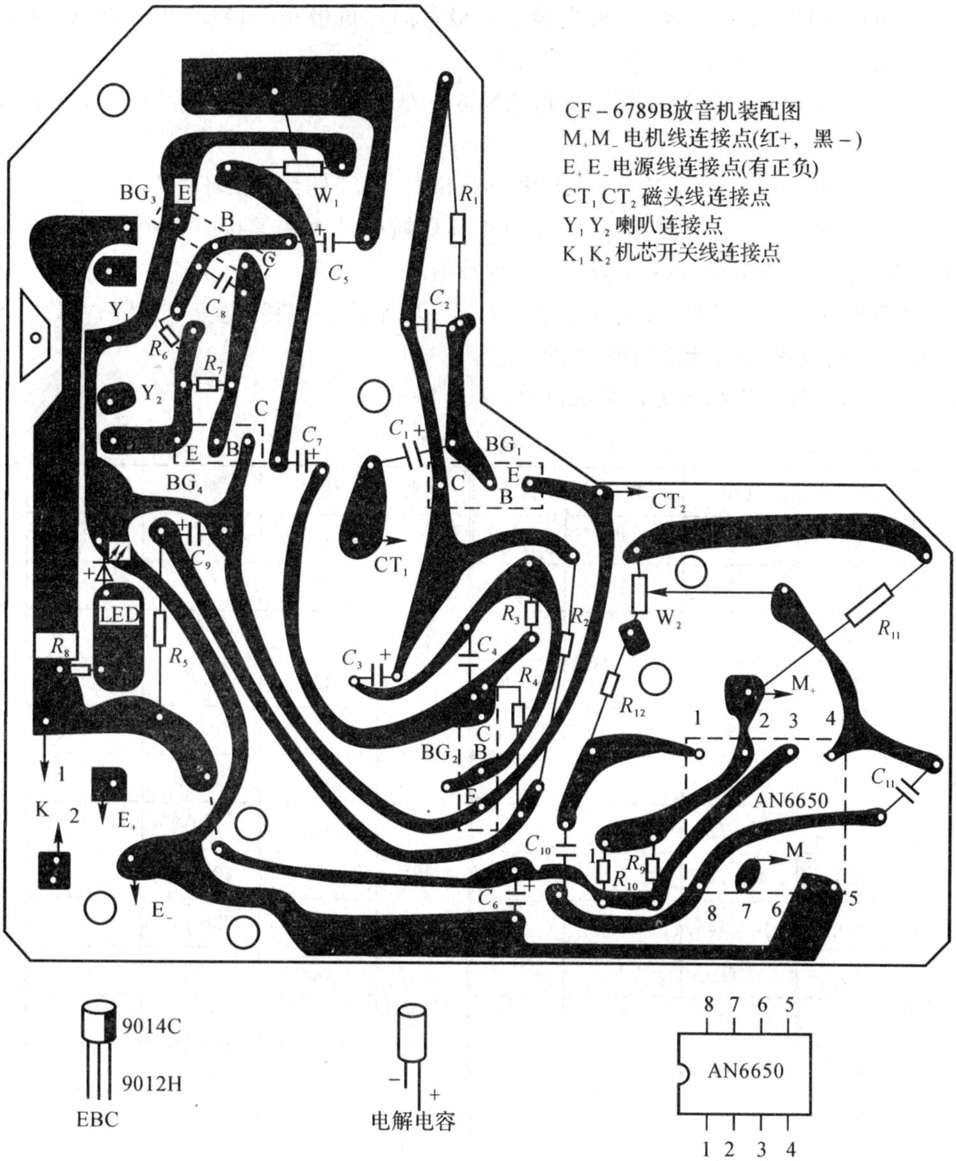

图 8－9　CF—6789B 放音机装配图

6）用三个小螺钉将机芯固定在机座上，注意螺钉不要拧得太紧，否则机芯易变形。

7）按照装配图位置焊接 M_+M_-，E_+E_-，Y_1Y_2，K_1K_2，CT_1CT_2，注意正负极性。

8）用一个小螺钉将印刷板固定好，以备调试。

5. CF—6789B 整机调试步骤

1）在调试之前，首先要再一次检查元器件和焊接好的印刷板。

2）调节 1 kΩ 电位器，使集成电路 AN6650 的第 2，7 脚之间的电压保持在 1.80 V 左右，注意一定要用万用表测量，且要求在静态工作状态下测量。

3）调节 10 kΩ 音量电位调节器，使喇叭与耳机保持合适的音量即可。

6. 故障现象与故障处理

1) 电源指示灯(LED)不亮时，首先检查二极管的正负极是否接反，再检查 R_8(470 Ω)电阻是否接错。

2) 电机不转动时，首先检查集成电路 AN6650 是否插反，再检查 R_{10}(1 Ω)，R_{11}(1 kΩ)是否接错。

3) 电机转速失调时，检查 W_2(1 kΩ)电位器和 C_{10} 电容是否被损坏。

4) 耳机有声音而喇叭不出音时，首先检查耳机插座是否在焊接时被损坏，接着检查 R_6，R_7 是否接错，然后检查三极管(BG_3，BG_4)是否被损坏。

5) 音质不好或有杂音时，首先在电机上焊接一根地线，以消除电流声；然后在磁头与印刷板之间焊接一根地线，以消除磁头带来的杂音。

7. CF—6789B 放音机元器件装配清单(见表 8-1)

表 8-1

类别	代号	规格	数量	备注	类别	代号	规格	数量	备注
电阻	R_1	470 kΩ	1		电容	C_1	1 μF	1	
	R_2	2.2 kΩ	1			C_2	202	1	
	R_3	470 kΩ	1			C_3	1	1	
	R_4	2.2 kΩ	1			C_4	202	1	
	R_5	2.2 kΩ	1			C_5	1 μF	1	
	R_6	180 kΩ	1			C_6	100 μF	1	
	R_7	470 Ω	1			C_7	1 μF	1	
	R_8	470 Ω	1			C_8	300 pF	1	
	R_9	0.5 Ω	1			C_9	220 μF	1	
	R_{10}	1 Ω	1			C_{10}	502	1	
	R_{11}	1 kΩ	1			C_{11}	104	1	
	R_{12}	8.2 kΩ	1		三极管	BG_1	9014C	1	
电位器	W_1	10 kΩ	1			BG_2	9014C	NPN	
	W_2	1 kΩ	1			BG_3	9014C	1	
二极管 LED		红色	1			BG_4	9012H	PNP	
耳机		以实物为准	1		集成芯片		AN6650	1	
耳机插座			1		电池极片	正极片	以实物为准	1	
电源插座			1			负极片		1	
集成块插座			1		喇叭组合			1	
机芯			1		机架组合			1	
喇叭		8 Ω/0.4 W	1		后盖组合			1	

8.2　产品二:CF—6789C(改进)型放音机装配与制作

CF—6789C 型是在原 CF—6789B 型的基础上经供货方的提议而改进的产品,该产品具有结构简单、发音洪亮清晰、音质纯正、外形美观大方、制作成功率高等特点。

1. 电路工作原理

CF—6789C 型放音机是将记录在磁带上的音频信号经过磁头,利用电磁感应原理还原为微弱的电信号,然后经过前置电压放大后输送到由双音频集成电路 D2822 及外围电路组成的功率放大电路进行功率放大而推动喇叭工作。其工作原理如图 8-10 所示。

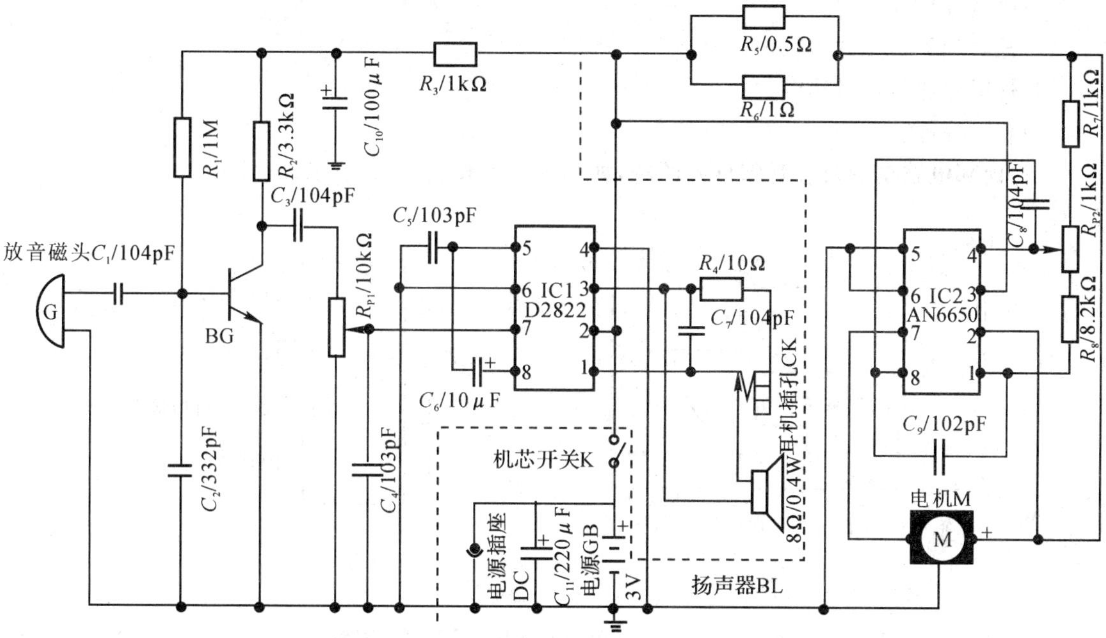

图 8-10　CF—6789C 型放音机电路原理图

由图 8-10 可知,CF—6789C 型放音机原理图以图中虚线为界可分为放音部分和电机驱动两大部分。每部分元器件作用如下:

第一部分:放音部分(由前置放大、集成电路 D28822 组成)

GF—6789C 型放音机是将记录在磁带上的音频信号通过磁头按照录音时的速度,利用电磁感应原理还原成电信号,然后通过前置电压放大器放大,传送到由双通道音频功率放大模拟集成电路 D2822 和外围阻容元器件组成的功率放大电路进行功率放大而推动喇叭工作。

其中各单元电路中元器件的作用如下:

前置放大电路:由 BG(9014)和外围阻容元器件构成前置放大器,其作用是将磁头还原成的电信号进行前置放大。

CT 是放音磁头,其作用是将记录在磁带上的音频信号利用电磁感应原理还原成微弱的电信号。

1 MΩ 电阻 R_1 为偏置电阻,其作用是提供基极偏压。

3.3 kΩ 电阻(R_2)为集电极负载电阻,其作用是将电流转换成电压输出。

104 pF 电容(C_1,C_3)为耦合电容,其作用是隔直通交,注意此电容有正负极性。

功率放大电路:由双音频电路 D2822 及外围阻容元器件组成,其作用是将由前置放大器输送来的电信号进行功率放大,以便推动喇叭进行工作。D2822 的各管脚功能、内部电路及各种应用电路如下:

(1)功能特点。

1)电源电压变化幅度比较大,电压降到 1.8 V 时仍能正常工作;

2)交越失真、静态电流都比较小;

3)可作为桥式或立体声式功放应用;

4)通道分离度比较高;

5)开机和关机无冲击噪声;

6)外围元器件相对比较少;

7)软限幅等。

(2)内部电路框图及各管脚排列图解,如图 8-11 和表 8-2 所示。

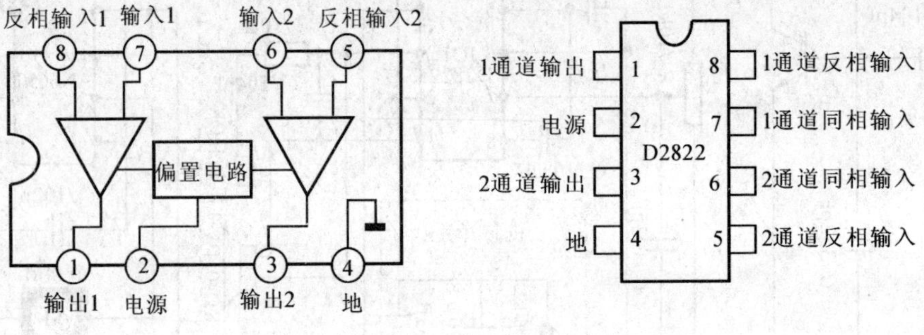

(a) (b)

图 8-11 D2822 内部电路及各管脚功能图解

(a)D2822 内部电路框图;(b)D2822 各管脚功能图解

表 8-2 D2822 各引出脚功能符号

序号	功能	符号	序号	功能	符号
1	1 通道输出	1OUT	5	2 通道反相输入	$2IN_{-}$
2	电源	V_{CC}	6	2 通道同相输入	$2IN_{+}$
3	2 通道输出	2OUT	7	1 通道同相输入	$1IN_{+}$
4	地	GND	8	2 通道反相输入	$1IN_{-}$.

(3)测试原理图(电阻单位:Ω),如图 8-12 所示。

(4)典型应用(电阻单位:Ω),如图 8-13 所示。

辅助电路:由 C_{10},C_{11} 和 R_9 构成 π 型滤波器,其作用是消除电磁干扰信号。

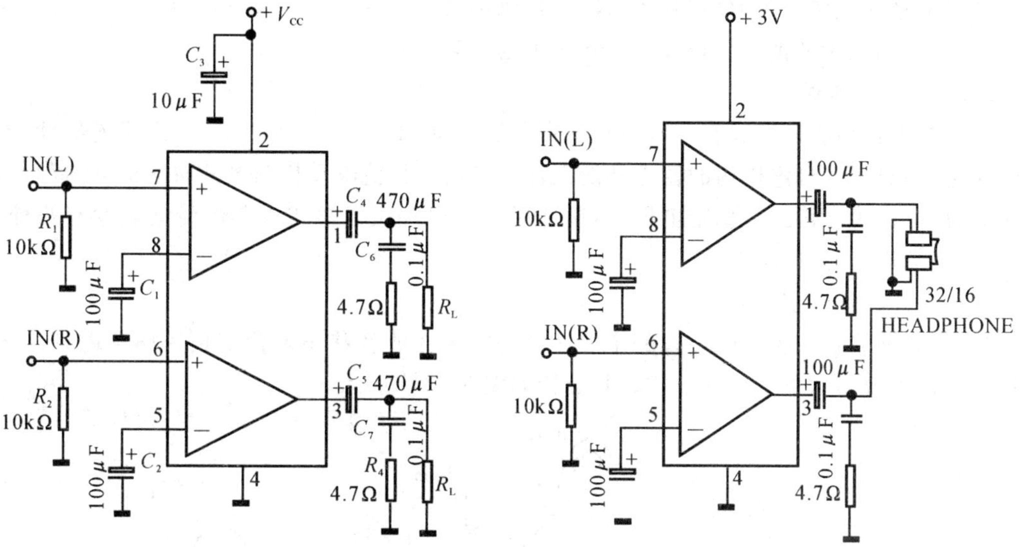

图 8-12　D2822 测试原理图

(a)立体声应用测试图;(b)桥式应用测试图

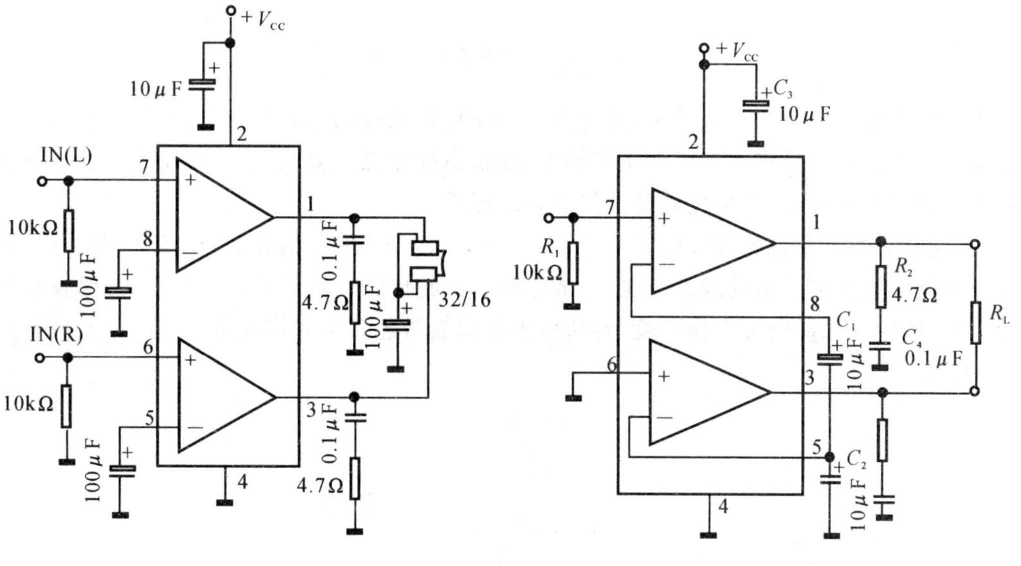

图 8-13　D2822 测试原理图

(a)便携式放音机中的典型应用;(b)便携式放音机中的经济型应用

第二部分:电机驱动部分(由集成电路 AN6650 及外围阻容电路组成)

直流电动机工作需要一个稳定电压,才能保证磁带能够匀速转动。由图 8-10 可知,稳速电路由模拟集成电路 AN6650 和外围元器件提供。它适用于 3 V 盒式磁带放音机,其电源电压范围在 1.8~5 V 之间。电机最大输出电流为 800 mA,由于电路静态电流小,因此可通过改变外接 RC(时间常数)来改变电机速度(其中 AN6650 的第 2 脚为 V_{CC},5 脚为 OUT,8 脚为控制脚。)

外围电路通过调节 1 kΩ 电位器(R_{P2})，使驱动芯片 AN6650 的第 2，7 脚之间的电压保持在 1.8 V 左右，磁带才能保证以 4.76 cm/s 的速度匀速转动。

2. 机芯工作原理

机芯的主要功能是完成放音状态下磁带恒速运动(4.76 cm/s)的驱动、快速进带/倒带状态时快速卷绕磁带、自停机构的暂停和防误抹音功能。直流电动机为盒式机芯的动力源，含有稳速装置，由稳速电路提供稳定电压，本机选用 3 V 电动机。盒式机芯的传动装置有两种：摩擦传动(皮带传动)和齿轮传动。

盒式机芯的基本结构如下：

(1)主导轴装置。主导轴装置的主要任务是完成在放音状态下稳定恒速驱动磁带。本机采用单电机皮带驱动单主导轴方式。其装置如图 8－14 所示。

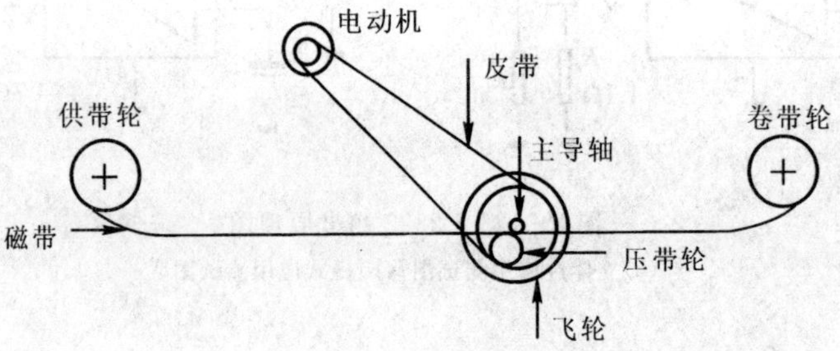

图 8－14　主导轴装置示意图

主导轴装置的动力源是电动机，通过皮带的摩擦传动带动飞轮转动，主导轴装在飞轮轴芯上也同时旋转。压带轮将磁带压在主导轴上，磁带借助摩擦力被驱动，卷带轮及时地收起主导轴和压带轮送来的磁带，供带轮被动地按需释放磁带。

(2)卷带装置。卷带轮收带的工作过程：在放音状态下，电动机转动，皮带 1 带动飞轮完成磁带恒速驱动。皮带 2 带动录放小轮，录放小轴与此轮同轴也跟着转动，通过力缘摩擦带动过桥轮，由过桥轮完成换向和变换速度，过桥轮再驱动卷带轮转动完成收带全过程。其装置如图 8－15 所示。

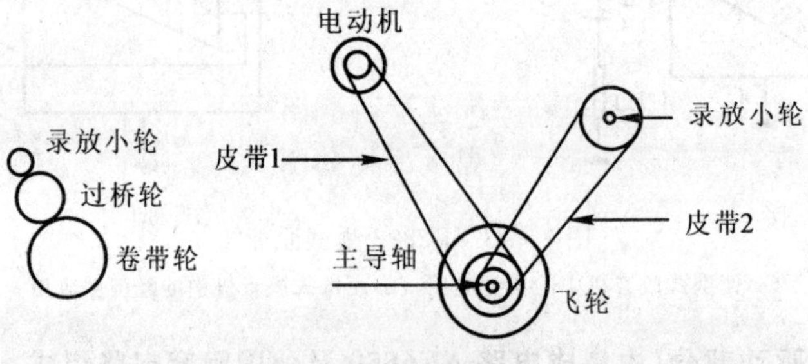

图 8－15　卷带轮收带示意图

(3)快速进带/倒带装置。快速进带/倒带装置主要任务是完成磁带快速进带/倒带运动。进带/倒带过程的动力源仍是电动机，电动机转速不变，为 400 r/s。通过按下快进键后压带轮远离主导轴，而靠录放小轮与倒带轮和进带轮之间齿轮传动实现快进快倒的。其快进装置如图 8－16 所示，倒带装置如图 8－17 所示。

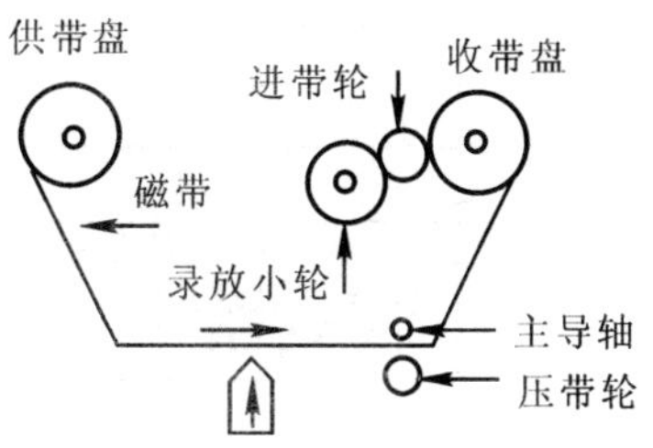

图 8－16　快进带装置示意图

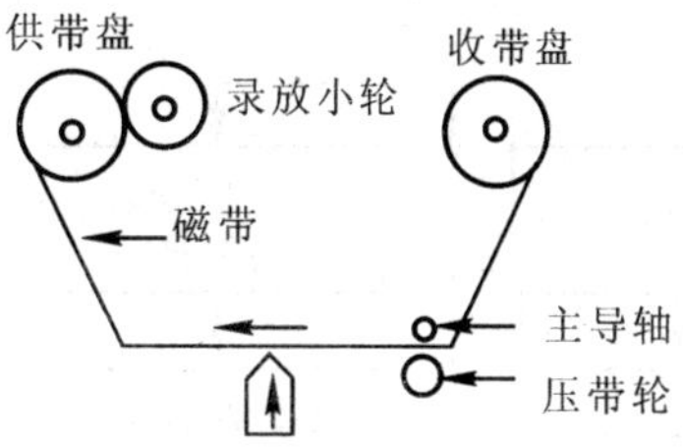

图 8－17　快倒带装置示意图

(4)放音磁头工作过程。放音磁头装在机芯的磁头滑板机构上，放音时，首先移动滑板，使磁头随滑板伸进盒套内与盒内磁带接触，压带轮夹住磁带，并把它压到主导轴上。在快进状态下，磁头随滑板退到后面。在放音状态下，放音磁头是信号源的位置，放音状态时磁头与电路连接示意图如图 8－18 所示。放音电路如图 8－10 原理图虚线左半部分所示。

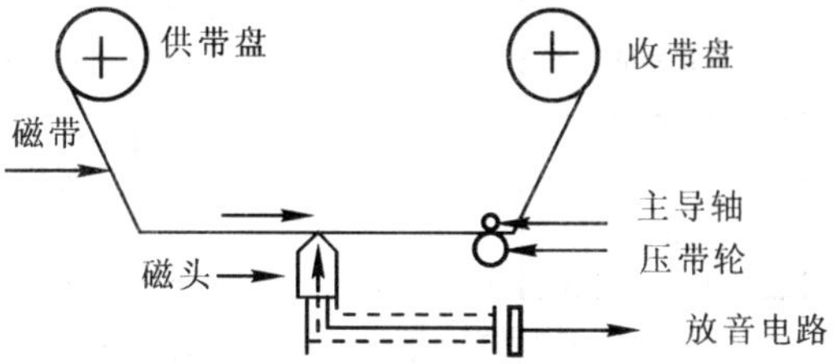

图 8－18　放音状态工作示意图

3. 整机工作过程

按下 PLAY 键，机芯开关接通 3 V 电源，电机运行。通过皮带传动的作用，使从动轮、过渡轮、主动轮带动磁带运动；按下 STOP 键，PLAY 键释放，机芯开关断电而使电机停止转动；按下快进键，PLAY 键释放，机芯开关接通，因磁带失去磁头阻力作用而加速走动。

4. 制作工艺流程

(1)CF—6789C 型放音机整机装配流程如图 8－19 所示。

(2)CF—6789C 型放音机喇叭组合装配流程图如图 8－20 所示。

(3)CF—6789C 放音机元器件插装与焊接步骤如图 8－21 所示。

元器件插装与焊接依照从小到大、从轻到重、从低到高的原则进行。

1)首先插装并焊接装配图中需要的桥接线(D2822 右侧)。

2)插装 8 个电阻，根据印刷板上位置大小决定焊接方式，注意用万用表重测后再插装。

3)插装 8 个瓷片电容，注意此类元件无极性，但要注意其容量大小。

4)插装并焊接音量调节电位器 R_{P_1} (10 kΩ)，注意焊接时采用最远距离(即一个焊点距另外一个焊点的最远距离)进行焊接，否则易变形。

5)插装 9014 三极管，并保持约 3 mm 的高度，注意三个极性(E,B,C)方向。

6)插装电源插座和耳机插座，注意耳机插座焊接时务必插上耳机，且采用最远距离进行焊接，否则易损坏。

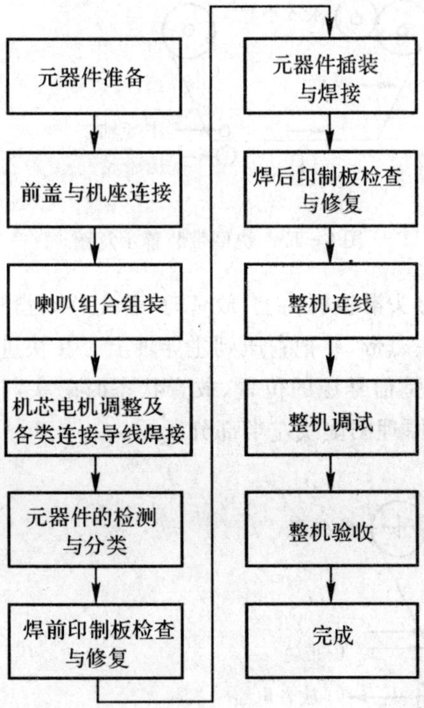

图 8 - 19 CF—6789C 型放音机整机装配流程图

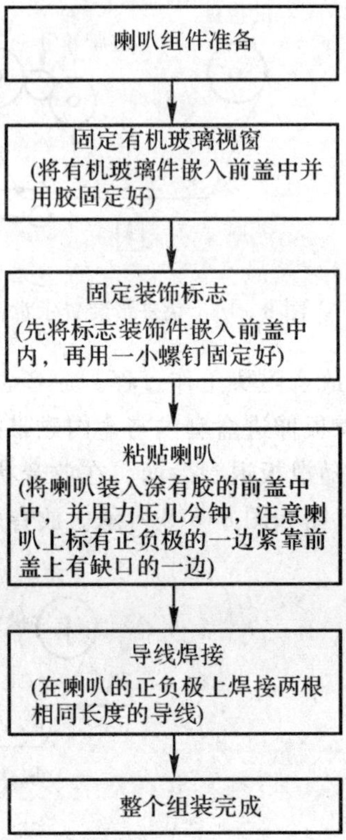

图 8 - 20 CF—6789C 型放音机喇叭组合装配流程图

7)插装两个集成电路插座，且采用对角线焊接，注意焊接时不必将 AN6650 和 D2822 插在插座上，以防局部过热损坏元器件。

8)插装电机稳速调节电位器 R_{P_2} (1 kΩ)，注意焊接时应焊接可靠，否则难以调节到稳速状态。

9)插装 3 个电解电容，注意正负极性和容量，且引线离印刷板约 3 mm 的高度以便卧倒。

(4)CF—6789C 型放音机整机连线装配顺序如图 8 - 21 所示。

1)调整电机位置，使电机两根引出线方向朝内，并将其从机芯中下方的小孔中同时穿过，且红“+”，黑“−”。

2)首先将磁头旁边的小弹片与磁头的一个接线柱焊接在一起，以便消除杂音，再焊接机芯上的磁头线，并将其卡在磁头旁边的卡槽内且从机芯顶端拉过来。

3)焊接机芯上的开关线，注意焊接要牢固且不要损伤机芯。

4)焊接喇叭线，并将其从机座下方的内侧孔中穿过。注意焊接导线时应焊接在喇叭标有正负极旁边的接线端子上。

5)焊接电源正负极片线，一般为红“+”，黑“−”，并将其装入机座中，注意不要损坏机座。

6)用三个小螺钉将机芯固定在机座上，注意螺钉不要拧得太紧，否则机芯易变形。

7)按照装配图上标注的位置焊接 M_+M_-，E_+E_-，Y_1Y_2，K_1K_2，CT_1CT_2，注意 M_+M_-，E_+E_- 的正负极性。

8）用一个小螺钉将印刷板固定以备进行调试。

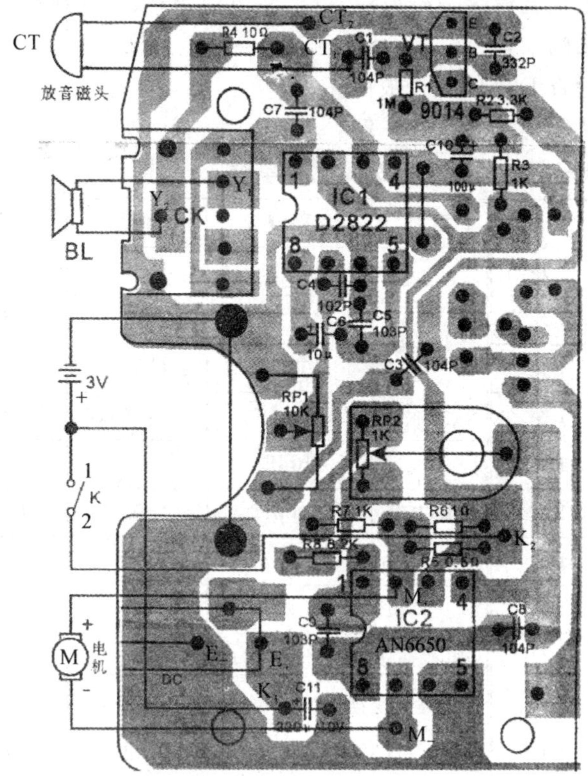

CF－6789C型放音机装配图
M_+ M_- 电机线连接点(红+，黑－)
E_+ E_- 电源线连接点(有正负极性)
CT_1 CT_2 磁头线连接点
Y_1 Y_2 喇叭连接点
K_1 K_2 机芯开关线连接点

图 8－21　CF—6789C 型放音机装配图

5．CF—6789C 整机调试步骤

1）在调试之前，首先要再一次检查元器件和焊接好的印刷板。

2）短接机芯开关，装入电池，通电检查功放电路，插好耳机后用手握住小改锥金属部位轻轻碰触功放的输入端，即电位器的中心点（电位器事先调整到中心位置），耳机中应能听到交流声即可，当调大音量电位器时，用手触摸磁头输入端听到很大的交流声时说明功放部分正常工作，否则应进行适当的调整。

3）当电路正常时即可接入电机，注意正负极性，否则会夹带。然后调节电机稳速电位调节器 R_{P_2}（1 kΩ），使集成电路 AN6650 的第 2，7 脚之间的电压在静态工作状态时保持为 1.80 V 左右，注意一定要用万用表测量。

4）调整磁头的方位角，选择一盘高低音比较丰富的磁带，调至音质最好、音量最大为佳（注意磁头在出厂时已经调整好奇方位角）。

5）待整个调试完成后装好后盖和卡门弹簧即可完成。

6．故障现象与故障处理

1）电机不转动时，首先检查集成电路 AN6650 是否插反，再检查 R_6（1 Ω），R_7（1 kΩ）是否接错。

2）电机转速失调时，检查 R_{P_2}（1 kΩ）电位器和 C_9 电容是否被损坏。

3）耳机有声音而喇叭不出声音时，首先检查耳机插座是否在焊接时被损坏，接着检查喇叭是否被损坏。

4)音质不好或有杂音时，首先在电机上焊接一根地线，以消除电流声；然后在磁头与印刷板之间焊接一根地线，以消除磁头带来的杂音。

5)耳机和喇叭都不出声音时，应检查 D2822 是否被损坏。

7. CF—6789C 型放音机元器件装配清单(见表 8-2)

表 8-2 CF—6789C 型放音机装配清单表

类别	规格型号	位号	数量	类别	规格型号	位号	数量
集成电路	D2822	IC_1	1块	瓷片电容	102 pF	C_4	1只
	AN6650	IC_2	1块		332 pF	C_2	1只
三极管	9014C	BG	1只		103 pF	C_5,C_9	1只
电位器	10 kΩ/ϕ12 mm	R_{P_1}	1个		104 pF	C_1,C_3,C_7,C_9	4只
	1 kΩ/500Ω	R_{P_2}	1只	电解电容	10μF	C_6	1只
电阻器	0.5 Ω	R_5	1只		100μF	C_{10}	1只
	1 Ω	R_6	1只		220μF	C_{11}	1只
	10 Ω	R_4	1只	耳机插座(五脚)		CK	1个
	1 kΩ	R_3,R_7	2只	电源插座(半包围结构)		DC	1个
	3.3 kΩ	R_2	1只	集成块插座(8脚)		IC_1,IC_2	2个
	8.2 kΩ	R_8	1只	耳机(32 Ω红、兰)		外带	1副
	1 MΩ	R_1	1只	喇叭(8 Ω,0.4 W)		BL	1个
机芯组件	MCT—7/带开关 K		1组	电池弹片、簧(正、负)			各1片
印刷板	58 mm×36 mm		1块	卡门弹簧			1个
排线	2P×110 mm	磁头线	1组	螺钉	PMϕ1.7×4	电位器拨盘	1粒
	2P×130 mm	喇叭线	1组		PAϕ1.7×6	后盖及线板	5粒
软导线	30 mm红	正极线	1根		PAϕ2×8	机芯	3粒
	120 mm黑	负极线	1根	背扣	装在底壳		1个
	60 mm		3根	卡门镜			1块
塑料底壳			1个	镀电装饰件(面壳)			3个
塑料机座			1个	镀电按钮			3个
塑料面壳			1个	塑料音量按钮			1个
塑料电池盖			1个	防尘纸	37 mm×13 mm		2张

8.3　产品三:多用充电器的装配与制作

一、产品简介

本产品可将 220V 市电电压转换成 3～6V 直流稳压电源,可作为收音机等小型电器的外接电源,并可对 1～5 节镍铬或镍氢电池进行恒流充电,性能优于市售一般直流电源及充电器,具有较高的性价比和可靠性,是一种用途广泛的实用电器。

1. 主要性能指标

(1) 输入电压:AC～220 V;输出电压(直流稳压)分三挡(即:3 V,4.5 V,6 V),各挡误差为±10%。

(2) 输出电流(直流):额定值 150 mA,最大 300 mA。

(3) 过载、短路保护,故障消除后自动恢复。

(4) 充电稳定电流:60 mA(±10%)可对 1～5 节 5 号镍铬电池充电,充电时间 10～12 h。

2. 工作原理

多用充电器电路原理图如图 8－22 所示。

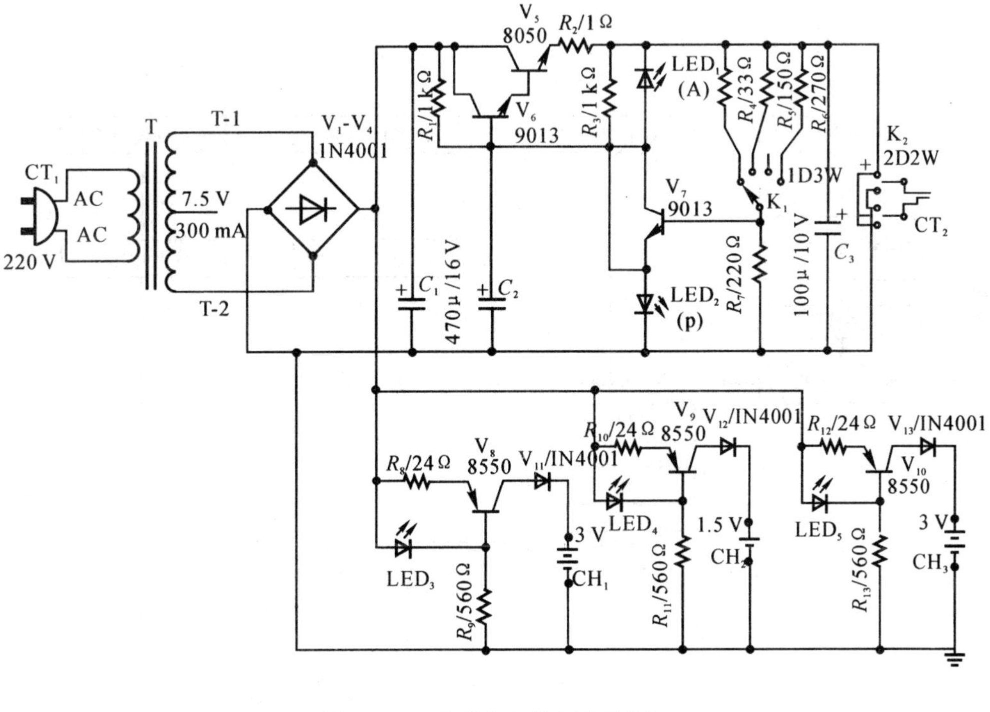

图 8－22　多用充电器电路原理图

由上图可见,变压器 T 及二极管 V_1～V_4,电容 C_1 构成典型全波整流电容滤波电路,后面电路若去掉 R_1 及 LED_1,则是典型的串联稳压电路(参见《模拟电子技术基础》童诗白主编,及《电工技术与电子技术》王鸿明等编,高等教育出版社出版)。其中 LED_2 兼做电源指示及稳压管作用,当流经该发光二极管的电流变化不大时,其正向压降较为稳定(约为 1.9 V 左右,但也会因发光管规格的不同而有所不同，对同一种 LED 则变化不大），因此可作为低电压稳压管来使用。R_2 及 LED_1 组成简单过载及短路保护电路，LED_1 兼做过载指示。输出过载（输出电流增大）时 R_2 上压降增大，在增大到一定数值后 LED_1 导通，使调整管 V_5，V_6 的基极电流不再增大，限制了输出电流的增加，起到限流保护作用。

K_1 为输出电压选择开关，K_2 为输出电压极性变换开关。

V_8，V_9，V_{10} 及其相应元器件组成三路完全相同的恒流源电路。以 V_8 单元为例，如前所述，LED_3 在该处兼做稳压及充电指示双重作用，V_{11} 可防止电池极性接错，并可近似计算通过电阻 R_8 的电流（即输出整流）为

$$I_o=(U_z-U_{be})/R_8$$

其中，I_o 为输出电流；U_{be} 为 V_8 的基极和发射极间的压降，一定条件下是常数（约 0.7 V）；U_z 为 LED_3 上的正向压降，取 1.9 V。

由公式可见，I_o 主要取决于 U_z 的稳定性，而与负载无关，实现了恒流特性。

由上式可知，改变 R_8 即可调节输出电流，因此本产品也可实现大电流快速充电（但大电流充电影响电池寿命），或减小电流即可对 7 号电池充电。当增大输出电流时，可在 V_8 的 C－E极之间并接一电阻（电阻值约为数十欧）以减小 V_8 的功耗。

二、制作工艺流程

1. 多用充电器整机装配流程（见图 8－23）

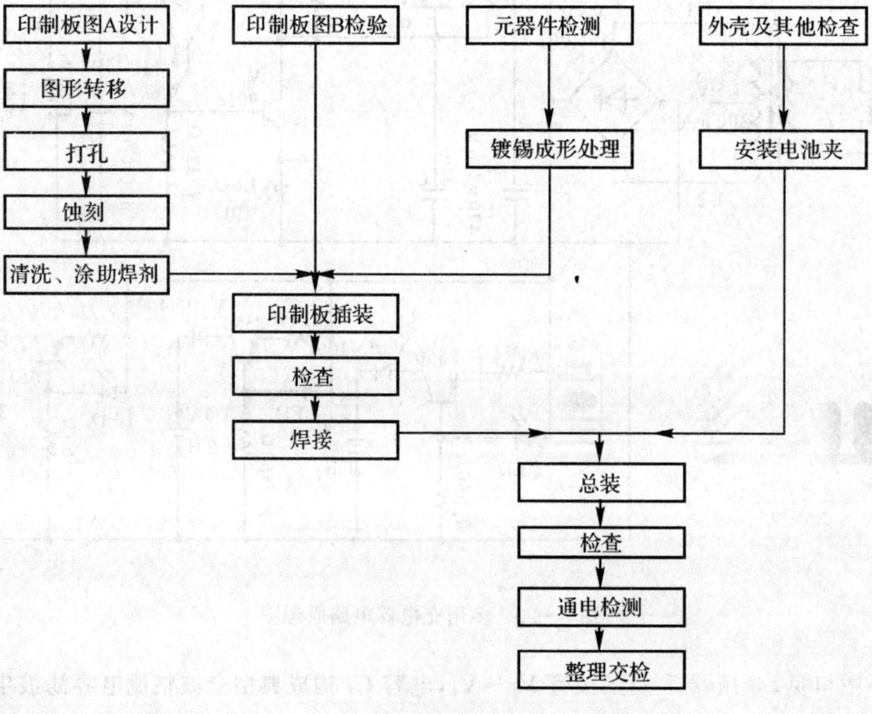

图 8－23 多用充电器整机装配流程图

2. 印刷板的安装

该产品由 A,B 两块印刷板组成,如图 8－24 和 8－25 所示。

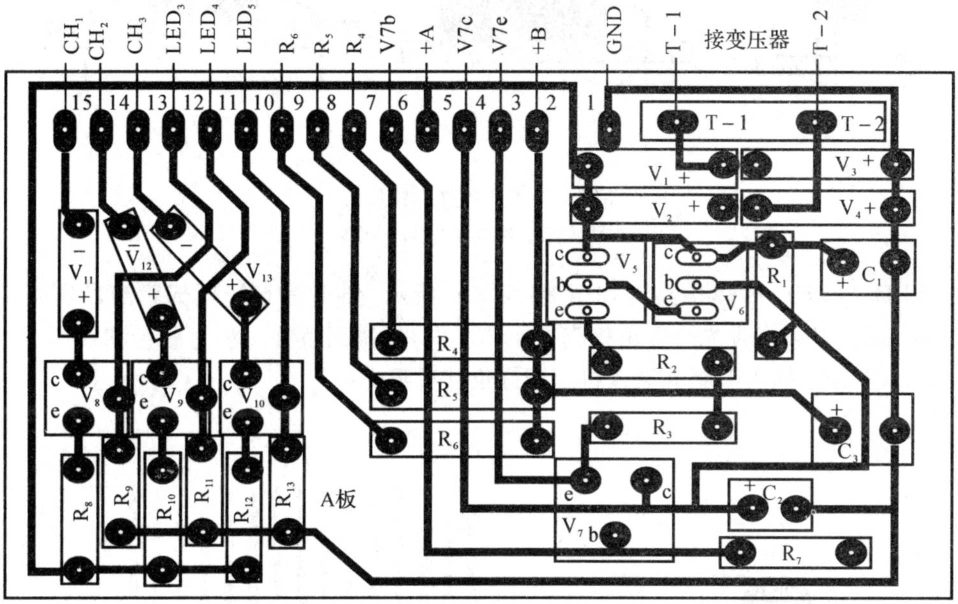

图 8－24　多用充电器 A 板印刷板图

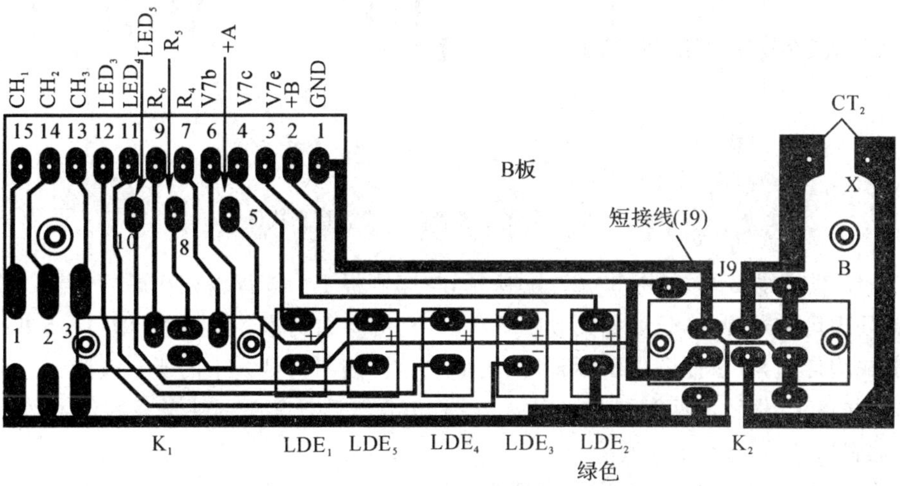

图 8－25　多用充电器 B 板印刷板图

(1) 元器件的测试:依据装配清单对所有元器件进行检测并测量。

(2) A 印刷板的焊接:按照图 8－24 所示位置,将元器件全部卧式焊接(参见图 8－26 所示的元器件焊接形式),并注意二极管、三极管及电解电容的极性。

(3) B 印刷电路板的焊接:

1) 按图 8－25 所示位置,将 K_1,K_2 从元件面插入,且必须装到底。

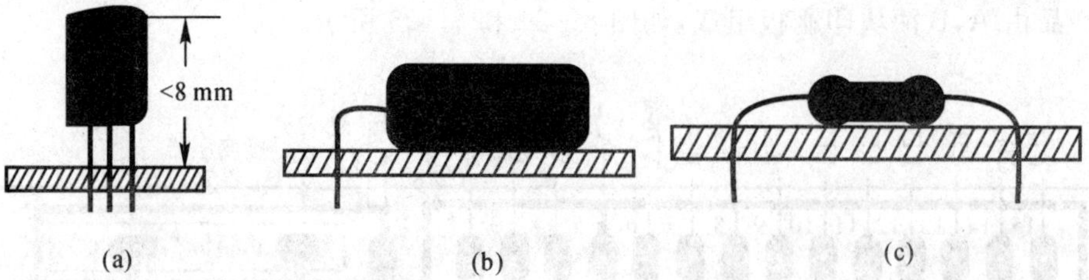

图 8-26 元器件焊接形式

(a)三极管；(b)电解电容；(c)电阻

2) LED_1～LED_5 的焊接高度如图 8-27(a)所示，要求发光管顶部距离印刷板高度为 13.5～14 mm。让 5 个发光管露出机壳 2 mm 左右，且排列整齐。注意颜色和极性。也可先不焊 LED，待 LED 插入 B 板并装入机壳调好位置后再焊接。

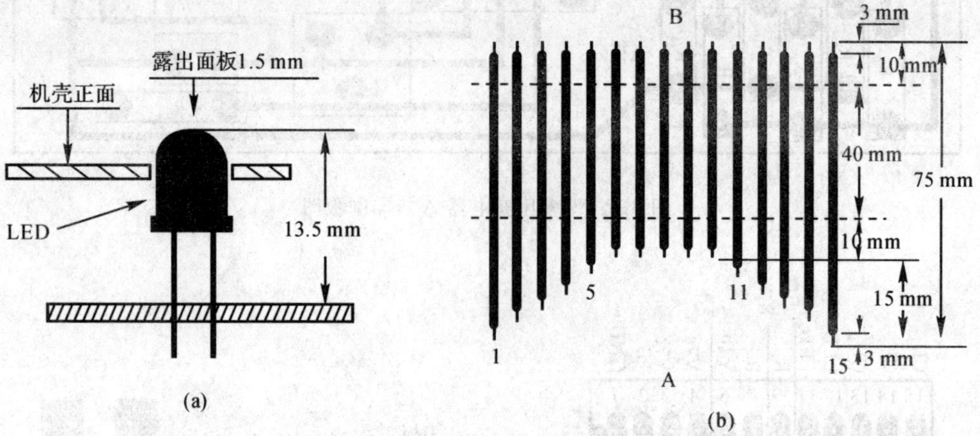

图 8-27 发光二极管与导线焊接形式图

3) 将 15 线排线 B 端，如图 8-27(b)所示，与印刷板 1～15 焊盘依次顺序焊接。排线两端必须镀锡处理后方可焊接，长度如图 8-27 所示，A 端左右两边各 5 根线(即：1～5，11～15)分别依次剪成均匀递减(参照图中所标长度)的形状。再按图将排线中的所有线段分开至两条水平虚线处，并将 15 根线的两头剥去线皮约 2～3 mm，然后把每个线头的多股线芯绞合后镀锡(不能有毛刺)。

4) 焊接十字插头线 CT_2，注意十字插头有白色标记的线焊在有×标记的焊盘上。

5) 焊接开关 K_2 旁边的短接线 J_9。

3. 整机装配工艺

(1) 装接电池夹正极片和负极弹簧。

1) 正极片凸面向下，如图 8-28 所示。将 J_1，J_2，J_3，J_4，J_5 五根导线分别焊在正极片凹面焊接点上(正极片焊点应先镀锡)。

2) 安装负极片弹簧(即塔簧)，在距离塔簧第一圈起始点 5mm 处镀锡，如图 8-28 所示，分别将 J_6，J_7，J_8 三根导线与塔簧焊接。

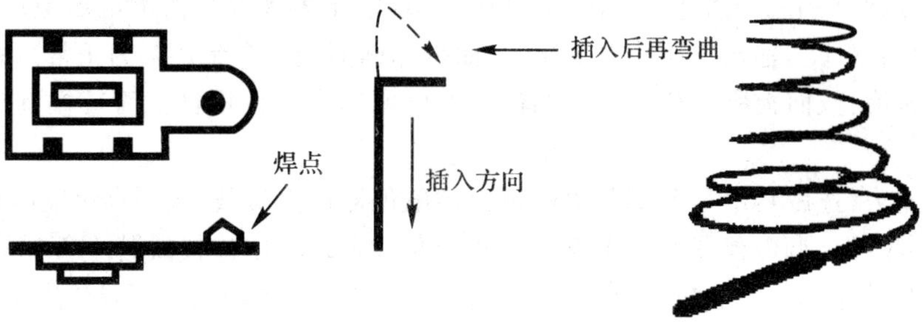

图 8-28 电池夹正负极片焊接形式图

(2) 电源线连接。把电源线 CT_1 焊接至变压器交流 220V 输入端，如图 8-29 所示。

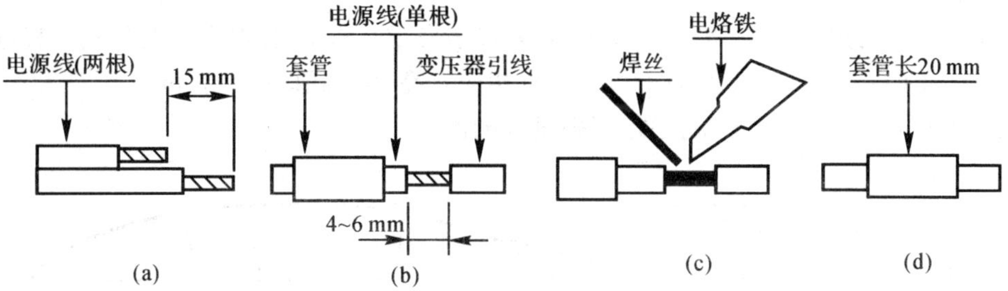

图 8-29 电源线焊接形式图

(a)下线；(b)绞合；(c)焊接；(d)套管

注意：两接点用热缩套管绝缘，热缩套管套上后须加热两端，使其收缩固定。

(3) 焊接 A 板与 B 板以及变压器的所有连线。

1) 变压器副边引出线焊至 A 板 T－1，T－2。

2) B 板与 A 板用 15 线排线对号按顺序焊接。

(4) 焊接印刷板 B 板与电池片间的连线。

按照图 8-29 所示将 J_1，J_2，J_3，J_6，J_7，J_8 分别焊接在 B 板的相应点上。

(5) 装入机壳。上述安装完成后，检查安装的正确性和可靠性，然后按下述步骤装入机壳：

1) 将焊好的正极片先插入机壳的正极片插槽内，然后将其弯曲 90°，如图 8-28 所示。注意：为防止电池片在使用中掉出，应注意焊线牢固，最好一次性插入机壳。

2) 按装配图所示位置将塔簧插入槽内，焊点在上面。在插左右两个塔簧前应先将 J_4，J_5 两根线焊接在塔簧上后再插入相应的槽内。

3) 将变压器副边引出线朝上，放入机壳的固定槽内。

4) 用 M2.5 自攻钉固定 B 板两端。

4. 检测与调试

(1) 目视检验。总装完毕，按原理图及工艺要求检查整机安装情况，着重检查电源线、变压器连线、输出连线及 A 和 B 两块印刷板的连线是否正确、可靠，连线与印刷板相邻导线及焊点有无短路及其他缺陷。

(2) 通电检测。

1）电压可调：在十字头输出端测输出电压（注意电压表极性），所测电压值应与面板指示相对应。拨动开关 K_1，输出电压相应变化（与面板标称值误差在±10%为正常），并记录该值。

2）极性转换：按面板所示开关 K_2 位置，检查电源输出电压极性能否转换，应与面板所示位置相吻合。

3）负载能力（选做）：用一个 47Ω/2W 以上的电位器作为负载，接到直流电压输出端，串接万用表 500 mA 挡。调电位器使输出电流为额定值 150mA，用连接线替下万用表，测此时输出电压（注意换成电压挡）。将所测电压与 1）中所测值比较，各挡电压下降均应小于 0.3 V。

4）过载保护：将万用表 DC 500 mA 串入电源负载回路，逐渐减小电位器阻值，面板指示灯 A（即原理图中 LED_1）应逐渐变亮，电流逐渐增大到一定数（<500 mA）后不再增大（起保护电路作用）。在增大阻值后 A 指示灯熄灭，恢复正常供电。注意：过载时间不可过长，以免电位器烧坏。

5）充电检测：用万用表 DC 250 mA 挡（或数字表 200 mA 挡）作为充电负载代替电池（见图 8-30）。LED_3～LED_5 应按面板指示位置相应点亮，电流值应为 60 mA（误差为±10%），注意表笔不可接反，也不得接错位置，否则没有电流。

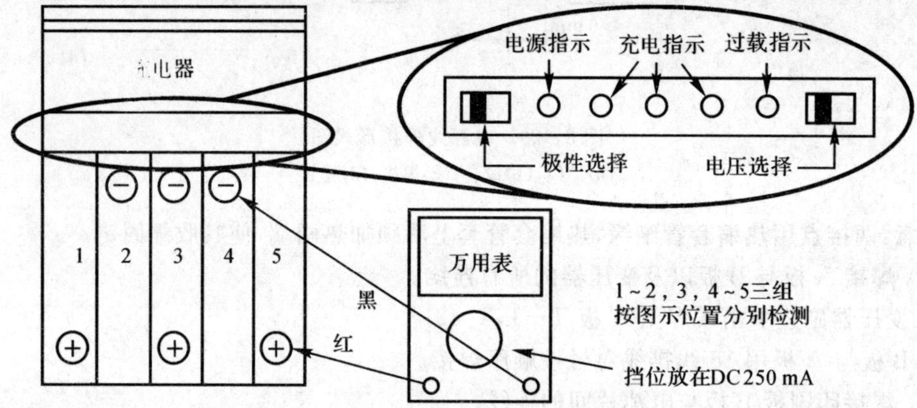

图 8-30 面板功能及充电器电源检测示意图

5. 故障检测（见表 8-3）

表 8-3 故障现象及故障分析

序号	故障现象	可能原因/故障分析
1	CH_1，CH_2，CH_3 三个通道电流大大超过标准电流（60 mA）	LED_3～LED_5 可能被损坏或装错； 电阻 R_8，R_{10}，R_{12} 阻值可能出错； 可能有短路现象
2	检测 CH_1 的电流时，LED_3 不亮，而 LED_4 或 LED_5 亮了	15 根排线有错位之处
3	拨动极性开关，电压极性不变	J_9 短接线未接

续　表

序号	故障现象	可能原因/故障分析
4	电源指示灯(绿色)发光管与过载指示灯同时亮	R_2(1 Ω)的阻值出错； 输出线，电路板短路
5	CH_1 或 CH_2 或 CH_3 的电流偏小(<45 mA)	LED_3，LED_4 或 LED_5 正向压降小(正常值应大于 1.8 V)； 电阻 R_8，R_{10}，R_{12}阻值出错
6	LED_3～LED_5 通电后全亮，但三通道电流很小或无电流	24 Ω 电阻出错
7	3 V，4.5 V，6 V 电压均为 9 V 以上	T_1 或 T_2 可能被损坏； LED_2 可能被损坏
8	充电器使用一段时间后，突然 LED_1，LED_2 同时亮	可能 T_1(8050)被损坏

6. 多用充电器元器件装配清单(见表 8-4)

表 8-4　元器件装配清单

序号	代号	名称	规格及型号	数量	备注
1	V_1～V_4 V_{11}～V_{13}	二极管	1N4001 (1A/50V)	7	A
2	V_5	三极管	8050(NPN)	1	A
3	V_6，V_7	三极管	9013(NPN)	2	A
4	V_8，V_9，V_{10}	三极管	8550(PNP)	3	A
5	$LED_{1,3,4,5}$	发光二极管	ϕ3 红色	4	B
6	LED_2	发光二极管	ϕ3 绿色	1	B
7	C_1	电解电容	470 μF/16 V	1	A
8	C_2	电解电容	22 μF/10 V	1	A
9	C_3	电解电容	100 μF/10 V	1	A
10	R_1，R_3	电阻	1 kΩ(1/8 W)	2	A
11	R_2	电阻	1 Ω(1/8 W)	1	A
12	R_4	电阻	33 Ω(1/8 W)	1	A
13	R_5	电阻	150 Ω(1/8 W)	1	A

续 表

序号	代号	名称	规格及型号	数量	备注
14	R_6	电阻	270 Ω(1/8 W)	1	A
15	R_7	电阻	220 Ω(1/8 W)	1	A
16	R_8,R_{10},R_{12}	电阻	24 Ω(1/8 W)	3	A
17	R_9,R_{11},R_{13}	电阻	560 Ω(1/8 W)	3	A
18	K_1	拨动开关	1D3W	1	B
19	K_2	拨动开关	2D2W	1	B
20	CT_2	十字插头线		1	B
21	CT_1	电源插头线	2 A/220 V	1	接变压器 AC—AC 端
22	T	电源变压器	3 W/7.5 V	1	JK
23	A	印刷板(A)	大板	1	JK
24	B	印刷板(B)	小板	1	JK
25	JK	机壳、后/上盖	套	1	
26	TH	弹簧(塔簧)		5	JK
27	ZJ	正极片		5	JK
28		自攻螺钉	M2.5	2	固定印刷板(B)
29		自攻螺钉	M3	3	固定机壳与后盖
30	PX	排线(15P)	75 mm	1	A与B板间的连线
31	JX	J_1 J_2 J_3,J_4,J_5 J_6 J_7 J_8 J_9	160mm 125mm 80mm 35mm 55mm 75mm 15mm	1 1 3 1 1 1 1	注:J_9(印刷板 B 上面的开关 K_2 旁边的短接线)可采用硬裸线或元器件的引线
32		热缩套管	30mm	2	用于电源线与变压器引出导线间接点处的绝缘

整机装备图如图 8-31 所示。

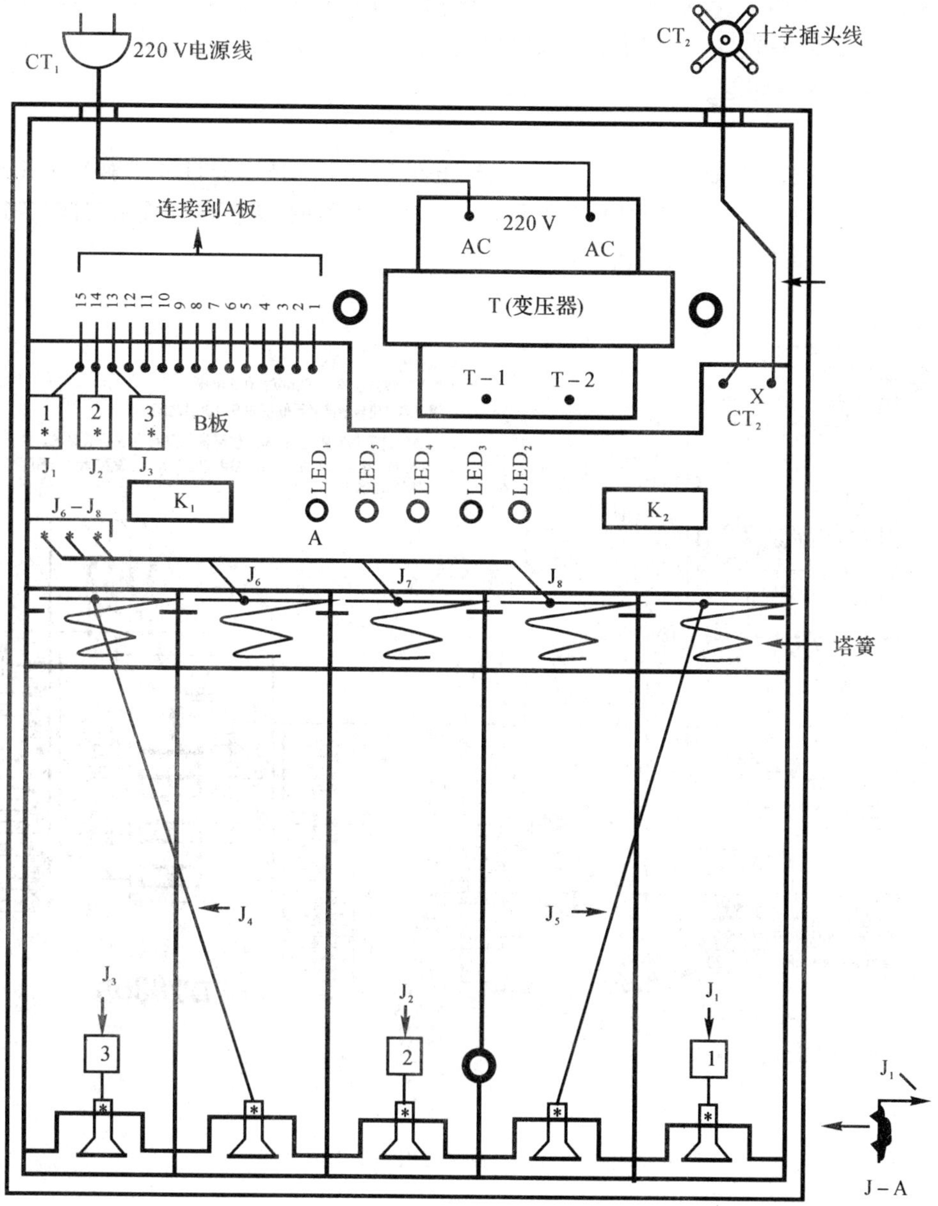

图 8-31　整机装配图(后视图)

8.4　产品四:DT830B 数字万用表

一、产品简介

1. 主要特点

(1) 技术成熟。主电路采用典型数字表集成电路 ICL7106,久经考验,性能稳定可靠。

(2) 性价比高。由于技术成熟、应用广泛而产生的规模效益使价格低到需者皆可拥有。

具有精度高、输入电阻大、读数直观、功能齐全、体积小巧等优点。常用电气测量轻松自如。

(3) 结构合理，安装简单。单板结构，集成电路 ICL7106 采用 COB 封装。只要有一般电子装配技术即可成功组装。

2. 工作原理

DT830B 电路原理图如图 8－32 所示。集成电路 ICL7106 技术资料可搜索 MAXIM 公司网站，有关三位半数字万用表工作原理，参见童诗白教授编写的《模拟电子技术基础》(第二版) 716～737 页内容，高等教育出版社出版。

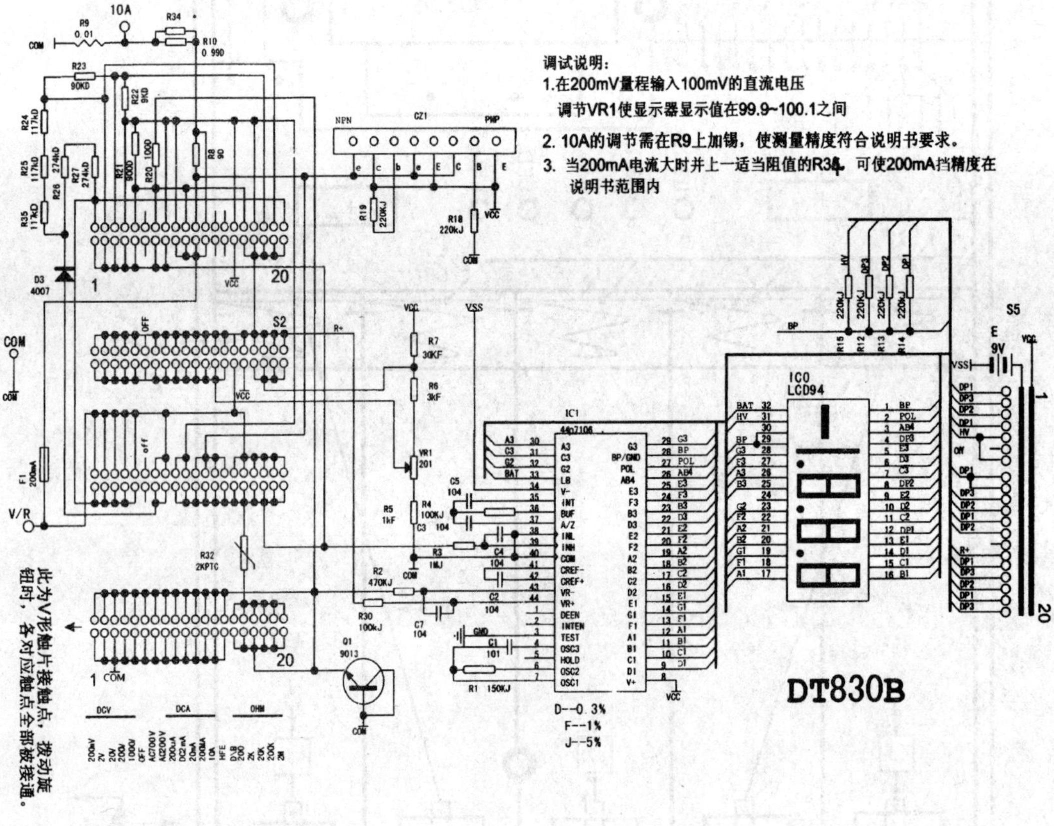

图 8－32 DT830B 数字万用表工作原理图

二、装配工艺流程

DT830B 由机壳塑料件(包括上下盖、旋钮)、印刷板部件(包括插口)、液晶屏及表笔等组成，组装成功关键是装配印刷板部件，整机装配流程如图 8－33 所示。

1. 印刷板安装

印刷板图如图 8－34 所示。双面板 A 面是焊接面，中间圆形印刷导线是功能、量程转换开关电路，如果划伤或污染，对整机性能影响很大，必须小心保护。其安装步骤如下：

(1) 安装电阻、电容、二极管等。注意：电阻、二极管等安装时，如果安装孔距＞8 mm 时可采取卧式安装，如果孔距＜5 mm 应采取立式安装(板上其他电阻、丝印图画“○”)。且立式安装时，要保持 3 mm 的高度，以便焊接完成后元器件能够卧倒。

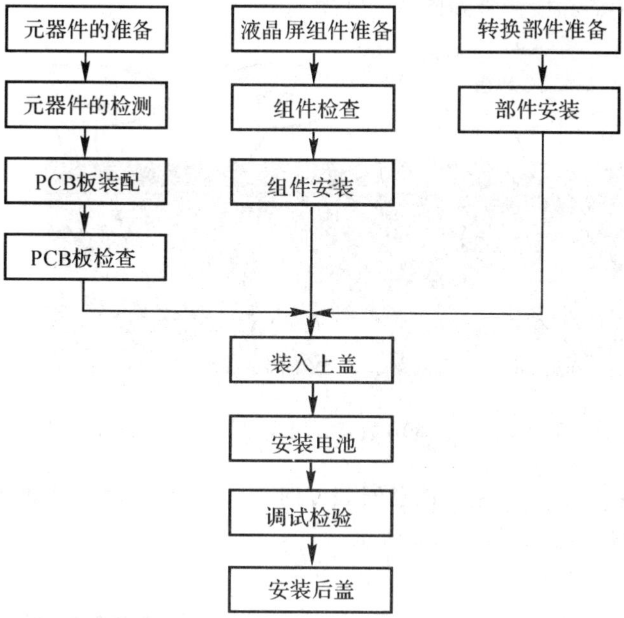

图 8－33　DT830B 数字万用表装配流程图

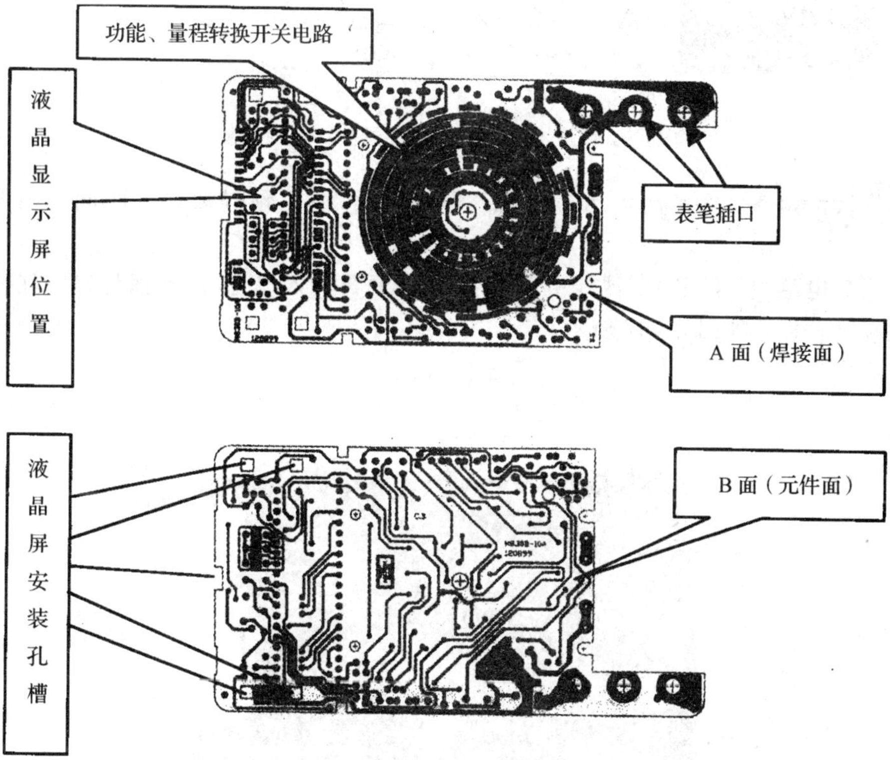

图 8－34　DT830B 数字万用表印刷板(PCB)装配图

PCB元件面丝印图相应符号如图8-35所示。

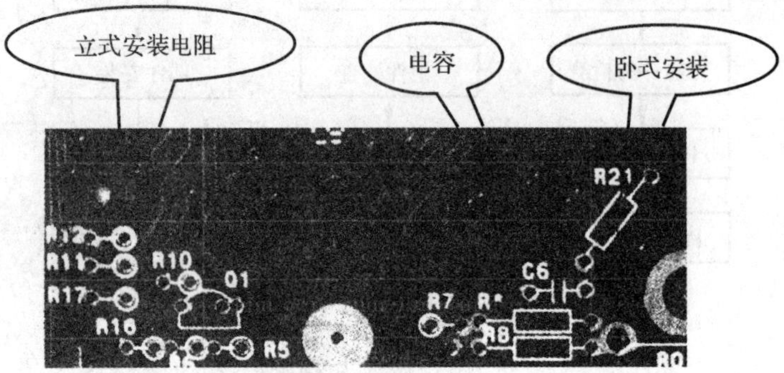

图8-35　DT830B数字万用表PCB图安装符号示例

(2) 安装电位器、三极管插座。注意安装方向:三极管插座装在A面而且应使定位凸点与外壳对准,且在B面焊接。如图8-36所示。

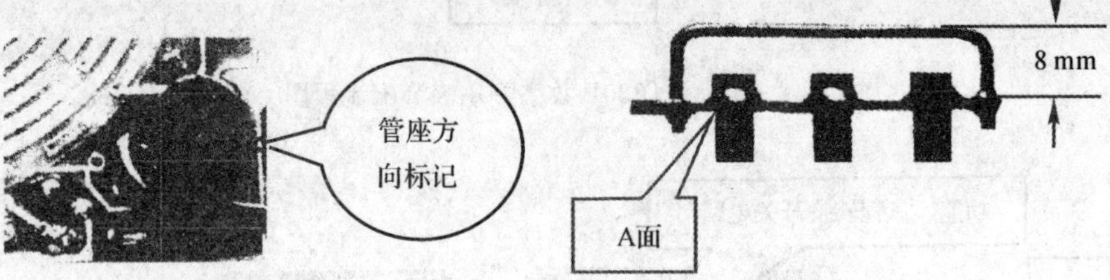

图8-36　三极管插座、表笔插孔及R_0的安装

(3) 安装保险管、表笔插座、R_0、弹簧。焊接点大,注意预焊和焊接时间。如图8-36所示。

(4) 安装电池线。注意:电池线由B面穿到A面再插入焊孔,在B面焊接。红线接"+"极,黑线接"—"极。如图8-37所示。

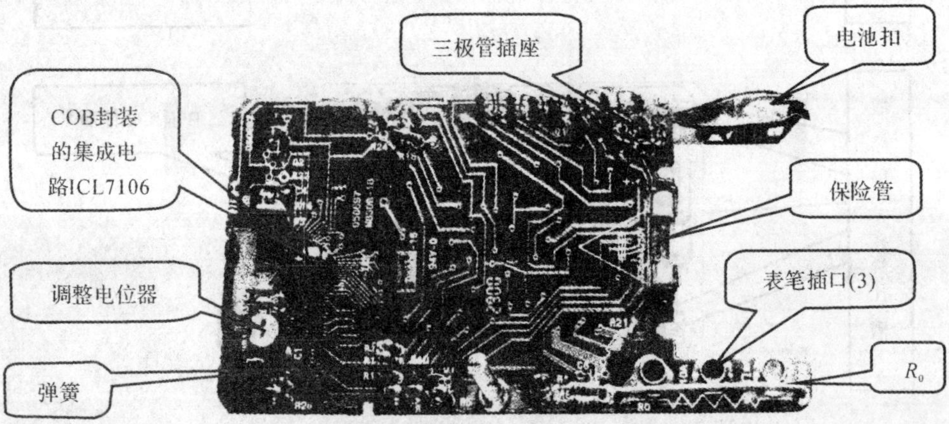

图8-37　安装完成后的印刷板A面

2. 液晶屏组件安装

液晶屏组件由液晶片、导电胶条、支架组成，如图 8－38 所示。

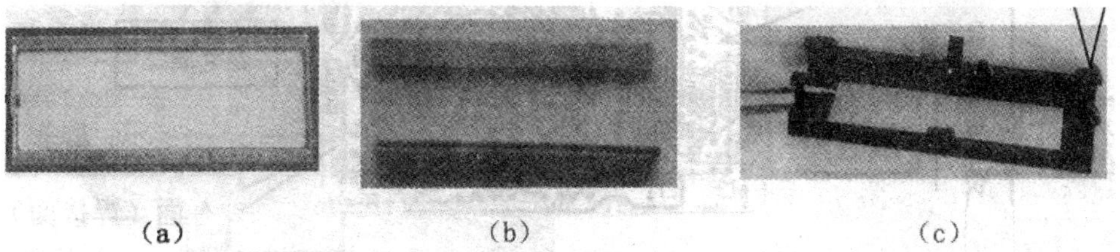

图 8－38　液晶屏组件

(a)液晶片；(b)导电胶条；(c)支架

液晶片镜面为正面(显示字符)，白色面为背面，上下透明条可见条状引线为引出线，通过导电胶条与印刷板上镀金印刷导线实现电连接。由于这种连接靠表面接触导电，因此导电面污染或接触不良都会引起电路故障，表现为显示缺笔画或乱字符。因此，安装时务必保持清洁并仔细对准位置。

支架是固定液晶片和导电胶条的支撑，通过图 8－38 所示的上面 5 个爪与印刷板固定，并由四角及中间的 3 个凸点定位。

安装步骤：

(1) 将液晶片放入支架，且支架爪向上，中间爪位置如图 8－39 所示。液晶片镜面向下标记在图右侧。

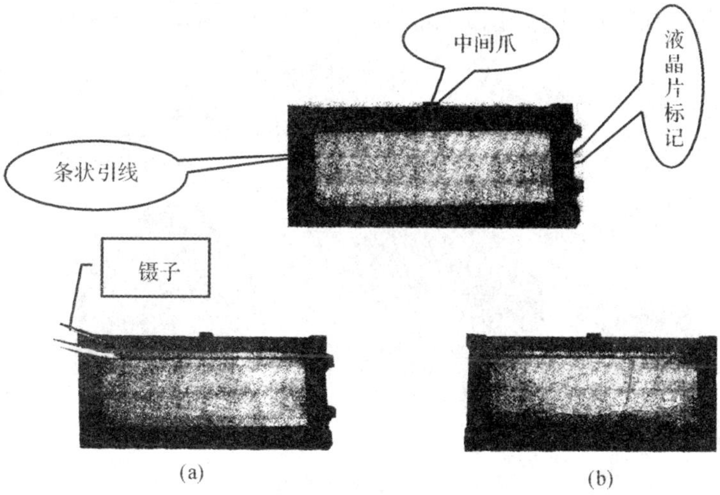

图 8－39　导电胶条的安装

(a)安放导电胶条；(b)待安装的液晶屏组件

(2) 安装导电胶条，如图 8－39 所示。

导电胶条的中间是导电体，安放时必须小心保护，且用镊子轻轻夹持并准确放置。

(3) 将导电胶条组件安装到 PCB 板上，如图 8－40 所示。

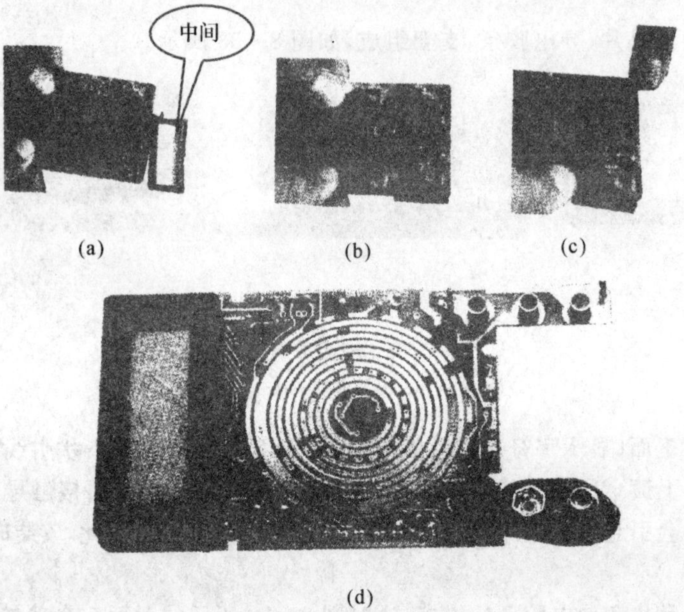

图 8-40 液晶屏组件安装

(a)将液晶屏组件放到平整的台面上,注意保护液晶面,准备好印刷板;
(b)印刷板 A 面向上,将 4 个安装孔和 1 个槽对准液晶屏组件的相应安装爪;
(c)均匀施力将液晶屏组件插入印刷板;(d)安装好液晶屏组件的印刷板

3. 组装转换开关

转换开关由塑料壳和簧片组成,用镊子将簧片卡到塑料壳内,如图 8-41 所示。注意两边簧片位置不对称。

图 8-41 转换开关组装

4. 总装

(1) 安装转换开关/前盖,如图 8-42 所示。

(2) 左手按住转换开关,双手反转使面板向下,将装好的印刷板组件对准前盖位置,装入机壳,注意对准螺孔和转换开关轴定位。如图 8-43 所示。

(3) 安装两个螺钉,固定转换开关,务必拧紧。如图 8-43 所示。

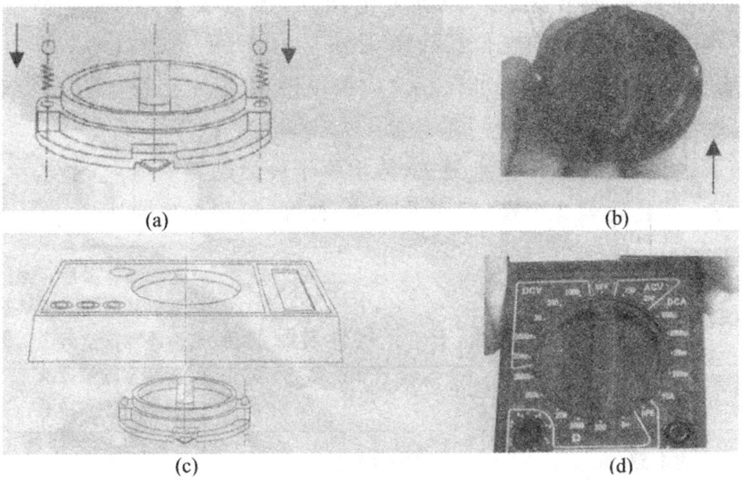

图 8－42　转换开关/前盖的安装

(a)将弹簧/滚珠依次装入转换开关两侧的孔里；(b)将转换开关用左手托起；(c)右手拿前盖板对准孔位；(d)将转换开关贴放到前盖相应位置

图 8－43　固定 PCB 板

(4) 安装保险管(0.2A)和电池。

三、调试与总装

数字万用表的功能和性能指标由集成电路和所选择的外围元器件得到保证，只要安装无误，仅做简单调整即可达到设计指标。

1. 校准检测

(1) 校准和检测原理：以集成电路 7106 为核心构成的数字万用表基本量程为 200mV 挡，其他量程和功能均通过相应转换电路转为基本量程。故校准时只须对参考电压 100mV 进行校准即可保证基本精度。其他功能及量程的精确度由相应元器件的精度和正确安装来保证。

(2) 使用 KJ802 数字万用表校准测量仪。

注意：该仪器 DCV100 mV 挡作为校准电压源，内部用电压基准和运放调整，并用高挡仪表校准。

(3) 在装后盖前将转换开关置 200 mV 电压挡，插入表笔，将表笔测量端接校准仪的 DCV100 mV 插孔，调节万用表内电位器 VR_1 使表显示 99.9～100.1 mV 即可。

(4) 检测：将待测万用表置于校准仪相对应挡位，检查显示结果。

2. 整机总装

(1) 贴屏蔽膜，将屏蔽膜上保护纸揭去，露出不干胶面贴到后盖内。

(2) 盖上后盖，安装后盖 2 个螺钉，至此安装、校准、检测全部完毕。

四、元器件装配清单（见表 8－5）

表 8－5 元器件装配清单

序号	名称	型号规格	数量	备注
1	集成电路	7106(软)	1	IC－1
2	二极管	4007	1	D_1
3	瓷片电容	100 pF	1	C_1
4	独石电容	104	4	C_2, C_3, C_4, C_5
5	电解电容	4.7 μF	1	C_6
6	电位器	200 Ω	1	VR_1
7	配套电阻	1/4W－548K－0.1%	1	R_1
8	配套电阻	1/4W－352K－0.1%	1	R_2
9	配套电阻	1/4W－90K－0.1%	1	R_3
10	配套电阻	1/4W－9K－0.1%	1	R_4
11	配套电阻	1/4W－9Ω－0.1%	1	R_7
12	配套电阻	1/4W－100Ω－0.1%	1	R_6
13	配套电阻	1/4W－900Ω－0.1%	1	R_5
14	金膜电阻	1/4W－13K－1%	1	R_{15}
15	金膜电阻	1/4W－380Ω－1%	1	R_{17}
16	金膜电阻	1/4W－0.99Ω－5%	1	R_8
17	碳膜电阻	1/4W－100K－5%	1	R_{22}
18	碳膜电阻	1/4W－220K－5%	2	R_9, R_{11}

续　表

序号	名称	型号规格	数量	备注
19	碳膜电阻	1/4W－330K－5％	1	R_{10}
20	碳膜电阻	1/4W－470K－5％	3	R_{13}, R_{19}, R_{18}
21	碳膜电阻	1/4W－1.5K－5％	1	R_{12}
22	碳膜电阻	1/4W－200K－5％	1	R_{21}
23	碳膜电阻	1/4W－1M－5％	1	R_{20}
24	金膜电阻	1/4W－1K－1％	1	R_{14}
25	锰铜丝	0.01 Ω	1	
26	保险管	0.2 A	1	
27	保险管座		2	
28	晶体管插座	圆 8P	1	
29	电源线	65 mm	1	
30	开关弹簧	ϕ0.3 mm×3 mm×5.8 mm	2	
31	输入插座	ϕ5×6	3	
32	液晶片	853	1	
33	钢珠	ϕ3	2	
34	螺钉	PA2.3×6	3	
35	螺钉	BA2×10	2	
36	V形弹片	2触点	6	
37	导电胶条	32.5 mm×6.7 mm×1.8 mm	2	
38	线路板		1	
39	电池	9 V	1	
40	面壳		1	
41	底壳		1	
42	液晶压框		1	
43	旋钮		1	
44	表笔		1	
45	彩面、彩盒、说明书		各1	

8.5　产品五:微型 FM 收音机

一、产品特点

(1) 采用电调谐单片 FM 收音机集成电路,调谐方便准确。

(2) 接收频率为 87～108 MHz。

(3) 较高接收灵敏度。

(4) 外形小巧,便于随身携带。

(5) 电源范围大(1.8～3.5 V),充电电池(1.2 V)和一次性电池(1.5 V)均可工作。

(6) 内设静噪电路,抑制调谐过程中的噪声。

二、工作原理

工作原理如图 8-44 所示。其电路的核心是单片收音机集成电路 SC1088。它采用特殊的低中频(70 kHz)技术,外围电路省去了中频变压器和陶瓷滤波器,使电路简单可靠,调试方便。SC1088 采用 SOT16 脚封装,各引脚功能如表 8-6 所示。

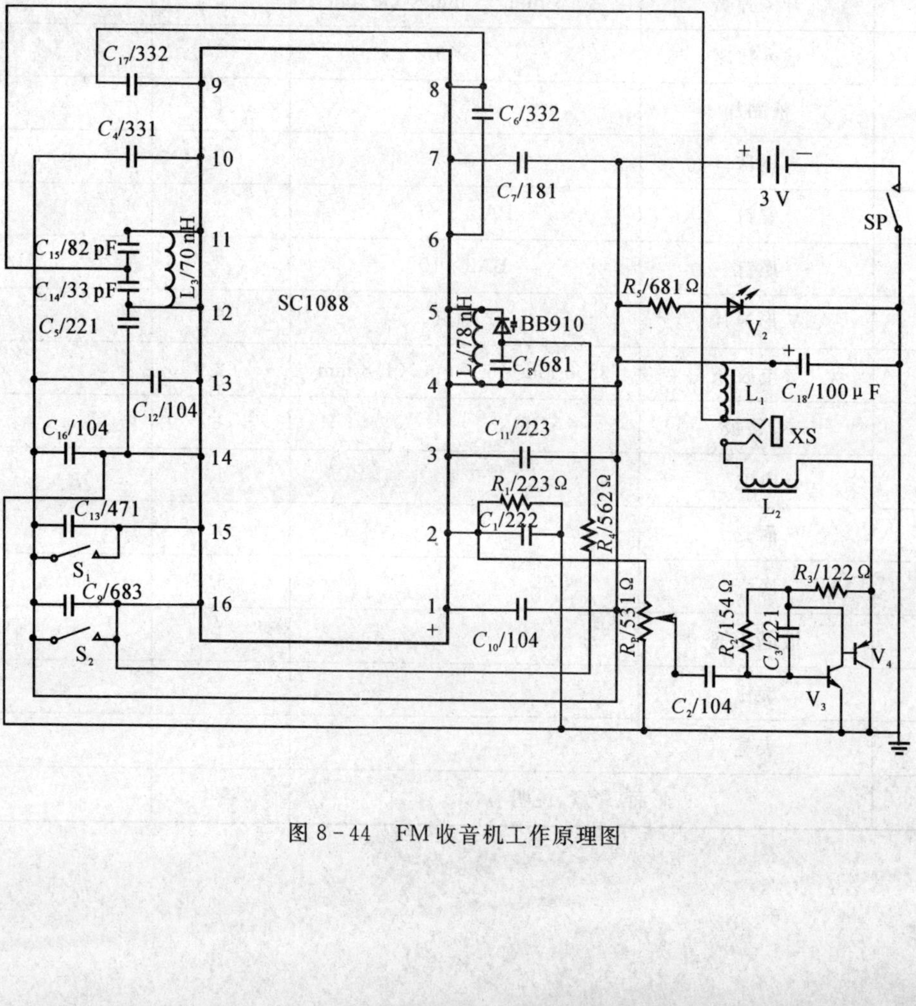

图 8-44　FM 收音机工作原理图

表 8 - 6　FM 收音机集成电路 SC1088 各引脚功能

引脚	功能	引脚	功能	引脚	功能	引脚	功能
1	静噪输出	5	本振调谐回路	9	IF 输入	13	限幅器失调电压电容
2	音频输出	6	IF 反馈	10	IF 限幅放大器的低通电容器	14	接地
3	AF 环路滤波	7	1dB 放大器的低通电容器	11	射频信号输入	15	全通滤波电容搜索调谐输入
4	V_{CC}	8	IF 输出	12	射频信号输入	16	电调谐 AFC 输出

1. FM 信号输入

如图 8 - 44 所示，调频信号由耳机线馈入 C_{14}，C_{13}，C_{15} 和 L_1 的输入电路，经 IC 的 11，12 引脚进入混频电路。此处的 FM 信号是没有进行调谐的调频信号，即所有的调频电台信号均可进入。

2. 本振调谐信号

本振调谐电路中关键元器件是变容二极管，它是利用 PN 结的结电容与偏压之间的有关特性制成的“可变电容”。其中变容二极管加反向电压 U_d，其结电容 C_d 与 U_d 的特性如图 8 - 45(a)，(b)所示。这种电压控制的可变电容广泛用于电调谐、扫频等电路。

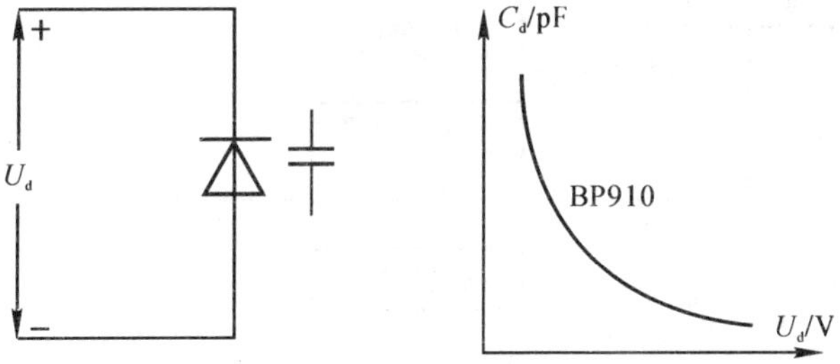

(a)　　(b)

图 8 - 45　变容二极管及特性

本电路中，控制变容二极管 V_1 的电压由 IC 第 16 脚给出。当按下扫描开关 S_1 时，IC 内部的 RS 触发器打开恒流源，由 16 脚向电容 C_9 充电，C_9 两端电压不断上升，V_1 电容量不断变化，由 V_1，C_8，L_4 构成的本振电路的频率不断变化而进行调谐。当收到电台信号后，信号检测电路使 IC 内的 RS 触发器翻转，恒流源停止对 C_9 充电，同时在 AFC(Automatic Frequency Control)电路作用下，锁住所接收的广播节目频率，从而可以稳定接收电台广播，直到再次按下 S_1 开始新的搜索。当按下 Reset 开关 S_2 时，电容 C_9 放电，本振频率回到最低端。

3. 中频放大、限幅与鉴频

电路的中频放大、限幅及鉴频电路的有源器件及电阻均在 IC 内。FM 广播信号和本振电路信号在 IC 内混频器中混频产生 70 kHz 的中频信号，经内部 1dB 放大器、中频限幅器，送到鉴频器检出音频信号，经内部环路滤波后由 2 脚输出音频信号。电路中 1 脚的 C_{10} 为静噪电容，3 脚的 C_{11} 为 AF(音频)环路滤波电容，6 脚的 C_6 为中频反馈电容，7 脚的 C_7 为低通电容，8 脚与 9 脚之间的电容 C_{17} 为中频耦合电容，10 脚的 C_4 为限幅器的低通电容，13 脚的 C_{12} 为限幅器失调电压电容，C_{13} 为滤波电容。

4. 耳机放大电路

由于用耳机收听，所需功率很小，本机采用了简单的晶体管放大电路，2 脚输出的音频信号经电位器 R_P 调节电量后，由 V_3，V_4 组成复合管甲类放大器。R_1 和 C_1 组成音频输出负载，线圈 L_1 和 L_2 为射频与音频隔离线圈。这种电路耗电大小与有无广播信号以及音量大小关系不大，因此不收听时要关断电源。

三、安装工艺流程(见图 8 - 46)

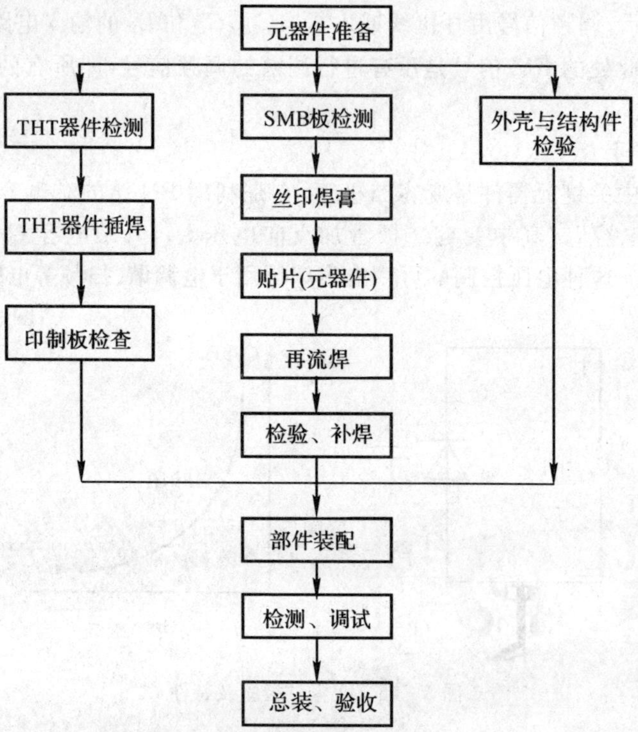

图 8 - 46　FM 调频收音机整机装配流程图

四、安装步骤及工艺要求

1. 安装前检查

(1) SMB 检查，如图 8-47 所示。

1) 图形完整性，有无短、断缺陷。

2) 孔位及尺寸。

3) 表面涂覆(阻焊剂)。

(2) 外壳及结构件。

1) 按材料表清单检查零件品种规格及数量。

2) 检查外壳有无缺陷及外观损伤。

3) 检查耳机。

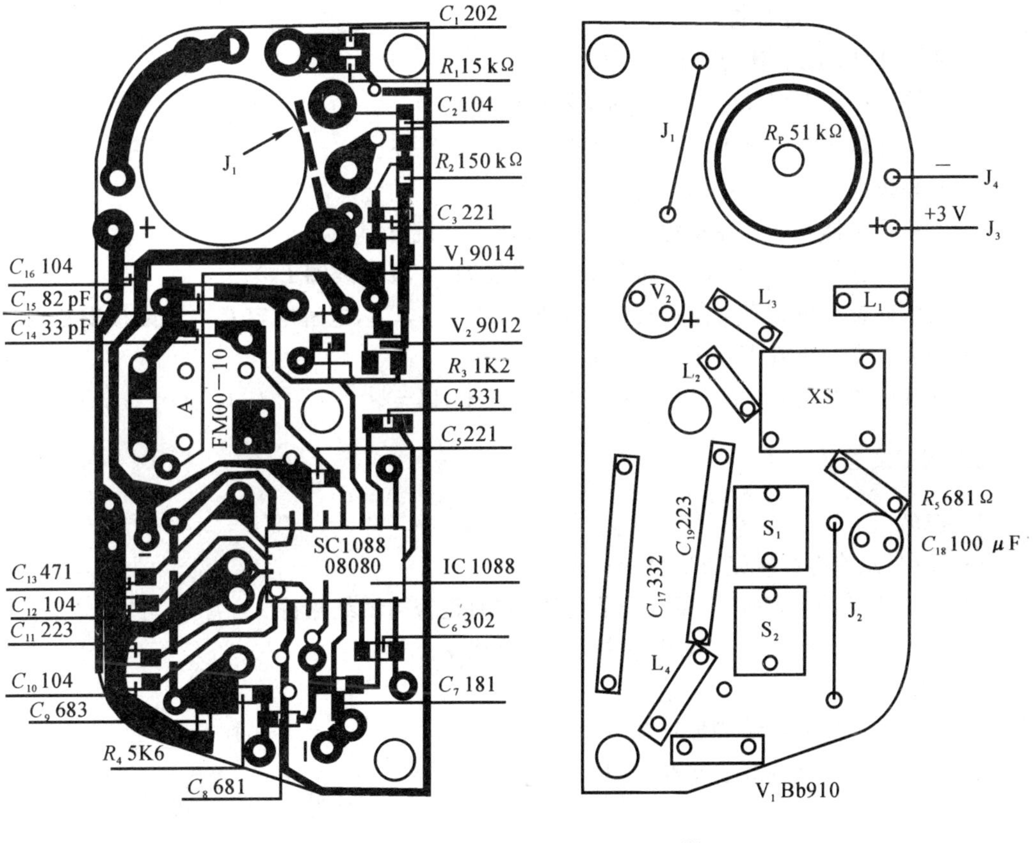

(a) (b)

图 8-47 印刷板安装图

(a)SMT 贴片；(b)THT 安装

(3) THT 元器件检测。

1) 电位器阻值调节特性。

2）LED、线圈、电解电容、插座、开关的好坏。

3）判断变容二极管的好坏及特性。

2. 贴片及焊接(见图 8-47(a))

(1) 丝印焊膏，并检查印刷板情况。

(2) 按工序流程及要求贴片；顺序：C_1，R_1，C_2，R_2，C_3，V_3，C_4，V_4，C_5，R_3，C_6，SC1088，C_7，C_8，R_4，C_9，C_{10}，C_{11}，C_{12}，C_{13}，C_{14}，C_{15}，C_{16}。

注意：1) SMC 和 SMD 不得用手拿。

2）用镊子夹持并且不能夹在引线上。

3）IC1088 芯片方向。

4）贴片电容表面没有标记，一定要保证准确贴到指定位置。

(3) 检查贴片数量及位置。

(4) 再流焊机焊接。

(5) 检查焊接质量及修补。

3. 安装 THT 元器件(见图 8-47(b))

1）焊接跨接线 J_1，J_2(可用剪断的元器件引线)。

2）安装并焊接电位器 R_P，注意电位器与印刷板平齐。

3）安装按键开关 S_1，S_2，并采用对角线焊接。

4）安装耳机插座 XS，注意焊接时一定要插上耳机再焊接。

5）安装电感线圈 L_1，L_3，L_4(磁环 L_1，8 匝线圈 L_3，5 匝线圈 L_4)。

6）安装变容二极管 V_1(注意极性和方向)，R_5，C_{17}，C_{19}，电解电容 C_{18}(要贴板安装)和 L_2。

7）安装发光二极管 V_2，注意高度及极性。

8）焊接电源线 J_3，J_4，注意正负连线颜色，红＋，黑－。

五、调试及总装

1. 调试

(1) 所有元器件焊接完成后目视检查。

1）元器件：型号、规格、数量及安装位置，方向是否与图纸相符。

2）焊点检查，有无虚焊、漏焊、桥接、空洞等现象。

(2) 测总电流。

1）检查无误后将电源线焊接到电池片上。

2）在电位器开关断开的情况下装入电池。

3）插入耳机。

4）用数字万用表 200 mA 或指针式万用表 50 mA 挡跨接在电位器的两端测电流，正常电流应为 7～30 mA(与电源电压有关)并且 LED 正常点亮。

注意：如果电流为零或超过 35 mA 应检查电路。

(3) 搜索电台广播。如果电流在正常范围，可按 S_1 搜索电台广播。只要元器件质量完好，安装正确，焊接可靠，不用调任何部分即可收到电台广播。

如果收不到广播应仔细检查电路，特别要检查有无错装、虚焊、漏焊等缺陷。

（4）调接收频段（俗称调覆盖）。我国调频广播的频率范围为 87～108 MHz，调试时可找一个当地频率最低的 FM 电台（例如在西安，陕西财富广播为 89.6 MHz）适当改变 L_4 的匝间距，使按过 RESET 键后第一次按 SCAN 键可收到这个电台。由于 SC1088 集成度高，如果元器件一致性较好，一般能收到低端电台后均可覆盖 FM 频段，故可不调高端而仅做检查（可用一个成品 FM 收音机对照检查）。

（5）调灵敏度。本机灵敏度由电路及元器件决定，一般不用调整，调好覆盖后即可正常收听。无线电爱好者可在收听频段中间电台（例如 93.1 MHz 西安音乐台）时适当调整 L_4 匝距，使灵敏度最高（耳机监听音量最大）。不过实际效果不明显。

2. 总装

（1）蜡封线圈。调试完成后将适量泡沫塑料填入线圈 L_4（注意不要改变线圈形状及匝距），滴入适量蜡使线圈固定。

（2）固定 SMB/装外壳。

1）将外壳面板平放到桌面上（注意不要划伤面板）。

2）将 2 个按键帽放入孔内（见图 8－48）。

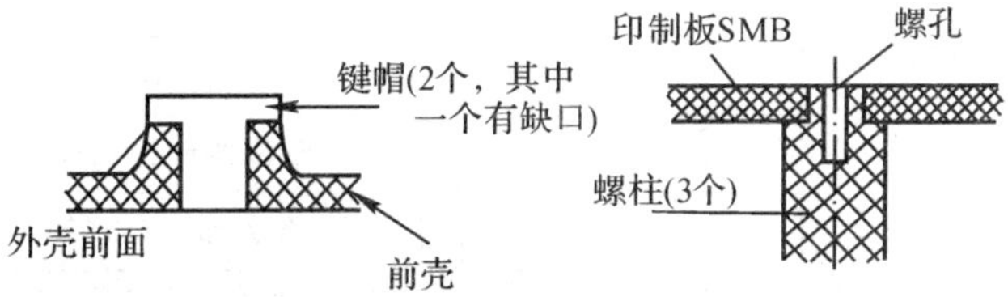

图 8－48　键帽与螺孔位置示意图

注意：SCAN 键帽上有缺口，放键帽时要对准机壳上的突起，RESET 键帽上无缺口。

3）将 SMB 对准位置放入壳内。

① 注意对准 LED 位置，若有偏差可轻轻掰动，偏差过大必须重焊。

② 注意三个孔与外壳螺柱的配合（见图 8－48）。

③ 注意电源线，不妨碍机壳装配。

④ 装上中间螺钉，注意螺钉旋入手法（见图 8－49）。

⑤ 装电位器旋钮，注意旋钮上凹点位置。

⑥ 装后盖，上两边的两个螺钉。

⑦ 装卡子。

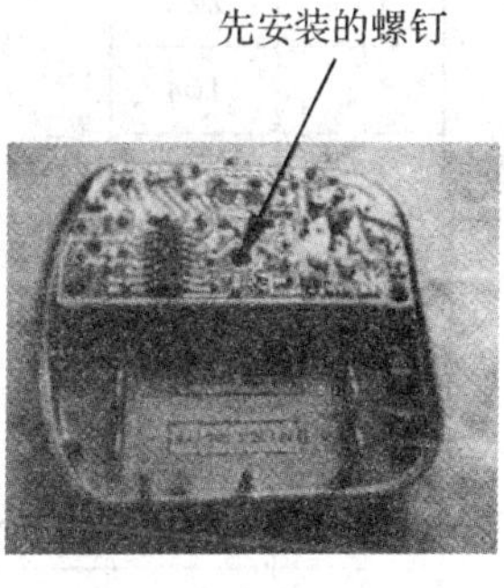

图 8－49　螺钉位置

3. 检查

总装完毕，装入电池，插入耳机进行检查，要求：

（1）电源开关手感良好。

（2）音量正常可调。

（3）收听正常。

（4）表面无损伤。

六、元器件装配清单(见表 8－7)

表 8－7 FM 收音机元器件装配清单

类别	代号	规格	型号/封装	数量	备注	类别	代号	规格	型号/封装	数量	备注
电阻	R_1	153	0805 RJ1/8W	1		电感	L_1			1	
	R_2	154		1			L_2			1	
	R_3	122		1			L_3	70 nH		1	8匝
	R_4	562		1			L_4	78 nH		1	5匝
	R_5	681		1		晶体管	V_1		BB910		
电容	C_1	202	0805	1			V_2		LED	1	
	C_2	104		1			V_3	9014	SOT－23	1	
	C_3	221		1			V_4	9012	SOT－23	1	
	C_4	331		1		塑料件	前盖			1	
	C_5	221		1			后盖			1	
	C_6	332		1			电位器钮(内、外)			各1	
	C_7	181		1			开关钮(有缺口)			1	SCAN 键
	C_8	681		1			开关钮(无缺口)			1	RESET 键
	C_9	683		1			卡子			1	
	C_{10}	104		1		金属件	电池片(3件)			正、负连接片各1	
	C_{11}	223		1			自攻螺钉			3	
	C_{12}	104		1			电位器螺钉			1	
	C_{13}	471		1		其他	印刷板			1	
	C_{14}	330		1			耳机 32Ω×2			1	
	C_{15}	820		1			R_P(带开关电位器 51K)			1	
	C_{16}	104		1			S_1,S_2(轻触开关)			各1	
	C_{17}	332	CC	1	223－104		XS(耳机插座)			1	
	C_{18}	100μ	CD								
	C_{19}	223	CT								
IC	A		SC1088								

第九章　电子电路的设计

电子工业的飞速发展和超大规模集成电路的不断出现，为各种各样的电子产品、电子设备的更新换代提供了方便。但是电子电路种类相对很多，设计方法也不尽相同，尤其是各种集成电路和各种专用新型器件的大量涌现，使电子电路设计工作发生了巨大变革。原始的分立器件电路的设计方法已逐渐被集成电路直接组装取代。所以，要求设计者应不断熟悉各种集成电路的性能、指标，把主要精力从单元电路的设计上转移到整体方案的设计上来，要根据总体要求恰当选取元器件，合理设计并计算，最终完成总体方案设计。

由于电子电路的种类层出不穷，使得电路的设计过程和步骤也不完全相同。但总体上来说，设计过程一般包括：总体方案的设计与选择、单元电路的设计与选择（包括功能分析）、元器件的选择与参数计算、画出并设计总体电路图、总体电路仿真、电路的组装与调试、确定总体方案设计等，但由于电子电路种类繁多，千差万别，设计方法和步骤也因情况不同而有所不同，因而上述设计步骤需要交叉进行，有时甚至会出现反复。因此，设计时应根据实际情况灵活掌握。其步骤如图 9－1 所示。

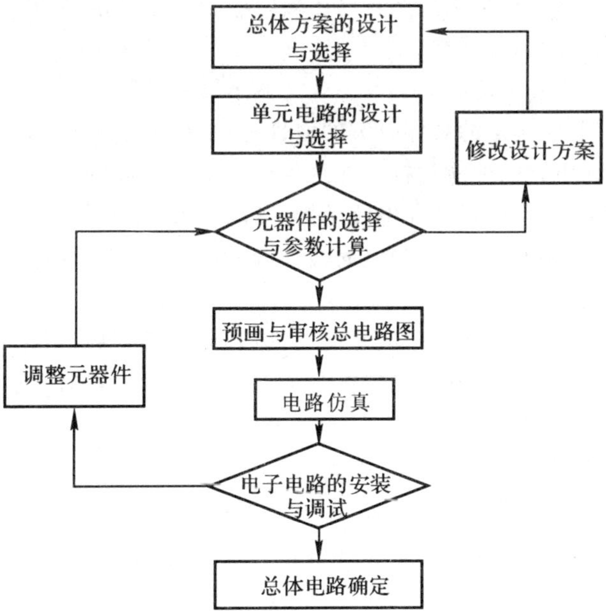

图 9－1　电子电路设计的一般步骤

9.1 总体方案的设计与选择

设计电路的第一步是选择总体方案，所谓选择总体方案就是根据设计任务、指标要求和给定的条件，分析所要设计电路应完成的功能，并将总体功能分解成若干单元，分清主次和相互之间的关系，形成若干单元功能模块（即“方框图”）组成的总体方案。该方案可以有多个，需要通过实际的调查研究、查阅有关的资料或集体讨论等方式，着重从方案能否满足要求、结构是否简单、实现是否经济可行等方面，对多个方案进行比较和论证，择优选取。对所选用的方案，以方框图的形式表示出来。注意图中每个方框尽可能是完成某一种功能的单元电路，尤其是关键的功能模块，一定要表达清楚，且还要表示出各自的作用和相互之间的关系，注明信号流的方向等。

选择方案应注意的几个问题：

(1)对关系到电路全局的问题，应该设计多套不同的方案，深入分析比较，进行论证。

(2)对方案的可行性、可靠性、实用性等实际问题应多调查研究。

(3)对选定的方案，在分析论证和设计过程中需要不断改进和完善。

9.2 单元电路的设计与选择

在确定了总体设计方案后应画出详细的方框图，以便进行各单元电路的设计。任何复杂的电子电路，都是由若干个具有简单功能的单元电路组成的，并且这些单元电路的性能指标往往比较单一。在明确了各单元电路的技术指标及要求后，分析各单元电路的工作原理，设计各单元电路的结构形式。注意尽可能选用自己比较熟悉的单元电路，并要善于通过查阅资料、分析研究新型电路，开发利用新型器件。

设计单元电路的步骤和方法：

(1)根据设计要求和已选定的总体方案的原理框图，确定对各单元电路的设计要求，必要时应详细拟定主要单元电路的性能指标。注意各单元电路之间的相互配合，但要尽量少用或不用电平转换之类的接口电路，以简化电路结构、降低成本。

(2)拟定出各单元电路的要求后，应全面检查，确定无误后方可按一定顺序分别设计各单元电路。

(3)选择单元电路的结构形式。一般情况下，应查阅有关资料，以丰富知识、开阔眼界，从而找到适用的电路。当确实找不到性能指标完全满足要求的电路时，也可选用与设计要求比较接近的电路，然后调整电路参数。

各单元电路之间要注意在外部条件、元器件使用、连接关系等方面的配合，尽可能减少元器件的数量、类型、电平转换和接口电路，以保证电路最简单、工作最可靠、最经济实用。各单元电路拟定后，应全面地检查，看每个单元各自的功能是否能实现，信息是否能畅通，总体功能是否满足要求，如果存在问题还必须及时做出局部调整。

9.3　元器件的选择与参数计算

9.3.1　元器件的选择

选择元器件可以从“需要什么”和“有什么”两个方面来考虑。所谓“需要什么”是指根据具体问题的要求所选择的方案，需要什么样的元器件，即每个元器件各应具有哪些功能和什么样的性能指标。所谓“有什么”是指目前有哪些元器件，哪些在市场上能买得到，它们的性能如何、价格如何、体积大小等。众所周知，电子元器件的种类繁多，而且不断出现新产品，这就需要用户经常关心元器件的新信息和新动向，多查资料。一般优先选用集成电路。

1. 一般优先选用集成电路

随着大规模集成电路的广泛应用，不仅减少了电子设备的体积和成本，提高了可靠性，使安装调试和维修变得比较简单，而且大大简化了电子电路的设计。但是，并不是采用集成电路就一定比采用分立元器件好，有时功能相当简单的电路，只要用一只二极管或三极管就能解决问题，若采用集成电路反而会使问题复杂化，而且增加成本。但在一般情况下，应优选集成电路，必要时可画出两种电路，进行比较。

2. 集成电路的选择

集成电路的种类繁多，选用方法一般是“先粗后细”，即先根据主体方案考虑应选用什么功能的集成电路，再进一步考虑它的具体性能，然后再根据价格等因素选用什么型号。选择的集成电路不仅要在功能和特性上实现设计方案，而且要满足功耗、电压、温度、价格等多方面的要求。

3. 阻容元件的选择

电阻和电容种类很多，正确选择电阻和电容是很重要的，不同的电路对电阻和电容的性能要求也不同，有些电路对电容漏电要求很严格，还有些电路对电阻和电容的精度要求很严，设计时要根据电路的要求选择性能和参数合适的阻容元件，并要注意功耗、容量、频率、耐压范围是否满足要求。

4. 分立元器件(THC/THD)的选择

分立元器件包括二极管、三极管、场效应管和晶闸管等，选择器件的种类不同，注意事项也不同。例如三极管，选用时应考虑是NPN管还是PNP管，是大功率管还是小功率管，是高频管还是低频管，并注意管子的电流放大倍数、击穿电压、特征频率、静态功耗等是否满足电路设计的要求。

9.3.2　元器件的参数计算

在单元电路的结构、形式确定以后，需要对影响技术指标和参数的元器件进行计算。这种计算有的需要根据电路理论公式进行，有的按照工程估算方法，有的可用典型电路参数或经验数据。选用的元器件参数最终都必须采用标称值。

计算电路参数时应注意如下问题：

(1)各元器件的工作电流、工作电压、频率和功耗应在允许的范围内，并留有适当的余量，以保证电路在规定的条件下正常工作，达到所要求的性能指标。

(2)对于环境温度、交流电压等工作条件,计算参数时应按最不利的情况考虑。

(3)设计元器件的极限参数时,必须留有足够的余量,一般按 1.5 倍左右考虑。例如,如果实际电路中的三极管的 U_{CEO} 的最大值为 20 V,挑选三极管时应按 $U_{CEO} \geqslant 30$ V 考虑。

(4)电阻值应尽可能选在 1 MΩ 范围内,一般最大不超过 10 MΩ,其值应在常用电阻标称值系列内,并根据具体情况正确选择电阻的品种。

(5)非电解电容尽可能在 100 pF~0.1 μF 范围内选择,其数值应在常用电容标称值系列内,并根据具体情况正确选择电容的品种。

(6)在保证电路性能的前提下,尽可能设法降低成本,减少元器件的品种、功耗和体积,并为安装调试创造有利条件。

(7)在满足性能指标和上述各项要求的前提下,应优先选用现有的或容易买到的元器件,以节省时间和精力。

(8)应把根据计算所确定的各参数值标在电路图中适当的位置。

注意,经常也会出现在花费了很长时间后仍选不到合适的单元电路,或者性能指标达不到设计要求,或者电路过于复杂等。这就要求设计者对总体方案作修正或改进,调整某些功能模块的功能和指标要求等,以便完成总体方案设计。

9.4 总体电路图设计

设计好各单元电路以后,应画出总电路图。总电路图是进行实验和印刷电路板设计制作的主要依据,也是进行生产、调试、维修的依据,因此画好一张总电路图非常重要。一般总体电路图应当包括电路原理图和实际的元器件接线图(即印刷板图)。必要时还要制作印刷板的工艺要求图等。

1. 画总电路图的一般方法

(1)画总电路图首先应注意信号的流向,通常从输入端或信号源画起,由左到右或由上到下按信号的流向依次画出各单元电路。但一般不要把电路画成很长的窄条,必要时可按信号流向的主通道依次把各单元电路排成类似字母“U”的形状,它的开口可以朝左,也可以朝向其他方向。

(2)尽量把总电路图画在同一张图上,如果电路比较复杂,一张图画不下,应把主电路画在同一张图上,而把一些比较独立或次要的部分(例如直流稳压电源)画在另一张或者几张图上,并用适当的方式说明各图之间的信号联系。

(3)电路图中所有的连线都要表示清楚,各元器件之间的绝大多数连线应在图上直接画出。连线通常画成水平线或竖线,一般不画斜线。互相连通的交叉线,应在交叉处用圆点标出。连线要尽量短。电源一般只标出电源电压的数值(例如+5V,+15V,-15V)。电路图的安排要紧凑、协调,疏密恰当,避免出现有的地方画得很密,有的地方却空出一大块。总之,要清晰明了,容易看懂,美观协调。

(4)电路图中的中大规模集成电路,通常用方框图表示。在框中标出它的型号,框的边线两侧标出每根连线的功能名称和端子号。除中大规模器件外,其余元器件的符号应当标准化。

(5)集成电路器件的端子较多,多余的端子应作适当处理。

(6)如果电路比较复杂,设计者经验不足,有些问题在画出总体电路之前难以解决,可以先画出总电路图的草图，调整好布局和连线之后，再画出正式的总电路图。

以上只是总电路的一般画法，实际情况千差万别，应根据具体情况灵活掌握。

2. 审图

在总体电路图画出之后，还要进行认真的审查，因为在设计过程中不可避免会考虑不周。因此，要检查总体电路是否满足方案的设计要求，各单元电路是否满足设计要求和各自的功能；以及各单元电路之间的连接是否有问题，电平和时序是否合适，图中各种标注是否正确等。审图时应注意以下几点：

(1)先从全局出发，检查总体方案是否合适，有无问题，再检查各单元电路的原理是否正确，电路形式是否合适。

(2)检查各单元电路之间的电平、时序等配合有无问题。

(3)检查电路图中有无烦琐之处，是否可以简化。

(4)要特别注意电路图中各元器件是否工作在额定值范围内，以免实验时损坏。

(5)解决所发现的全部问题后，若改动较多，应当复查一遍。

9.5　电路仿真

对审核完的总体电路，通过 EDA 软件(如:EWB 仿真软件)进行电路仿真，找出电路中存在的问题，以便进一步修改。也可采取对各单元电路首先进行仿真分析，找出其中的问题，一一解决后，再将各单元连接在一起进行总体仿真，找出最终的问题。

9.6　电子电路的安装与调试

电子电路的安装与调试在电子电路实践和电子工程技术中都占有非常重要的地位。它是把理论付诸于实践的阶段，也是将理论电路转换为实际电路和电子设备的过程。这一过程的实现，为电子技术在人类的社会生活和生产实践中发挥巨大作用提供了现实性和可能性的保证。同时，这一过程也是对理论设计的检验、修改和完善。

9.6.1　电子电路的安装

简单的电子电路安装可在接插板(面包板)上完成。较复杂的电子电路需制作专门的印刷电路板，还必须考虑电路的布局、焊接、组装等工艺。这些内容可参见前面有关章节中所作的详细介绍。

9.6.2　电子电路的调试

电子电路的调试在电子工程中占有重要地位，是对设计电路的正确与否及性能指标的检测过程，也是初学者实践技能培养的重要环节。

调试过程是利用符合设计指标要求的各种电子测量仪器，如示波器、万用表、信号发生器、频率计、逻辑分析仪等，对安装好的电路或电子装置进行调整和测量，以保证电路或装置正常工作；同时，判别其性能的好坏，各项指标是否符合设计要求等。因此，调试必须按一定的方法和步骤进行。

1. 调试的步骤和方法

(1)不通电检查。电路安装完毕后,不要急于通电,应首先认真检查接线是否正确,包括多线、少线、错线等,尤其是电源线不能接错或接反,以免通电后烧坏电路或元器件。查线的方式有两种:一种是按照设计电路接线图检查安装电路,在安装好的电路中按电路图一一对照检查连线;另一种方法是按实际线路,对照电路原理图按两个元器件的接线端之间的连线去向检查。无论哪种方法,在检查中都要对已经检查过的连线做相应的标记。

(2)直观检查。连线检查完毕后,直观检查电源、地线、信号线、元器件接线端之间有无短路,连线处有无接触不良,二极管、三极管、电解电容等有极性元器件引线端有无错接、反接,集成块是否插装准确。

(3)通电检查。把经过准确测量的电源电压加入电路,但暂不接入信号源信号。电源接通之后不要急于测量数据和观察结果,首先要观察有无异常现象,包括有无冒烟、有无异常气味、触摸元件是否有发烫现象、电源是否出现短路等。如果出现异常,应立即切断电源,排除故障后方可重新通电。

(4)分块调试。调试包括测试和调整两个方面。测试是在安装后对电路的参数及工作状态进行测量;调整则是在测试的基础上对电路的结构或参数进行修正,使之满足设计要求。为了使测试能够顺利进行,设计的电路图上应标出各点的电位值、相应的波形以及其他参考数值。

调试方法有两种。第一种是采用边安装边调试的方法,也就是把复杂的电路按原理图上的功能分块进行调试,在分块调试的基础上逐步扩大调试的范围,最后完成整机调试,这种方法称为分块调试。采用这种方法能及时发现问题和解决问题,这是常用的方法,对于新设计的电路更为有效。另一种方法是整个电路安装完毕后,实行一次性调试。这种方法适用于简单电路或定型产品。这里仅介绍分块调试。

分块调试是把电路按功能分成不同的部分,把每个部分看成一个模块进行调试。比较理想的调试程序是按信号的流向进行,这样可以把前面调试过的输出信号作为后一级的输入信号,为最后的联调创造条件。分块调试分为静态调试和动态调试。

静态调试一般指在没有外加信号的条件下测试电路各点的电位。如测试模拟电路的静态工作点,数字电路的各输入、输出电平及逻辑关系等,将测试获得的数据与设计值进行比较,若超出指标范围,应分析原因,并进行处理。

动态调试可以利用前级的输出信号作为后级的输入信号,也可利用自身的信号来检查电路功能和各种指标是否满足设计要求,包括信号幅值、波形的形状、相位关系、频率、放大倍数、输出动态范围等。模拟电路比较复杂,而对数字电路来说,由于集成度比较高,一般调试工作量不大,只要元器件选择合适,直流工作点状态正常,逻辑关系就不会有太大问题。一般是测试电平的转换和工作速度等。

把静态和动态的测试结果与设计的指标进行比较,经进一步分析后对电路参数实施合理的修正。

(5)整机联调。对于复杂的电子电路系统,在分块调试的过程中,由于是逐步扩大调试范围,故实际上已完成了某些局部联调工作。只要做好各功能块之间接口电路的调试工作,再把全部电路接通,就可以实现整机联调。整机联调只需要观察动态结果,即把各种测量仪器及系统本身显示部分提供的信息与设计指标逐一比较,找出问题,然后进一步修改电路参数,直到完全符合设计要求为止。

调试过程中不能单凭感觉和印象，要始终借助仪器观察。使用示波器时，最好把示波器的信号输入方式置于“DC”挡，它是直流耦合方式，可以同时观察被测信号的交、直流成分。被测信号的频率就应处在示波器能够稳定显示的频率范围内，如果频率太低，观察不到稳定波形时，就应改变电路参数后测量。

2. 调试注意事项

(1)测试之前要熟悉各种仪器的使用方法，并仔细加以检查，避免由于仪器使用不当或出现故障而作出错误判断。

(2)测试仪器和被测电路应具有良好的共地，只有使仪器和电路之间建立一个公共接地参考点，测试的结果才是准确的。

(3)调试过程中，发现器件或接线有问题需要更换或修改时，应关断电源，待更换完毕、认真检查后方可重新通电。

(4)调试过程中，不但要认真观察和检测，还要认真记录。包括记录观察的现象、测量的数据、波形及相位关系，必要时在记录中应附加说明，尤其是那些和设计不符合的现象更是记录的重点。依据记录的数据才能把实际观察的现象和理论预计的结果加以定量比较，从中发现问题，加以改进，最终完善设计方案。通过收集第一手资料可以帮助自己积累实际经验，切不可低估记录的重要作用。

(5)安装和调试自始至终要有严谨的科学作风，不能抱有侥幸心理。出现故障时，不要手忙脚乱，马虎从事，要认真查找故障原因，仔细作出判断，切不可一遇到故障解决不了时就拆线重新安装；因为重新安装的线路仍然存在各种问题，况且原理上的问题也不是重新安装电路就能解决的。

9.6.3　电子电路的故障分析与处理

在实践、训练过程中，电路故障常常不可避免。分析故障现象、解决故障问题可以提高实践和动手能力。分析和排除故障的过程，就是从故障现象出发，通过反复测试，作出分析判断、逐步找出问题的过程。首先要通过对原理图的分析，把系统分成不同功能的电路模块，通过逐一测量找出故障所在区域，然后对故障模块区域内部加以测量并找出故障，即从一个系统或模块的预期功能出发，通过实际测量，确定其功能的实现是否正常来判断是否存在故障，然后逐步深入，进而找出故障并加以排除。

假如是原来正常运行的电子电路，使用一段时间出现故障，其原因可能是元器件损坏，或连线发生短路，也可能是使用条件的变化影响电子设备的正常运行。

1. 调试中常见的故障原因

(1)实际电路与设计的原理图不符。

(2)元器件使用不当。

(3)设计的原理本身不满足要求。

(4)误操作等。

2. 查找故障的方法

查找故障的通用方法是把合适的信号或某个模块的输出信号引到其他模块上，然后依次对每个模块进行测试，直到找到故障模块为止。查找的顺序可以从输入到输出，也可以从输出到输入。找到故障模块后，要对该模块产生故障的原因进行分析、检查。查找模块内部故障的步骤如下：

(1)检查用于测量的仪器是否使用得当。

(2)检查安装的线路与原理是否一致，包括连线、元器件的极性及参数、集成电路的安装位置是否正确等。

(3)测量元器件接线端的电源电压。使用接插板做实验出现故障时，应检查是否因接线端不良而导致元器件本身没有正常工作。

(4)断开故障模块输出端所接的负载，可以判断故障来自模块本身还是负载。

(5)检查元器件使用是否得当或已经损坏。在实验、实习中大量使用的是中规模集成电路，由于它的接线端子比较多，使用时会将接线端接错，从而造成故障。在电路中，由于安装前经过调试，元器件损坏的可能性很小。如果怀疑某个元器件损坏，必须对它进行单独测试，并对已损坏的元器件进行更换。

(6)反馈回路的故障判断是比较困难的，因为它是把输出信号的部分或全部以某种方式送到模块的输入端口，使系统形成一个闭环回路。在这个闭环回路中只要有一个模块出故障，则整个系统都存在故障现象。查找故障需要把反馈回路断开，接入一个合适的输入信号使系统成为一个开环系统，然后再逐一查找发生故障的模块及故障元器件等。

前面介绍的通用方法对一般电子电路都适用，但它具有一定的盲目性，效率低。对于自己设计的系统或非常熟悉的电路，可以采用观察判断法，通过仪器、仪表观察到结果，直接判断故障发生的原因和部位，从而准确、迅速地找到故障并加以排除。

在电路中，当某个元器件静态正常而动态有问题时，往往会认为这个元器件本身有问题，其实有时并非如此。遇到这种情况不要急于更换器件，首先应检查电路本身的负载能力及提供输入信号的信号源的负载能力。把电路的输出端负载断开，检查是否工作正常，若电路空载时工作正常，说明电路负载能力差，需要调整电路。如断开负载电路仍不能正常工作，则要检查输入信号波形是否符合要求。

由于诸多因素的影响，原来的理论设计可能要作修改，选择的元器件需要调整或改变参数，有时可能还要增加一些电路或元器件，以保证电路能稳定地工作。因此，调试之后很可能要对前面的“选择元器件和参数计算”一步中所确定的方案再作修改，最后完成实际的总体电路，制作出符合设计要求的电子设备。

9.7 总体电路确定

通过电路调试和技术指标的检测，达到了预期的设计要求，即可确定所要设计的总体电路，并画出实际的总体电路图，还要按照电路设计要求及元器件参数列出所用的元器件明细表，以便在装配的过程中节省人力、物力和财力。必要时还要对设计的全过程进行系统的总结，写出设计说明书和各种设计工艺文件等。

9.8 设计实例

设计题目：脉搏计设计，要求实现在 30 s 内测量 1 min 的脉搏数，并且显示其数字。成人的脉搏数为 60～80 次/min，婴儿为 90～100 次/min，老人为 100～150 次/min。

9.8.1　总体方案确定

1. 分析设计题目要求

脉搏计是用来测量一个人心脏跳动次数的电子仪器，也是心电图的主要组成部分。由给出的设计指标，脉搏计是用来测量频率较低的小信号（传感器输出电压一般为几个毫伏），它的基本功能如下：

(1) 用传感器将脉搏的跳动转换为电压信号，并加以放大、整形和滤波。

(2) 在短时间内（30 s）测出每分钟的脉搏数。

2. 选择总体方案

(1) 提出方案。满足上述设计功能可以实施的方案很多，现提出下面两种方案：

方案一，如图 9-2 所示。

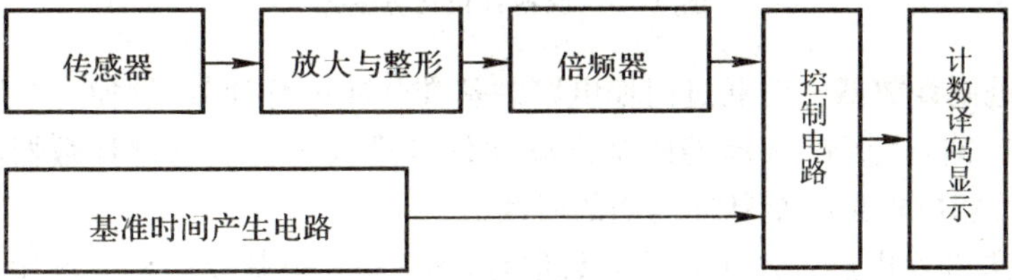

图 9-2　脉搏计设计方案一

图中各部分的作用如下：

(1) 传感器。将脉搏跳动信号转换为与此对应的电脉冲信号。

(2) 放大与整形电路。将传感器的微弱信号放大，整形除去杂散信号。

(3) 倍频器。将整形后所得到的脉冲信号的频率提高。如将 30 s 内传感器所获得的信号频率 2 倍频，即可得到对应 1 min 脉冲数，从而缩短测量时间。

(4) 基准时间产生电路。产生短时间的控制信号，以控制测量时间。

(5) 控制电路。用以保证在基准时间控制下，使 2 倍频后的脉冲送到计数、译码、显示电路中。

(6) 计数、译码、显示电路。用来读出脉搏数，并以十进制数的形式由数码管显示出来。

(7) 电源电路。按电路要求提供符合要求的直流电源。

上述测量过程中，由于对脉冲进行了 2 倍频，计时时间也相应减少了 2 倍（30 s），而数码显示的数字却是 1min 的脉搏跳动次数。用这种方案测量的误差为±2 次/min，测量时间越短，误差也越大。

方案二，如图 9-3 所示。

该方案是首先测出脉搏跳动 5 次所需的时间，然后再换算为每分钟脉搏跳动的次数，这种测量方法的误差小，可达±1 次/min，此方案的传感器、放大与整形、计数、译码、显示电路等部分与方案一完全相同，现将其余部分的功能介绍如下：

(1) 六进制计数器。用于检测 6 个脉搏信号，产生 5 个脉冲周期。

(2) 基准脉冲（时间）发生器。产生周期为 0.05 s 的基准脉冲信号。

(3) 门控电路。控制基准脉冲信号进入 8 位二进制计数器。

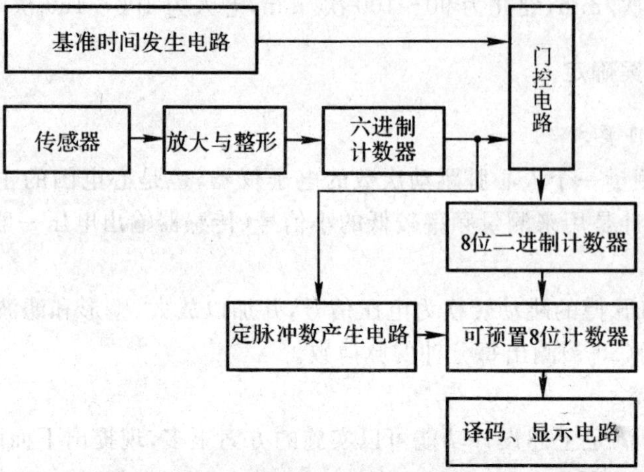

图 9-3 脉搏计设计方案二

(4) 8 位二进制计数器。对通过门控电路的基准脉冲进行计数，例如 5 个脉搏周期为 5s，即门打开 5 s 的时间，让 0.05 s 周期的基准脉冲信号进入 8 位二进制计数器，显然计数值为 100，反之，由它可相应求出 5 个脉冲周期的时间。

(5) 定脉冲数产生电路。产生定脉冲数信号，如 6 000 个脉冲送入可预置 8 位计数器端。

(6) 可预置 8 位计数器。以 8 位二进制计数器值(如 50)作为预置数，对 6 000 个脉冲进行分频，所得的脉冲数(如得到 60 个脉冲)即心率。

2. 方案比较

方案一结构简单，易于实现，但测量精度偏低；方案二电路结构复杂，成本高，测量精度高。根据设计要求，精度为±2 次/min，在满足设计要求的前提下，应尽量简化电路，降低成本，故选择方案一。

9.8.2 单元电路的设计

一、放大电路的设计

如上所述，此部分电路的功能是：由传感器将脉搏信号转换为电信号，一般为几十毫伏，必须加以放大，以达到整形电路所需的电压，一般为几伏。放大后的信号是不规则的脉冲信号，因此必须加以滤波整形，整形电路的输出电压应满足计数器的要求。

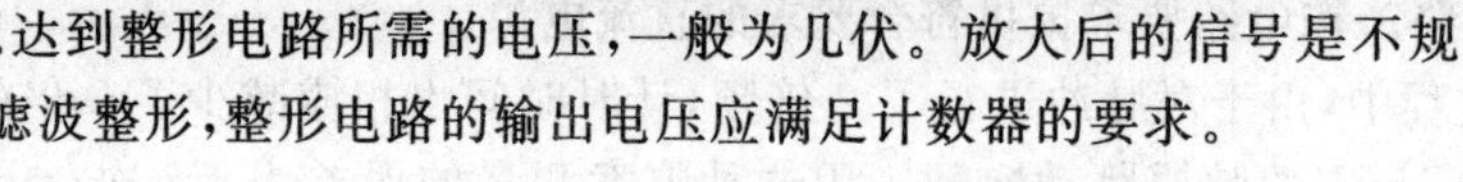

图 9-4 放大整形方案的电路方框图

1. 选择电路

(1) 传感器。传感器采用了红外光电转换器，作用是通过红外光照射人的手指的血脉流动情况，把脉搏跳动转换为电信号，其原理电路如图 9-5 所示。

图中，红外发光管 VD 采用了 TLN104，接收三极管 VT 采用 TLP104。用+5 V 电源供电，R_1 采用 510 Ω，R_2 采用 10 kΩ。

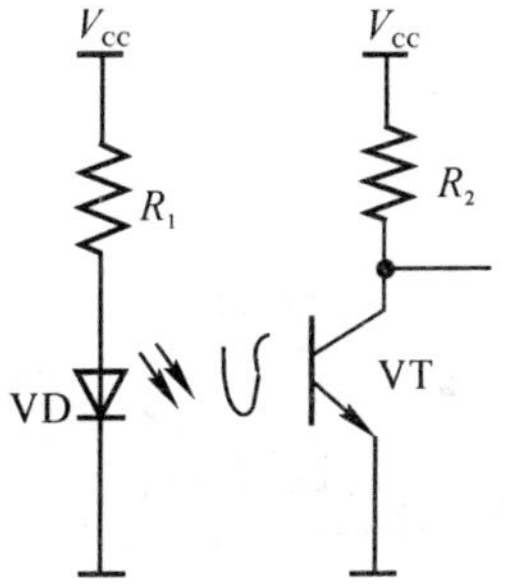

图 9-5 传感器原理图

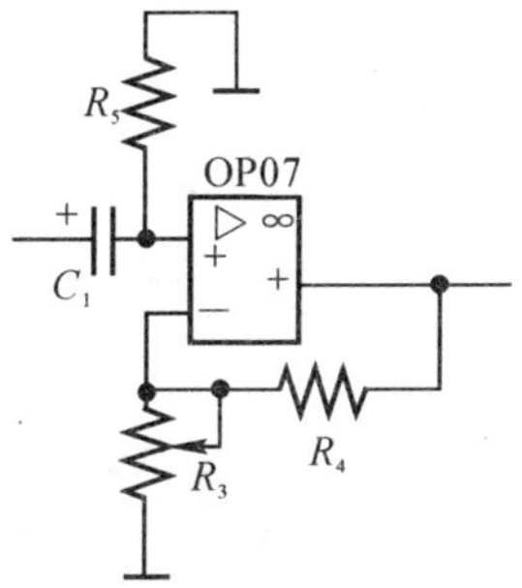

图 9-6　同相放大器

(2) 放大电路。由于传感器输出电阻比较高，故放大电路采用了同相放大器，如图 9-6 所示，运放采用了 OP07，放大电路的电压放大倍数为 10 倍左右，电路参数如下：$R_4=100$ kΩ，$R_5=910$ kΩ，$R_3=10$ kΩ，$C_1=100$ μF。

(3) 有源滤波电路。采用二阶压控有源低通滤波电路，如图 9-7 所示，作用是把脉搏信号中的高频干扰信号去掉，同时把脉搏信号加以放大。考虑到去掉脉搏信号中的干扰脉冲，所以有源滤波电路的截止频率为 1 kHz 左右。为了使脉搏信号放大到整形电路所需的电压值，通常电压放大倍数选用 1.6 倍，集成运放采用 OP07。

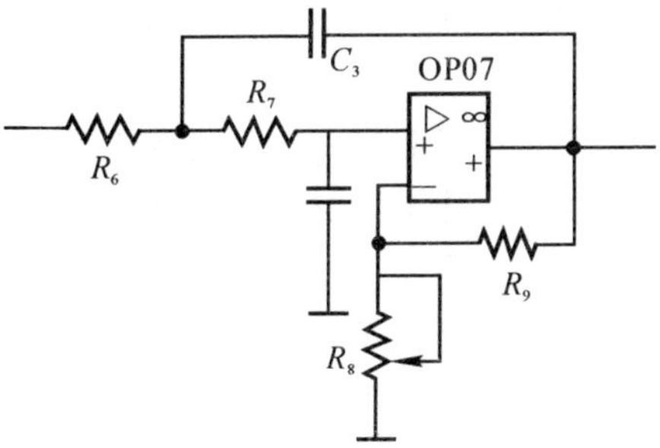

图 9-7　二阶压控有源滤波器

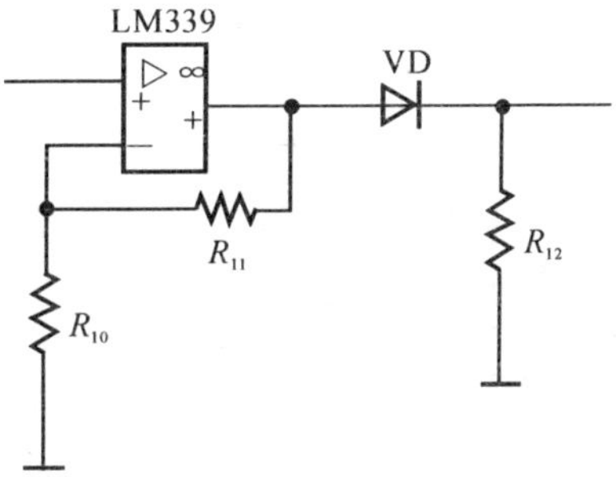

图 9-8　施密特整形电路和电平转换电路

(4) 整形电路。经过放大滤波后的脉搏信号仍是不规则的脉冲信号，且有低频干扰，仍不满足计数器的要求，必须采用整形电路，这里选用滞回电压比较器，如图 9-8 所示。其目的是为了提高抗干扰能力，集成运放采用 LM339，其电路参数为：$R_{10}=5.1$ kΩ，$R_{11}=100$ kΩ，$R_{12}=5.1$ kΩ。

(5) 电平转换电路。由比较器输出的脉冲信号是一个正负脉冲信号，不满足计数要求脉冲信号，故采用电平转换电路，如图 9-8 所示。

2. 参数计算

根据由集成运放组成的电压放大器、有源滤波电路、电压比较器的设计方法和参数计算可参考模拟电路、电路分析等方面的教材。

3. 放大与整形部分电路(见图 9-9)

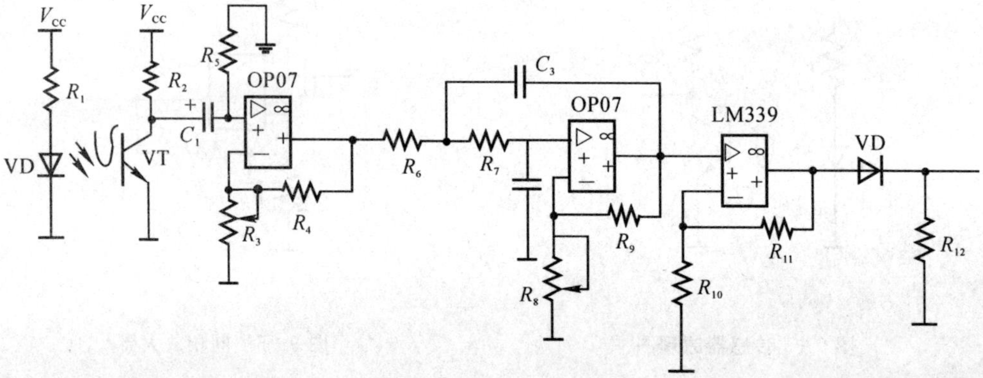

图 9-9 放大与整形部分电路

二、倍频电路

该电路的作用是对放大整形后的脉搏信号进行二倍频，以便在 30 s 内测出 1 min 内的人体脉搏跳动次数，从而缩短测量时间，以提高诊断效率。

倍频电路的形式很多，如锁相倍频器、异或门倍频器等，由于锁相倍频器电路比较复杂、成本较高，因此采用了能满足设计要求的异或门组成的二倍频电路，如图 9-10 所示。

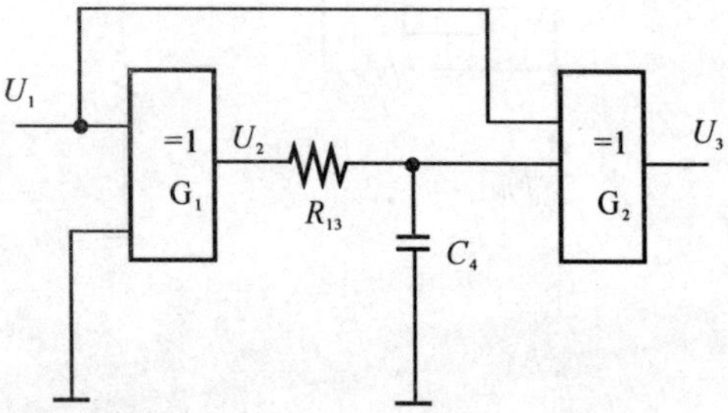

图 9-10 二倍频电路

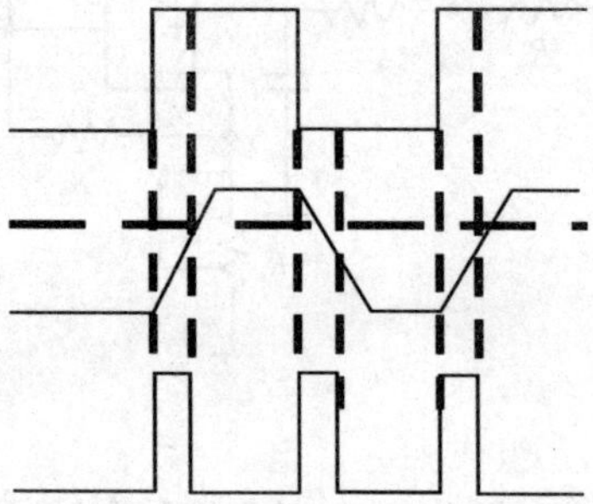

图 9-11 二倍频电路输入输出波形

G_1 和 G_2 构成二倍频电路，利用第一个异或门的延迟时间对第二个异或门产生作用，当输入由“0”变成“1”或由“1”变成“0”时，都会产生脉冲输出，输入输出波形如图 9-11 所示。

电容器 C_4 的作用是为了增加延迟时间，从而加大输出脉冲宽度。根据实验结果选用 $G=0.047\ \mu F$，$R_{13}=16\ k\Omega$。其中异或门选用了 CC4070。

三、基准时间产生电路

基准时间产生电路的功能是产生一个周期为 60 s(即脉冲宽度为 30 s)的脉冲信号，以控制在 30 s 内完成 1 min 的测量任务。实现这一功能的方案很多，这里采用如图 9－12 所示的方案。

图 9－12　基准时间产生方框图

由框图可知，该电路由秒脉冲发生器、十五分频电路和四分频电路组成。

1. 秒脉冲发生器

其电路如图 9－13 所示。为了保证基准时间的准确，采用了石英晶体振荡电路，石英晶体的主频为 32.768 kHz，反相器采用 COMS 器件，R_{14}可在 5～30 MΩ 范围内选择，R_{15}可在 10～150 kΩ 范围内选择，振荡频率基本等于石英晶体的谐振频率，改变 C_6的大小对振荡频率有微调的作用。这里选用 R_{14}为 5.1 MΩ，R_{15}为 51 kΩ，C_5 为 56 pF，C_6 为 3～56 pF，反相器利用了 CC4060 中的反相器，如图 9－13 和图 9－14 所示。

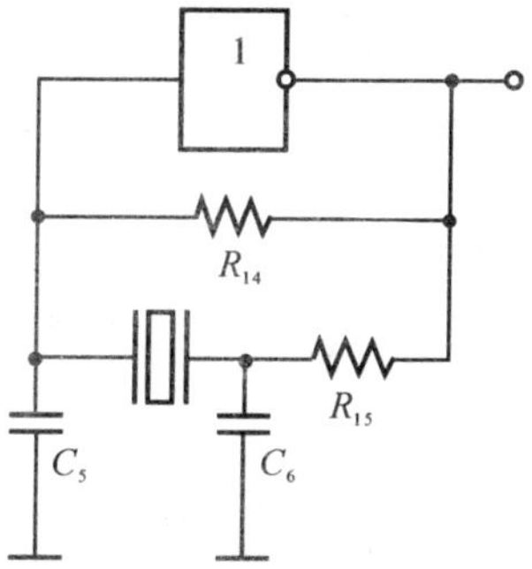

图 9－13　石英晶体振荡器

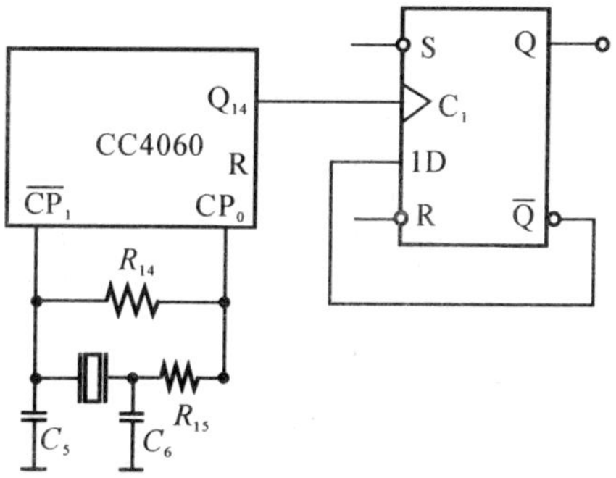

图 9－14　秒脉冲发生器

选用 CC4060 中的 14 位二进制计数器对 32.768 kHz 进行 14 次二分频，产生一个频率为 2 Hz的脉冲信号，然后用 CC4013 进行二分频得到周期为 1 s 的脉冲信号。

2. 十五分频和四分频器

其电路如图 9－15 所示，由 74LS161 组成十五进制计数器，进行十五分频，然后用两片 CC4013 组成四分频电路，产生一个周期为 60 s 的方波，即一个脉宽为 30 s 的脉冲信号。

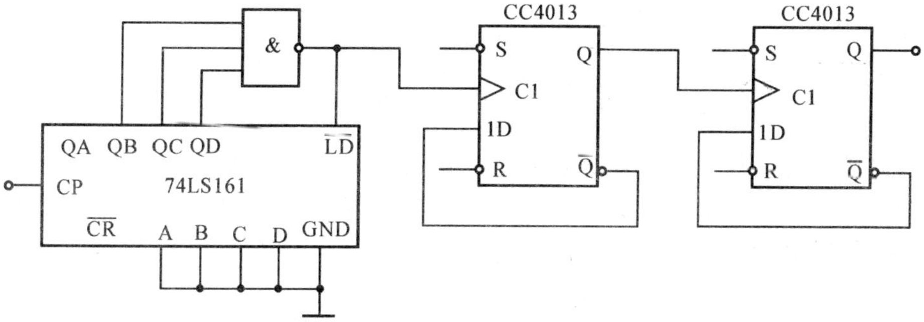

图 9－15　十五分频电路和四分频电路

3. 基准时间产生部分的电路图(见图 9-16)

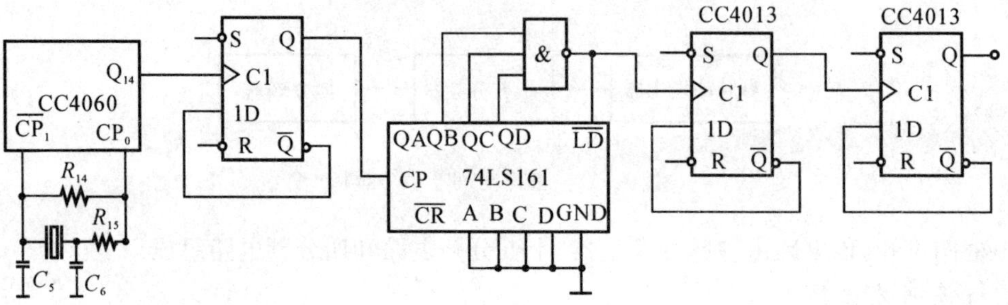

图 9-16 基准时间产生电路

四、计数、译码、显示电路

该电路的功能是读出脉搏数,以十进制数的形式用数码管显示出来,如图 9-17 所示。

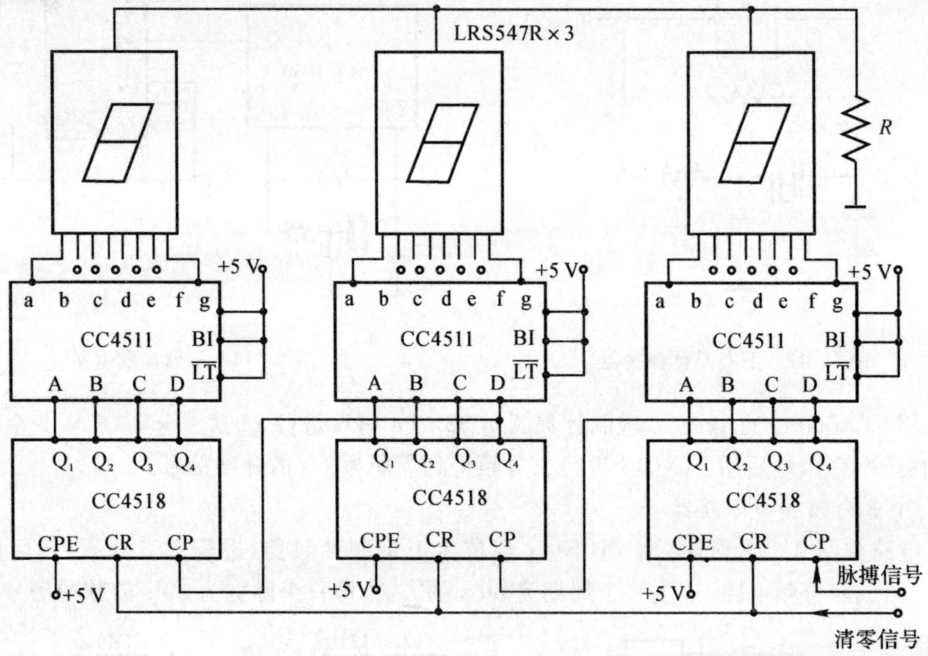

图 9-17 计数、译码、显示电路

人的脉搏数用 3 位十进制计数器来显示即可。该电路用双 BCD 同步十进制计数器 CC4518 构成 3 位十进制加法计数器,用七段译码器 CC4511BCD 译码,用七段数码管 LRS547R 完成七段显示。

五、控制电路

控制电路的作用主要是控制脉搏信号放大、整形、倍频后进入计数器的时间,另外还应具有对各部分电路清零等功能，如图 9－18 所示。

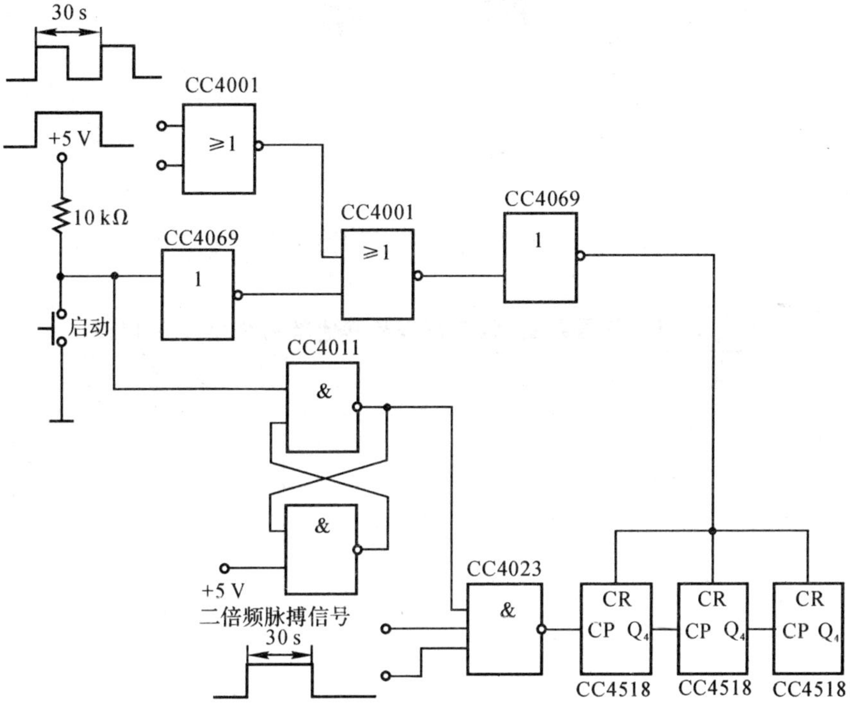

图 9－18　控制电路

六、绘制总体电路图

根据以上设计好的单元电路，可画出本项目的总体电路。然后进行计算机仿真，找出其中的问题，并进行各种调整，以达到最终设计要求。

附　　录

附录1　电气图形符号国家标准

附表 1－1　符号要素、限定符号和其他常用符号(GB 4728)

名称	图形符号
元件、装置、功能单元	或 或
外壳(容器)、管壳	或
边界线	
屏蔽(护罩)	
直流	或
交流	
低频(工频或亚音频)	
中频(音频)	
高频(超音频、载频或射频)	

名称	图形符号
交直流	
具有交流分量的整流电流	
中性(中性线)	N
手动控制	
受限制的手动控制	
拉拔操作	
旋转操作	
推动操作	
接近效应操作	
接触效应操作	
紧急开关	
脚踏操作	
滚轮(滚柱)操作	

名称	图形符号
中间线	M
正极	+
负极	−
非内在的可变性	
非内在非线性的可变性	
内在的可变性	
内在非线性的可变性	
可预调、微调 例：在电流等于零时允许预调	$I=0$
阶跃式可变量、步进动作 例：五个阶跃的非内在的可变性	5

名称	图形符号
连续的可变性 例：连续可变的预调	
内在的自动控制	
凸轮操作	
储存机构能操作	
气动或液压控制操作	
电磁执行器操作	
过电流保护的电磁操作	
热执行器操作	
电动机操作	M
DG3 电钟操作	

续　表

名称	图形符号
按箭头方向的直线运动或力	
双向上线的运动或力 例：当3从1向2移动时，频率增加	频率 减少 增加 3 1 2
顺时针方向旋转	
逆时针方向旋转	
双向旋转	
两个方向均有限制的双向旋转	
往复运动	
能量、信号的单向传输	
同时双向传输	

名称	图形符号
不同时双向传输	
发送	
接收	
热效应	
电磁效应	
磁滞伸缩效应	
接地一般符号	
无噪声接地（抗干扰接地）	
保护接地	
接机壳或接底板	形式1 形式2
等电位	
故障	
闪络、击穿	

名称	图形符号
磁场效应	
延时、延迟	
非电离的电磁辐射	
非电离的相干辐射	
电离辐射	
纸带印刷	
纸带凿孔或使用凿孔纸带	
在纸带上同时印刷和凿孔	
纸面印刷	
键盘	
传真	
机械连接	形式1 形式2

名称	图形符号
延时动作 注：向圆心方向移动的延时动作	形式1 形式2
自动复位 注：三角指向返回方向	
导线间绝缘击穿	
导线对机壳绝缘击穿	形式1 形式2
导线对地绝缘击穿	
永久磁铁	
动触点	
测试点指示	
变换器一般符号	

附表 1－2　导线和连接器件图形符号(GB 4728)

名称	图形符号	名称	图形符号	名称	图形符号	名称	图形符号
导线、电缆和母线一般符号		导线的交叉连接	单线表示 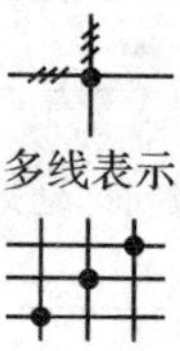 多线表示	多极插头插座（六极）	多线表示 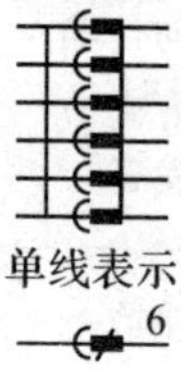 单线表示 6	插头插座式连接器：插头—插头 插头—插座 带插座通路的插头—插头	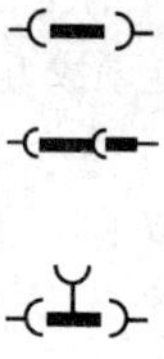
三根导线的单线表示	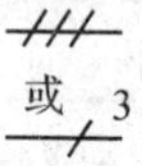 或 3	导线或电缆的分支和合并	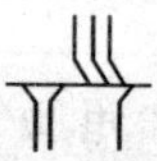	电话型两极插塞和塞孔		滑动（滚动）连接器	
柔软导线		导线的不连接（跨越）	单线表示  多线表示	电话型三极插塞和塞孔（示出断开的塞孔）		电缆终端头	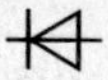
屏蔽导线	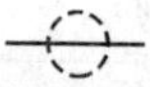	导线的换位	 n	同轴插座	形式1 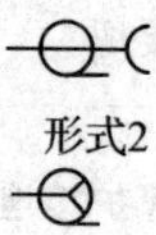 形式2	电缆密封终端头：带一根三芯电缆 带三根单芯电缆	多线表示  单线表示
绞合导线（二股）	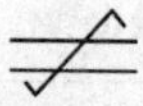	多相系统的中性点	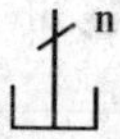 n	同轴插头	形式1 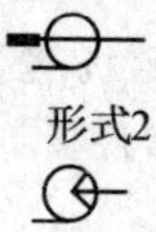 形式2	电缆自通接线盒	多线表示  单线表示 3 3
电缆中的导线（三股）	形式1  形式2 3	插座	优选形 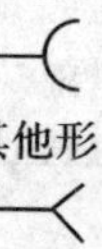 其他形	同轴插接器	形式1 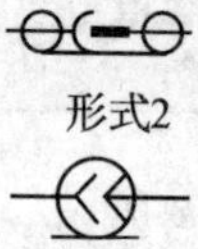 形式2	电缆分线盒	多线表示  单线表示 3 3 3
同轴电缆		插头	优选形  其他形	对接连接器		电缆气闭套管（梯形长边为高压边）	
屏蔽同轴电缆		插头和插座	优选形  其他形	接通的连接片	形式1  形式2		
端子				断开的连接片			
可拆卸的端子							
导线的连接	形式1  形式2						
导线的多线连接	形式1 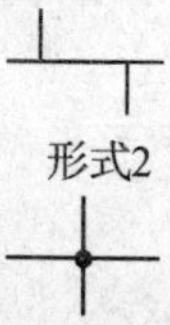 形式2						

附表 1-3　无源元件图形符号(GB 4728)

名称	图形符号
电阻器的一般符号	优选形 其他形
可变电阻器	
压敏电阻器	
热敏电阻器	
0.125W 电阻器	
0.25W 电阻器	
0.5W 电阻器	
1W 电阻器	
20W 电阻器	
熔断电阻器	
滑线式变阻器	
带滑动触点和断开位置的电阻器	

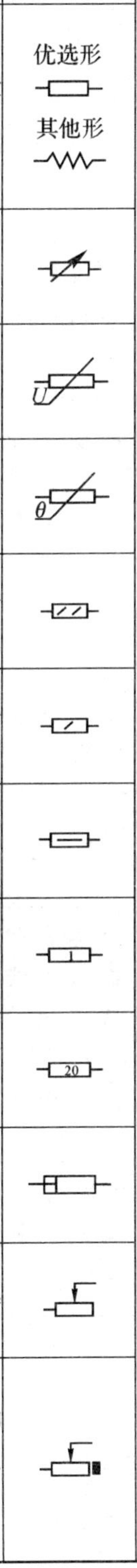

名称	图形符号
有固定轴头的电阻器	
带固定轴头的可变电阻器	
分流器	
碳堆电阻器	
加热元件	
滑动触点电位器	
带开关的滑动触点电位器	
预调电位器	
电容器的一般符号	优选形 其他形
穿心电容器	优选形 其他形

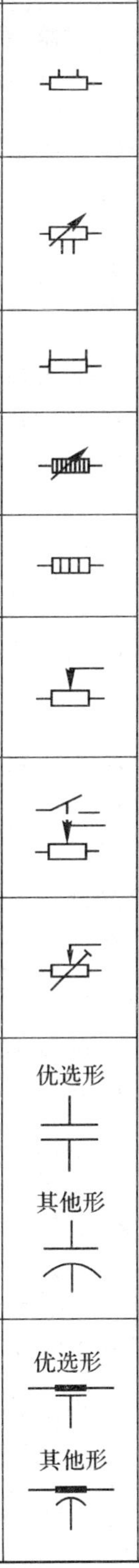

名称	图形符号
极性电容器	优选形 其他形
可变电容器	优选形 其他形
双联同调可变电容器	优选形 其他形
微调电容器	优选形 其他形
差动可变电容器	优选形 其他形
分裂定片可变电容器	优选形 其他形

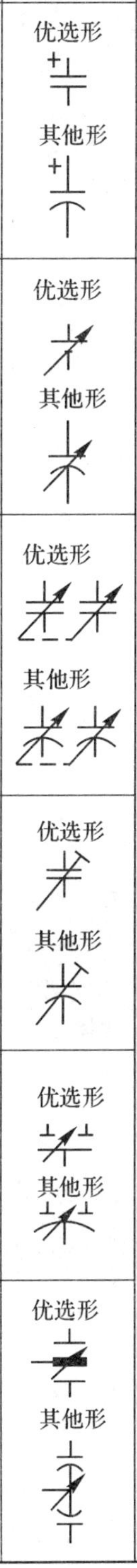

名称	图形符号
移相电容器	
热敏极性电容器	
压敏极性电容器	
电感器、线圈、绕组、扼流圈	
带磁芯的电感器	
磁芯有间隙的电感器	
带磁芯连续可调的电感器	
有两个轴头的电感器	
步进移动触点的可变电感器	
可变电感器	
带磁芯的同轴扼流圈	
穿在导线上的磁珠	

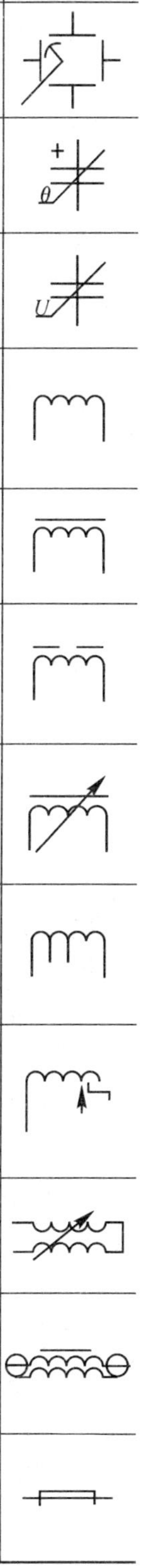

附表 1-4 半导体管和电子管图形符号(GB 4728)

名称	图形符号
两个电极的压电晶体	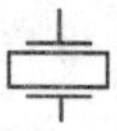
三个电极的压电晶体	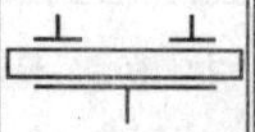
两对电极的压电晶体	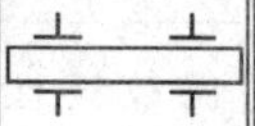
半导体二极管一般符号	
发光二极管	
利用温度效应的二极管	
变容二极管	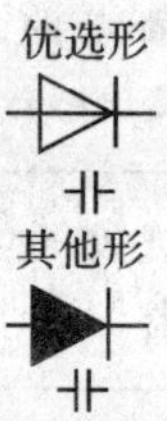
隧道二极管	

名称	图形符号
单向击穿二极管、电压调整二极管	
双向击穿二极管	
双向二极管、交流开关二极管	
PNP 型半导体管	
NPN 型半导体管	
光敏电阻	
光电二极管	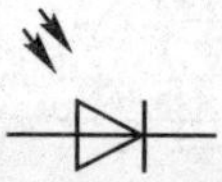
光电池	
PNP 型光电半导体管	

名称	图形符号
半导体激光器	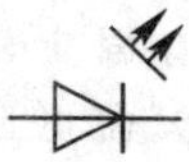
线性磁敏电阻器	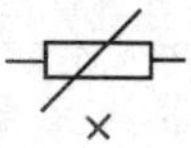
磁敏二极管	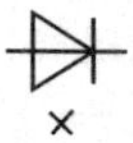
NPN 型磁敏半导体管	
直热式阴极二极管	
间热式阴极二极管	
间热式阴极三极管	
束射四极管	
双束射四极管	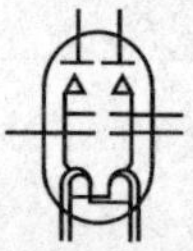
光电管	
充气光电管	
充气二极管	

名称	图形符号
光电倍增管 注：n 为倍增极级数	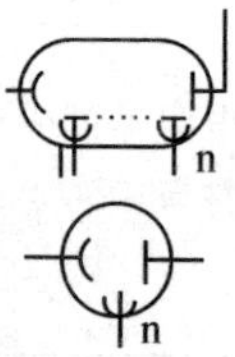
闸流管间热式阴极充气二极管	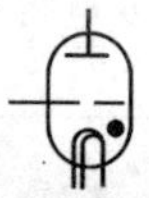
冷阴极充气二极管 充气稳压管	
多极充气稳压管	
冷阴极充气触发管	
氖指示管	
直热式阴极 X 射线管	
旋转阳极 X 射线管	
栅控 X 射线管	
引燃管	
稳流管	

附录 2 国内外部分电气图形符号对照

名称	国标(GB)符号	其他符号(日、德、英、美)	备注
电阻	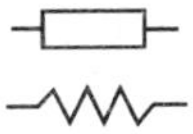		
电容			
极性电容		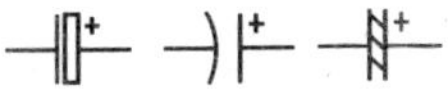	
电感线圈			
变压器		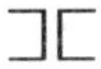	
二极管	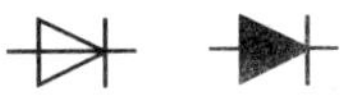	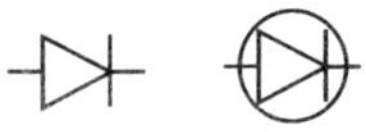	其他如稳压管符号类推
整流桥			
NPN 三极管		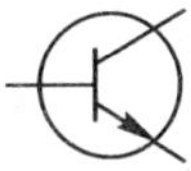	其他如晶体管符号类推
PNP 三极管	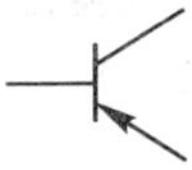		其他如晶体管符号类推
放大器	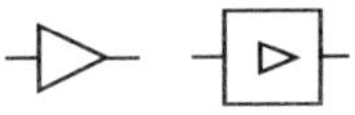	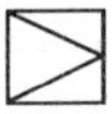	
运算放大器	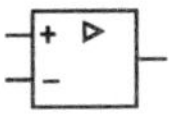	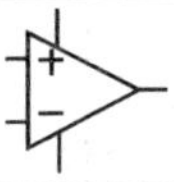	
开关(常开)或触点	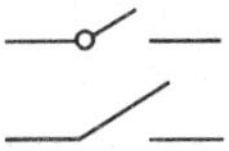	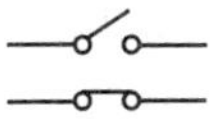	其他开关符号类推
开关(常闭)或触点		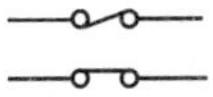	
信号灯			

附录3 电气图形常用文字符号

附表 3-1 电气设备常用基本文字符号

设备、装置和元器件种类	名称	单字母符号	双字母符号	设备、装置和元器件种类	名称	单字母符号	双字母符号
					热电传感器	B	
					热电池	B	
					光电池	B	
					测功计	B	
	分离元件放大器	A			晶体换能器	B	
	激光器	A			送话器	B	
	调节器	A			拾音器	B	
	本表其他地方未规定的组件、部件	A			扬声器	B	
				非电量到电量变换器或电量到非电量变换器	耳机	B	
组件部件	电桥	A	AB		自整角机	B	
	晶体管放大器	A	AD		旋转变压器	B	
	集成电路放大器	A	AJ		模拟和多级数字变换器或传感器(用作指示和测量)	B	
	磁放大器	A	AM				
	电子管放大器	A	AV				
	印刷电路板	A	AP				
	抽屉柜	A	AT		压力变换器	B	BP
	支架盘	A	AR		位置变换器	B	BQ
					旋转变换器(测速发电机)	B	BR
					温度变换器	B	BT
					速度变换器	B	BV
					过电压放电器件	F	
	数字集成电路和器件：	D			避雷器	F	
	延迟线	D			具有瞬时动作的限流保护器件	F	FA
二进制元件延迟器件存储器件	双稳态元件	D			具有延时动作的限流保护器件	F	FR
	单稳态元件	D		保护器件			
	磁芯存储器	D			具有延时和瞬时动作的限流保护器件	F	FS
	寄存器	D					
	磁带记录机	D					
	盘式记录机	D			熔断器	F	FU
					限压保护器件	F	FV

续　表

设备、装置和元器件种类	名称	单字母符号	双字母符号
其他元器件	本表其他地方未规定的器件	E	
	发热器件	E	EH
	照明灯	E	EL
	空气调节器	E	EV
电容器	电容器	C	
编号器件	声响指示器	H	HA
	光指示器	H	HL
	指示灯	H	HL
继电器接触器	瞬时接触继电器	K	KA
	瞬时有或无继电器	K	KA
	交流继电器	K	KA
	闭锁接触继电器（机械闭锁或永磁铁式有或无继电器）	K	KL
	双稳态继电器	K	KL
	接触器	K	KM
	极化继电器	K	KP
	簧片继电器	K	KR
	延时有或无继电器	K	KT
	逆流继电器	K	KR
电感器电抗器	感应线圈	L	
	线路陷波器	L	
	电抗器	L	
电动机	电动机	M	
	同步电动机	M	MS
	可做发电机或电动机用的电机	M	MG
	方矩电动机	M	MT
发生器发电机电源	旋转发电机	G	
	振荡器	G	
	发生器	G	GS
	同步发电机	G	GS
	异步发电机	G	GA
	蓄电池	G	GB
	旋转式或固定式变频机	G	GF
电阻器	电阻器	R	
	变阻器	R	
	电位器	R	RP
	测量分路器	R	RS
	热敏电阻器	R	RT
	压敏电阻器	R	RV
控制、记忆、信号电路的开关器件选择器	拨号接触器	S	
	连接级	S	
	控制开关	S	SA
	选择开关	S	SA
	按钮开关	S	SB
	机电式有或无传感器（单级数字传感器）	S S	
	液体标高传感器	S	SL
	压力传感器	S	SP
	位置传感器（包括接近传感器）	S	SQ
	转数传感器	S	SR
	温度传感器	S	ST

续　表

设备、装置和元器件种类	名称	单字母符号	双字母符号
模拟元件	运算放大器	N	
	混合模拟/数字器件	N	
测量设备 试验设备	指示器件	P	
	记录器件	P	
	积算测量器件	P	
	信号发生器	P	
	电流表	P	PA
	(脉冲)计数器	P	PC
	电度表	P	PJ
	记录仪器	P	PS
	时钟、操作时间表	P	PT
	电压表	P	PV
电子管 晶体管	气体放电管	V	
	二极管	V	
	晶体管	V	
	晶闸管	V	
	电子管	V	VE
	控制电路用电源的整流器	V	VC
传输通道	导线	W	
	电缆	W	
	母线	W	
波导	波导	W	
	波导定向耦合器	W	
天线	偶极天线	W	
	抛物天线	W	
终端设备 混合变压器 滤波器 均衡器 限幅器	电缆平衡网络	Z	
	压缩扩展器	Z	
	晶体滤波器	Z	
	网络	Z	
变压器	电流互感器	T	TA
	控制电路电源用变压器	T	TC
	电力变压器	T	TM
	磁稳压器	T	TS
	电压互感器	T	TV
调制器 变换器	鉴频率	U	
	解调器	U	
	变频器	U	
	编码器	U	
	变流器	U	
	逆变器	U	
	整流器	U	
	电报译码器	U	
电力电路的开关器件	断路器	Q	QF
	电动机保护开关	Q	QM
	隔离开关	Q	QS
电气操作的机械器件	气阀	Y	
	电磁铁	Y	YA
	电磁制动器	Y	YB
	电磁离合器	Y	YC
	电磁吸盘	Y	YH
	电动阀	Y	YM
	电磁阀	Y	YV
端子 插头 插座	连接插头和插座	X	
	接线柱	X	
	电缆封端和接头	X	
	焊接端子板	X	
	连接片	X	XB
	测试插孔	X	XJ
	插头	X	XP
	插座	X	XS
	端子板	X	XT

附表 3－2　常用辅助文字符号

名称	文字符号	名称	文字符号
电流	A	主	M
模拟	A	中	M
交流	AC	中间线	M
自动	A,AUT	手动	M,MAN
加速	ACC	中性线	N
附加	ADD	断开	OFF
可调	ADJ	闭合	ON
辅助	AUX	输出	OUT
异步	ASY	压力	P
制动	B,BRK	保护	P
黑	BK	保护接地	PE
蓝	BL	保护接地与中性线共用	PEN
向后	BW	不接地保护	PU
控制	C	记录	R
顺时针	CW	右	R
逆时针	CCW	反	R
延时(延迟)	D	红	RD
差动	D	复位	R,RST
数字	D	备用	RES
降	D	运转	RUN
直流	DC	信号	S
减	DEC	启动	ST
接地	E	置位,定位	S,SET
紧急	EM	饱和	SAT
快速	F	步进	STE
反馈	FB	停止	STP
正,向前	FW	同步	SYN
绿	GN	温度	T
高	H	时间	T
输入	IN	无噪声(防干扰)接地	TE
增	INC	真空	V
感应	IND	速度	V
左	L	电压	V
限制	L	白	WH
低	L	黄	YE
闭锁	LA		

参考文献

[1] 王天曦,李鸿儒.电子技术工艺基础.北京:清华大学出版社,2000.
[2] 李敬伟,段维莲.电子工艺训练教程.北京:电子工业出版社,2005.
[3] 付家才.电子工程实践技术.北京:化学工业出版社,2004.
[4] 王卫平.电子工艺基础.北京:电子工业出版社,2003.
[5] 廖芳.电子产品生产工艺与管理.北京:电子工业出版社,2003.
[6] 罗小华.电子技术工艺实习.武汉:华中科技大学出版社,2003.
[7] (日)田中吉.电子设备装配技术.电子工业部工艺研究所,译.北京:国防工业出版社,1998.
[8] 张庆双.电子元器件的选用与检测.北京:机械工业出版社,2002.
[9] 沙占友.数字万用表应用技巧.北京:国防工业出版社,1997.
[10] 《无线电》编辑部.无线电元器件精汇.北京:人民邮电出版社,2002.
[11] 张文典.实用表面组装技术.北京:电子工业出版社,2002.
[12] 周德俭.表面组装工艺技术.北京:国防工业出版社,2002.
[13] 吴兆华.表面组装技术基础.北京:国防工业出版社,2002.
[14] 张大彪.电子技术技能训练.北京:电子工业出版社,2002.
[15] 吴立新.实用电子技术手册.北京:机械工业出版社,2003.
[16] 宋贵林,胡春萍.收音机、录音机原理与维修.北京:机械工业出版社,2002.
[17] 金正浩,高静,希林.怎样检测家用电器电子元器件.北京:人民邮电出版社,2000.
[18] 黄仁欣.电子技术实践与训练.北京:清华大学出版社,2006.
[19] 陈尔绍.实用声光控制电子装置制作精选200例.北京:人民邮电出版社,1995.